AIGC
高效编程

·Python从入门到高手·

朱 博◎著

清华大学出版社

北京

内 容 简 介

本书是专为零基础读者打造的 Python 编程基础书籍，融合人工智能助手"通义灵码"的强大编码能力，帮助开发者轻松、高效地掌握 Python 编程技能。

本书共 20 章，包含基础语法、面向对象编程、高级语法、可视化技术、数据库技术、爬虫技术、网站开发、机器学习等内容，内容循序渐进，覆盖了 Python 从语法基础到进阶技巧的完整体系。与此同时，书中创新性地引入"通义灵码"的实践讲解与配置指导，手把手教读者安装并使用 AI 助手进行智能补全、代码分析与调试，让 AI 真正成为你的学习伙伴与开发利器。

本书围绕关键知识模块展开，采用"知识导入→基础讲解→实战案例开发→通义灵码辅助优化"的结构，辅以典型代码讲解与 AI 提示操作，帮助读者快速建立编程思维，体验 AI+代码协作带来的学习跃迁。

本书既可作为计算机及相关专业学生学习 Python 语言的辅助教材，也适用于广大编程初学者、IT 从业者、职业转型者、高校教师、培训讲师等读者群体，是一本兼具理论与实践的 AI 时代 Python 学习指南。

图书在版编目（CIP）数据

AIGC 高效编程：Python 从入门到高手 / 朱博著.

北京：清华大学出版社，2025. 8. -- ISBN 978-7-302-70165-1

Ⅰ. TP312.8

中国国家版本馆 CIP 数据核字第 2025GL2093 号

责任编辑：贾小红
封面设计：刘　超
版式设计：楠竹文化
责任校对：范文芳
责任印制：杨　艳

出版发行：清华大学出版社
　　　　网　　　址：https://www.tup.com.cn，https://www.wqxuetang.com
　　　　地　　　址：北京清华大学学研大厦 A 座　　　　邮　　编：100084
　　　　社 总 机：010-83470000　　　　　　　　　　邮　　购：010-62786544
　　　　投稿与读者服务：010-62776969，c-service@tup.tsinghua.edu.cn
　　　　质量反馈：010-62772015，zhiliang@tup.tsinghua.edu.cn
印 装 者：河北鹏润印刷有限公司
经　　销：全国新华书店
开　　本：185mm×260mm　　　　印　　张：19.25　　　　字　　数：463 千字
版　　次：2025 年 9 月第 1 版　　　　　　印　　次：2025 年 9 月第 1 次印刷
定　　价：89.80 元

产品编号：111709-01

前　言

Preface

　　在人工智能技术飞速发展的今天，编程不再只是程序员的专属能力，而是现代人应当掌握的一种通用技能。无论你是职场新人、学生，还是非技术背景的从业者，掌握编程能力都能帮助你提升思维能力、更高效地解决问题，并获得更广阔的职业发展空间。

　　与此同时，AI 辅助编程工具的出现正悄然重塑学习编程的方式。通义灵码等新兴技术正将过去艰深晦涩的代码世界变得更加友好、智能与高效。AI 让我们第一次有可能"用自然语言编写代码"，也第一次真正降低了普通人进入编程世界的门槛。

　　本书正是在这样的时代背景下应运而生——我们希望打造一个结合 AI 辅助与 Python 项目实战的入门学习体系，帮助读者在轻松、有趣、实用的实践中掌握真正有价值的技能。本书围绕 Python 核心应用场景精心设计了 20 个章节，其中每一个项目都来源于企业需求的衍生案例，涵盖数据分析、自动办公、可视化图表、爬虫采集、网站开发、机器学习等多个热门方向。

　　我们希望通过一条清晰、实用、贴近真实场景的 Python 入门路径，结合强大的 AI 编程助手（通义灵码），让每一位对编程感兴趣的读者，都能够"不写一行代码也能理解编程逻辑，同时，能够编写代码解决问题"。

本书特点

- ☑ **AI 辅助编程+Python 项目实战**：本书不是传统的编程教材，而是通过"AI 辅助理解+手把手实战演练"的方式，将复杂的代码逻辑可视化、结构化，降低学习门槛。
- ☑ **全流程项目式学习**：全书共设 20 个精心设计的章节与实战项目，涵盖编程基础、数据分析、可视化、自动化办公、网页爬虫、小游戏、图像识别等多个领域，让读者在真实问题中掌握技能。
- ☑ **通用技术+就业导向**：所有项目尽可能地贴近现实岗位技能要求，可作为求职作品集、课程作业、比赛项目甚至创业原型的参考。
- ☑ **AI 工具全面上手**：系统地讲解了如何通过 AI 工具辅助完成代码生成、调试、重构、注释、优化等流程，帮助读者快速提升"工程化能力"。

读者对象

- ☑ 完全零基础，希望入门编程，走向数据分析、AI 应用、自动化办公等领域的读者。
- ☑ 有一定基础，想借助 AI 编程工具快速提升效率的开发者。
- ☑ 高校学生、IT 培训学员，寻找项目参考、课程作业灵感的读者。
- ☑ 数据分析师、产品经理、内容运营等非程序员岗位，希望通过 Python 提升职场竞争力的学习者。
- ☑ 编程兴趣爱好者，希望在 AI 时代快速掌握技术的读者。

致读者

学习编程，不需要一开始就掌握所有知识点，也不必被代码吓倒。本书希望读者能从第一个项目开始，哪怕只理解了一部分流程，也是一种进步。我们更鼓励读者借助 AI 编程助手"敢想、敢问、敢做"，在不断实践中收获信心和能力。

请相信，只要你愿意开始，AI 会成为你学习过程中的好搭档；Python 也将不再难以接近，而将成为你解决问题、释放创造力的重要工具。

在本书的撰写过程中，我们始终秉持"实用为先、逻辑为本、通俗为要"的原则，力求内容准确、结构清晰、案例贴近实战。但限于作者水平，书中若有不足之处，还望广大读者批评指正，帮助我们不断完善、精进。

衷心感谢你选择并信任这本书。愿它不仅成为你学习 Python 编程的启蒙指引，更成为你探索技术、突破自我道路上的得力助手。希望每一个练习、每一次思考，都能为你带来收获与成长。

千里之行，始于足下；代码之路，贵在坚持。祝你在学习之旅中得到收获知识的喜悦，也不忘初心，享受编程的乐趣！

朱 博

2025 年 5 月

目　录

Contents

第 1 章　Python 简介

本章将简要介绍 Python 语言的起源、特点及应用领域，并讲解如何搭建开发环境和安装所需工具。此外，还将重点介绍"通义灵码"智能助手的使用方法，帮助开发者提升编程效率。

1.1　AI 助手赋能开发者快速学习指南

随着人工智能技术的不断发展，AI 助手在软件开发领域的作用日益突出，尤其在 Python 学习方面，AI 助手已成为开发者的重要工具。AI 助手通过自动化和智能化的功能，能够帮助开发者快速解决问题，提供即时反馈，加速学习过程。

对于 Python 初学者来说，AI 助手不仅能解答疑惑，还能通过提供代码示例、解释语法细节和调试技巧，帮助用户更好地理解 Python 的基本概念。对于有一定编程基础的开发者来说，AI 助手可以提供更深入的技术支持，包括性能优化、算法设计及 Python 相关库的使用。

AI 助手通过个性化推荐学习内容、提供实时帮助、模拟实际编程环境等方式，帮助开发者克服传统学习方式中的障碍，提升学习效率。无论是帮助理解复杂的语法结构，还是调试和优化代码，AI 助手都能为开发者提供及时和精准的支持，使学习变得更加高效和便捷。

通过这种赋能，Python 学习不再是孤军奋战的过程，而是可以借助 AI 助手的智慧加速成长过程。无论是解决基础问题还是攻克高级挑战，AI 助手都能成为开发者不可或缺的学习伙伴。阅读完本书，读者不仅能够系统地掌握 Python 的核心知识，还能够学会如何利用 AI 助手提升编程效率。本书将帮助读者在 Python 开发的道路上走得更加顺畅、高效。

1.2　Python 语言概述及应用领域

Python 作为一种高级编程语言，因其简洁的语法、丰富的功能库以及强大的扩展性，已经成为全球范围内使用最广泛的编程语言之一。在这一节中，我们将深入探讨 Python 语言的历史与发展、核心特性以及它在不同领域中的广泛应用。

1.2.1　Python 的起源与发展

Python 由荷兰人 Guido van Rossum（见图 1.1）于 20 世纪 80 年代末开始开发，并于 1991 年正式发布。其名称源自英国喜剧团体"Monty Python"，体现了其设计理念：简洁、易用且富有趣味。Python 的设计目标之一是提高开发者的生产力，因此其语法比其他编程语言更为简洁，减轻了开发者的工作负担。

Python 的演进历程可以说是不断进化的。从 Python 1.0 发布至今，Python 经历了多个版本的迭

图 1.1　Guido van Rossum

代，每一次更新都在原有的基础上进一步提高了语言的功能性和易用性。Python 2.x 版本的普及使得它成为早期科学计算与网络开发的主要语言，而 Python 3.x 版本则引入了更多面向未来的特性，如类型注解、异步编程和 Unicode 支持，增强了 Python 的表现力和性能。与此同时，Python 还注重向后兼容性，确保大量现有项目能够顺利迁移。

Python 的跨平台特性也是其亮点之一。Python 能够在多个操作系统平台上运行，包括 Windows、macOS 和 Linux，这使得它在开发过程中具有很强的适应性和平台兼容性。得益于这一特性，Python 得以在不同领域的开发中大放异彩。另外，Python 强大的开源社区支持无疑是推动其发展的重要力量。全球的开发者们共同贡献了丰富的库和框架，涵盖从数据科学、Web 开发到机器学习等多个领域。Python 社区的活跃确保这门语言持续获得新的活力，也为开发者提供了强大的工具支持，进一步巩固了它在开发领域的地位。

1.2.2　Python 的主要特点

Python 作为一种高级编程语言，具有许多独特的优点，这些优点使得 Python 在多种开发环境中都能大放异彩，以下是 Python 的几个主要特点。

1. 简洁易懂的语法

Python 语法直观，代码结构清晰，注重代码的可读性，大幅降低了编程学习门槛，使无经验的开发者也能快速上手编写简单的程序。

2. 动态类型

Python 作为一种动态类型语言，无须提前声明变量类型，运行时会进行类型检查。这为开发者提供了更大的灵活性，便于快速开发原型。

3. 跨平台支持

Python 能够在多种操作系统上运行，这使得它成为开发跨平台应用程序的理想选择。

4. 丰富的标准库与第三方库

Python 提供了丰富的标准库，支持文件处理、网络通信、数据库连接、正则表达式等功能。此外，Python 还拥有庞大的第三方库生态，例如 NumPy、Pandas、TensorFlow 等，为数据分析、人工智能等领域提供了强大支持。

5. 面向对象编程与多范式支持

Python 支持面向对象编程（OOP）及其他编程范式（如函数式编程和命令式编程），这使得它在开发中具有更高的灵活性和扩展性。

综上所述，Python 凭借其简洁的语法、动态类型、跨平台能力、丰富的标准库与第三方支持，以及多种编程范式的支持，成为广受欢迎的编程语言之一。这些特点不仅使得 Python 在各类开发环境中表现出色，也让开发者能够在短时间内高效地实现各种应用。

拓展说明

除了之前提到的特点，Python 还因其强大的社区支持和易用的开发工具而广受欢迎。Python 拥有活跃的开发社区，提供了丰富的资源和解决方案，帮助开发者高效解决问题。与此同时，Python 拥有多种强大的集成开发环境（IDE）和工具链，例如 PyCharm、VS Code 和 Jupyter Notebook 等，这些工具为开发者提供了优良的编程体验，增强了开发效率和代码可维护性。因此，Python 既适用于快速原型开发，也支持复杂的企业级应用开发。

1.2.3 Python 的应用领域

Python 的广泛应用使其成为众多开发者的首选语言，几乎覆盖了现代软件开发的各个技术领域，如图 1.2 所示。

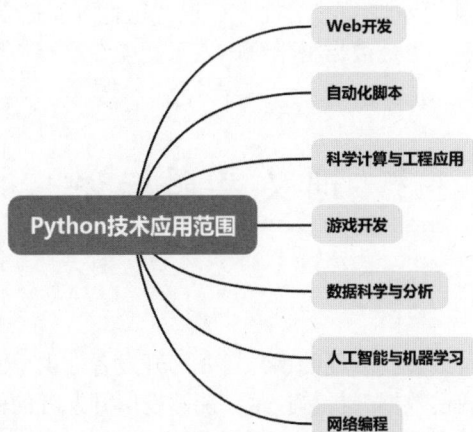

图 1.2 Python 的技术应用范围

Python 的技术应用范围十分广泛，下面我们将简要介绍 Python 在不同行业中的典型应用场景。

1. Web 开发

Python 的 Web 框架（如 Django 和 Flask）使得 Web 应用程序的开发更加简洁高效。Python 适用于构建高性能的 Web 后端服务和 API 接口。

2. 自动化脚本

Python 因其简洁性成为自动化脚本开发的理想语言。无论是文件操作、系统管理，还是数据处理，Python 都能提供高效的解决方案。

3. 科学计算与工程应用

在科学计算和工程仿真领域，Python 结合 NumPy、SciPy 等库，为研究人员提供了强大的计算支持，能够处理大量数据并进行复杂的数学运算。

4. 游戏开发

尽管 Python 在高性能游戏开发领域的普及程度不及 C++语言，但在小型游戏开发和原型设计方面，它展现出了独特的优势。Pygame 作为 Python 的一个流行框架，常被用于游戏开发项目中。

5. 数据科学与分析

Python 广泛应用于数据科学领域，借助 NumPy、Pandas、Matplotlib、Seaborn 等库，开发者能够快速进行数据清洗、分析与可视化。同时，Python 的 SciPy 和 TensorFlow 等工具进一步扩展了 Python 在机器学习和深度学习领域的应用。

6. 人工智能与机器学习

Python 是人工智能和机器学习项目的首选语言之一。借助于 TensorFlow、Keras、PyTorch 等框架，Python 能够帮助开发者构建复杂的人工智能模型，支持自然语言处理（NLP）、计算机视觉等任务的实现。

7. 网络编程

Python 具备强大的网络编程功能，通过标准库 socket、asyncio 等，能够支持网络协议、客户端和服务器的开发。

综上所述，Python 凭借其简洁性和易用性，在现代软件开发的各个领域都占据了重要地位，不仅是开发者的得力助手，也是数据科学家、人工智能专家和科研人员实现创新和解决实际问题的重要工具。

1.3 通义灵码概述

1.3.1 通义灵码简介

通义灵码是一款领先的人工智能编程助手，旨在为开发者提供全面的编程支持。它通过深度学习、自然语言处理及大规模数据分析等技术，能够理解开发者的需求，智能生成代码、提供调试建议、优化程序性能，并帮助开发者提升编程技能。作为 AI 助手的代表，通义灵码致力于为开发者打造一个智能、高效、易用的编程环境，让开发者能够更加专注于创新，而不是陷入烦琐的技术细节中。

通义灵码的应用范围广泛，既适合编程初学者，也为经验丰富的开发者提供了强大的工具与支持。在学习编程、解决编程问题、开发项目等环节中，通义灵码都能发挥重要作用，成为开发者的得力助手。

1.3.2 通义灵码的核心功能

通义灵码具备多项核心功能，能够有效提升开发者的编程效率与代码质量。其主要功能介绍如下。

1. 代码智能生成

通义灵码的代码智能生成功能，基于对海量优秀开源代码数据的训练，能够在开发者的工作环境中提供实时、高效的代码生成支持，如图 1.3 所示。

通义灵码不仅可以根据当前代码文件的上下文以及跨文件的依赖关系，智能生成行级和函数级的代码，还能根据需求自动生成单元测试代码和代码优化建议。这一功能通过深度理解代码的结构和逻辑，帮助开发者快速构建出高质量的代码，提升编码效率。

在编写代码时，通义灵码以秒级响应速度生成所需的代码段，使开发者能够更专注于技术设计和系统架构，而无须在冗长的编码细节中浪费时间。通过这种"沉浸式编码心流"体验，开发者可以高效完成编码任务，显著提高生产力。

2. 研发智能问答

通义灵码的研发智能问答功能依托海量的研发文档、产品文档，以及开源知识库等数据源进行深度训练，包括阿里云的云服务文档和 SDK/OpenAPI 文档等。这一强大的问答系统能够通过自然语言处理技术理解开发者的问题，并提供精确的答案或建议，帮助开发者解决开发过程中遇到的各种技术难题，如图 1.4 所示。

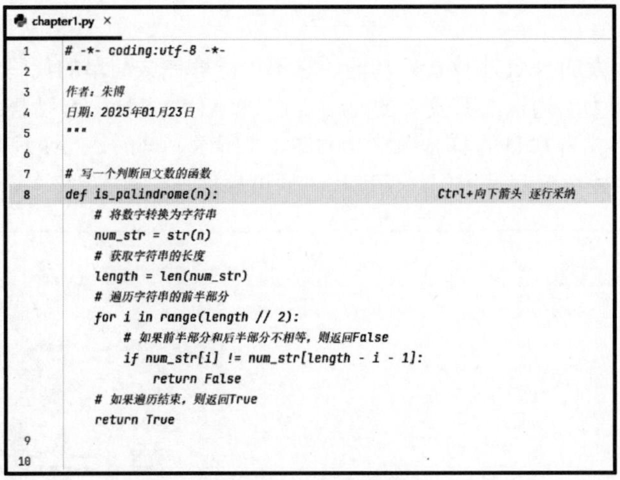

```
chapter1.py  ×
1    # -*- coding:utf-8 -*-
2    '''
3    作者: 朱博
4    日期: 2025 年 01 月 23 日
5    '''
6
7    # 写一个判断回文数的函数
8    def is_palindrome(n):                          Ctrl+向下箭头 逐行采纳
         # 将数字转换为字符串
         num_str = str(n)
         # 获取字符串的长度
         length = len(num_str)
         # 遍历字符串的前半部分
         for i in range(length // 2):
             # 如果前半部分和后半部分不相等, 则返回 False
             if num_str[i] != num_str[length - i - 1]:
                 return False
         # 如果遍历结束, 则返回 True
         return True
9
10
```

图 1.3　代码智能生成

图 1.4　智能问答

无论是复杂的编程问题、系统架构设计疑惑,还是开发工具的使用方法、API 接口调用等方面的困惑,通义灵码都能为开发者提供详尽的解决方案。通过这种智能问答,开发者能够快速获取准确的知识支持,减少排除故障和查找文档的时间,从而提高开发效率和技术能力。

3. AI 程序员

通义灵码具备强大的"AI 程序员"功能，它不仅能够完成简单的代码生成任务，还具备更为复杂的任务处理能力。通过与开发者的协同工作，"AI 程序员"可以帮助开发者进行跨文件的代码修改，支持多文件项目的整体调整，如图 1.5 所示。同时，"AI 程序员"能够根据需求和项目背景，自动生成单元测试用例，保证代码的可靠性与可维护性。

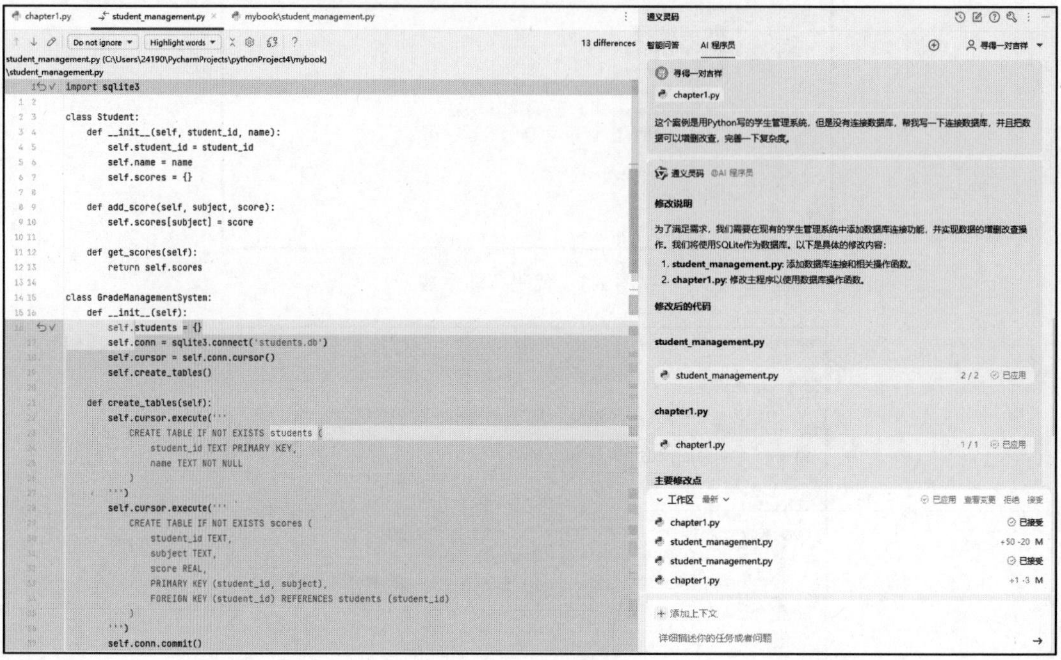

图 1.5　AI 程序员

这一功能还支持批量代码修改，尤其适用于需要调整大量代码文件的场景，如代码重构、批量修复 bug、版本迁移等任务。"AI 程序员"通过智能分析，能够准确理解开发者的修改需求，自动化执行任务，极大地减少人工干预，提高工作效率。借助"AI 程序员"，开发者能够更轻松地完成烦琐的编码任务，提升项目开发的整体效率。

通义灵码凭借其智能化的核心功能，极大地提升了开发者的工作效率和代码质量。通过自动化生成代码、智能问答以及"AI 程序员"的协同作用，开发者能够更加专注于创新和设计，推动技术进步与项目发展。

1.4　环境搭建与 AI 编码工具安装

在开始使用 Python 进行编程之前，首先需要搭建开发环境，包括下载和安装 Python、选择合适的开发工具、配置 IDE 以及安装与登录通义灵码。本节将详细介绍如何一步步完成这些准备工作，确保读者能够顺利开始 Python 编程并享受通义灵码带来的智能编码体验。

1.4.1　Python 的下载与安装

Python 是一种简单易用、功能强大的编程语言，适用于各种开发任务。安装 Python 是学习 Python 编程的第一步，下面是安装过程的详细步骤。

（1）访问 Python 官方网站。打开浏览器，访问 Python 的官方网站，网址是：https://www.python.org/。

（2）下载 Python 安装包。在官网首页，单击"Downloads"按钮，选择适合本地设备操作系统的 Python 版本，如图 1.6 所示。一般建议下载最新的稳定版本，确保获得最好的性能和兼容性。

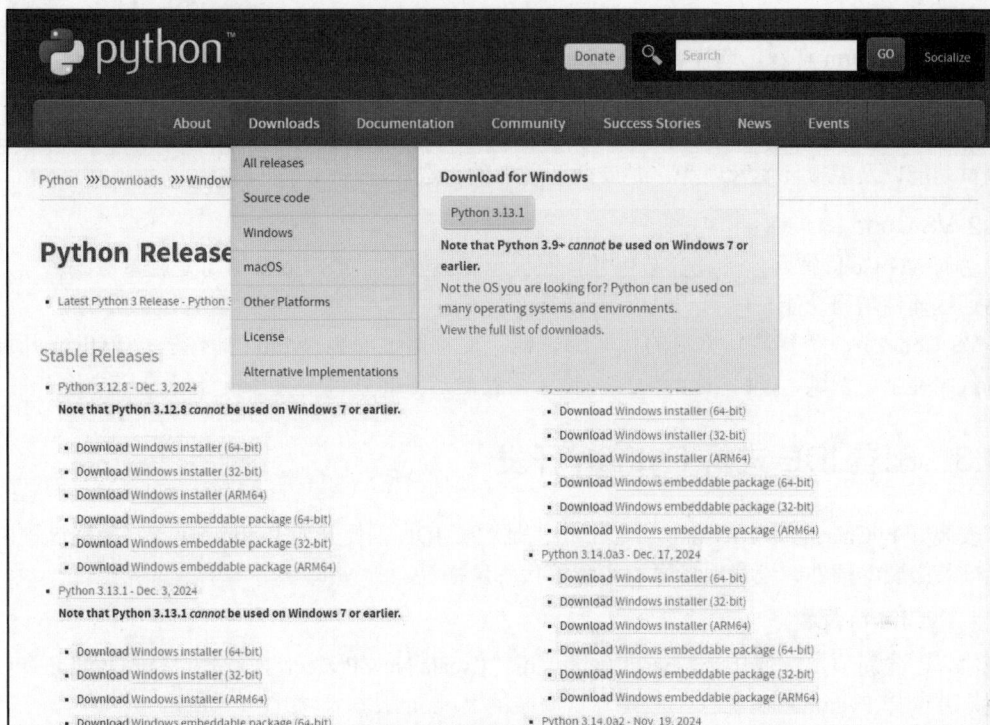

图 1.6　下载 Python 安装包

（3）安装 Python。下载完成后，运行安装包。在安装过程中，确保选中了"Add Python to PATH"选项，这样可以确保 Python 命令能够在命令行中直接调用。

说明

对于 Windows 用户，单击"Install Now"按钮开始安装。

对于 MacOS 和 Linux 用户，按照提示完成安装即可。

（4）验证安装。安装完成后，打开命令行工具（Windows 使用命令提示符或 PowerShell，MacOS 和 Linux 使用终端），输入以下命令检查 Python 是否安装成功。

```
python --version
```

如果安装成功，将看到当前安装的 Python 版本号，如图 1.7 所示。

```
C:\Users\24190>python --version
Python 3.9.13
```

图 1.7　Python 版本号

1.4.2 选择 IDE（PyCharm、VS Code）

选择一个适合 Python 开发的集成开发环境（IDE）是提升开发效率的关键。本书推荐两款广受欢迎的 Python IDE：PyCharm 和 VS Code，如图 1.8 所示。

接下来我们将详细介绍这两款 IDE 的特点与使用方式，帮助读者根据自己的需求选择最合适的开发工具。

图 1.8　PyCharm 和 VS Code

1. PyCharm

访问 PyCharm 官网，选择合适的版本（社区版免费，专业版需要付费）。下载安装包并按照提示进行安装。

PyCharm 是 JetBrains 推出的强大 Python 开发工具，支持代码自动补全、智能提示、强大的调试功能以及虚拟环境管理等，是专业开发者的首选。

2. VS Code

访问 VS Code 官网，下载安装包并按照提示完成安装。VS Code 本身是轻量级编辑器，但可以通过插件增强功能。

VS Code 是一个开源且免费的代码编辑器，支持通过安装 Python 插件进行 Python 开发，具有代码补全、调试、Git 集成等功能，适合需要简洁界面并自定义开发环境的开发者。

1.4.3 配置 IDE 进行 Python 开发

安装好 PyCharm 或 VS Code 后，下一步是配置 IDE 以便开始 Python 开发。配置过程主要包括安装必要的插件、设置项目环境和配置代码风格等。

1. PyCharm 配置

（1）创建新项目。打开 PyCharm 后，单击"Create New Project"，选择"Pure Python"项目类型，并选择 Python 解释器（一般是默认安装的 Python 版本），如图 1.9 所示。

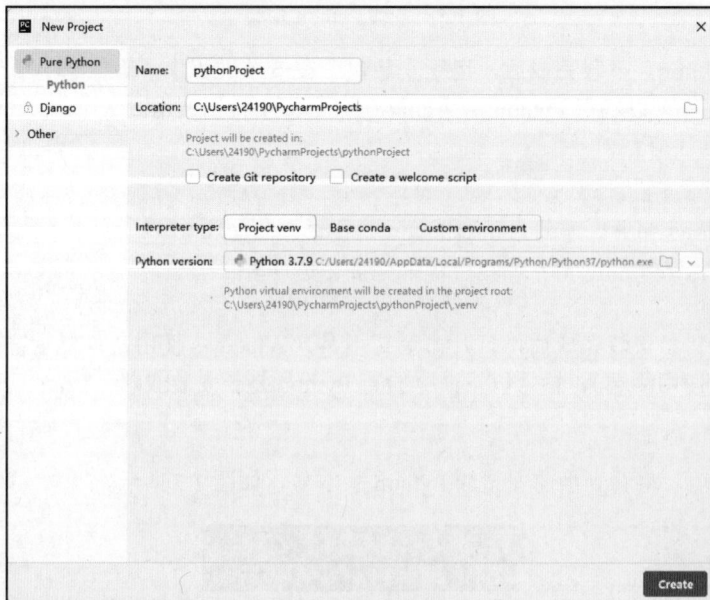

图 1.9　创建新项目

（2）安装必要的库。在 PyCharm 中，打开终端（Terminal），使用 pip 安装所需的 Python 库。如果正在开发一个数据科学项目，可能需要安装 numpy、pandas、matplotlib 等库：

```
pip install numpy pandas matplotlib
```

（3）配置代码风格。在 PyCharm 的设置（Settings）中，可以根据个人喜好配置代码风格，例如 PEP8 规范、自动格式化等，如图 1.10 所示。

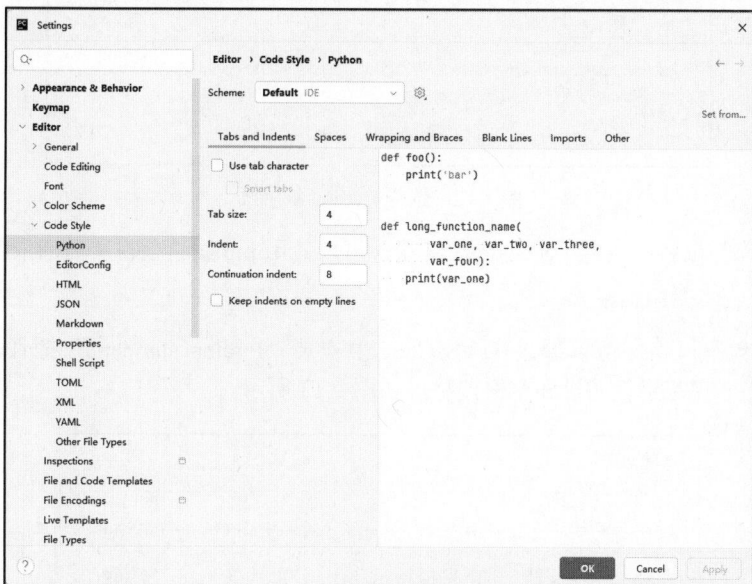

图 1.10　配置代码风格

2. VS Code 配置

（1）安装 Python 插件。打开 VS Code 后，单击左侧的扩展图标，搜索并安装"Python"插件，如图 1.11 所示。安装后，VS Code 会自动识别 Python 文件并提供代码高亮、补全等功能。

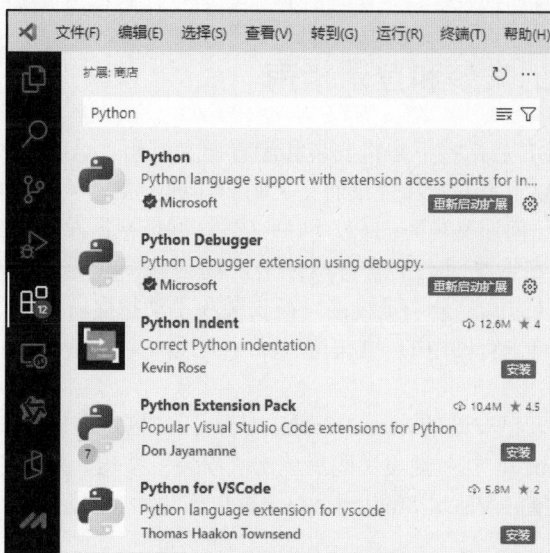

图 1.11　安装 Python 插件

（2）选择 Python 解释器。按 Ctrl + Shift + P 组合键（Windows）或 Cmd + Shift + P 组合键（Mac）打开命令面板，输入"Python: Select Interpreter"，并选择合适的 Python 解释器（例如，系统默认的或创建的虚拟环境）如图 1.12 所示。

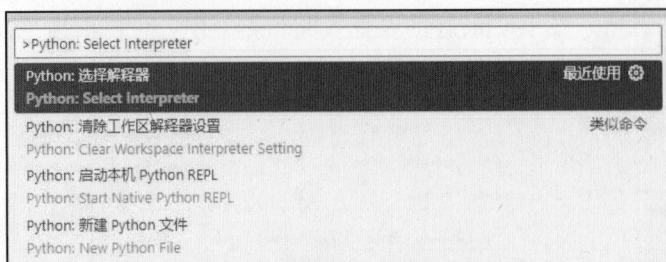

图 1.12　选择 Python 解释器

（3）安装库与依赖。通过 VS Code 的终端，可以使用 pip 安装项目所需的依赖库，例如：

```
pip install flask django requests
```

（4）配置代码风格。可以通过在 VS Code 中安装"Python autopep8"插件自动格式化代码，并按照 PEP8 规范进行缩进和空格调整，如图 1.13 所示。

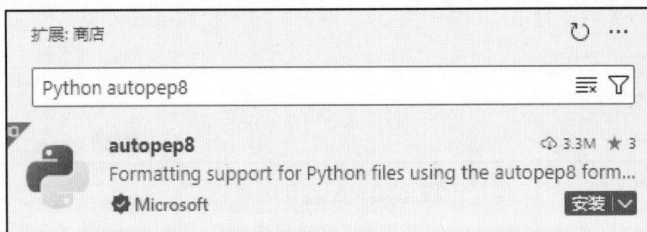

图 1.13　配置代码风格

完成以上配置后，无论选择 PyCharm 还是 VS Code，读者都可以快速搭建起高效的 Python 开发环境。通过合理设置和插件支持，编写、调试和运行代码将更加顺畅。

1.4.4　通义灵码的安装和登录指南

安装完 Python 和 IDE 后，接下来将安装和配置通义灵码，这款强大的 AI 编程助手将极大提升读者的开发效率。以下是安装和登录通义灵码的详细步骤。

（1）打开浏览器，访问通义灵码的官方网站（具体网址根据发布情况提供）。

（2）下载与安装。在通义灵码的官方网站上，找到并下载适合 IDE 的通义灵码安装包。VS Code 目前有两种安装方式，分别是直接一键安装和手动扩展安装。

直接一键安装可以单击官网中的"立即安装"按钮即可唤出 VS Code 进行自动安装，如图 1.14 所示。

手动安装则需要打开已安装的 Visual Studio Code，在侧边导航栏上单击"扩展"。搜索通义灵码（TONGYI Lingma），找到通义灵码后单击"安装"按钮，如图 1.15 所示。

手动安装完成后需重启 Visual Studio Code，重启成功后登录阿里云账号，即可开启智能编码之旅。

图 1.14　VS Code 自动安装通义灵码

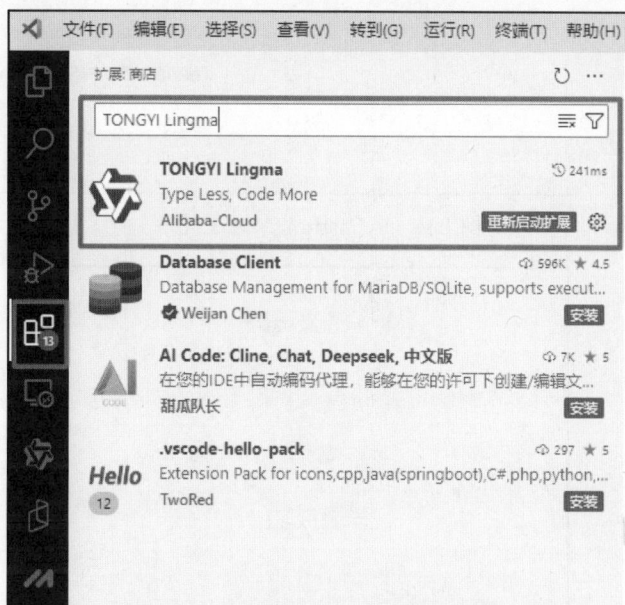

图 1.15　VS Code 手动安装通义灵码

对于 PyCharm，暂时不支持一键安装，只能直接在 PyCharm 的"文件"（File）下拉菜单中选择选项（Settings），并在对话框中选择"插件"（Plugins），搜索通义灵码（TONGYI Lingma）进行安装，如图 1.16 所示。

（3）登录通义灵码。安装完成后，启动通义灵码应用。在首次运行时，需要使用账号进行登录，如图 1.17 所示。如果没有账号，可以选择注册一个新的通义灵码账号。登录成功后，即可开始使用通义灵码提供的各种功能，如智能代码生成、研发问答等。

本节介绍了 Python 开发环境的搭建过程，包括 Python 的安装、IDE 的选择与配置，以及通义灵码的安装与登录。通过合理配置开发工具，可以为后续的编程工作打下坚实的基础。而通义灵码作为智能编程助手，将极大地提升编码效率，帮助读者更快速地完成开发任务。

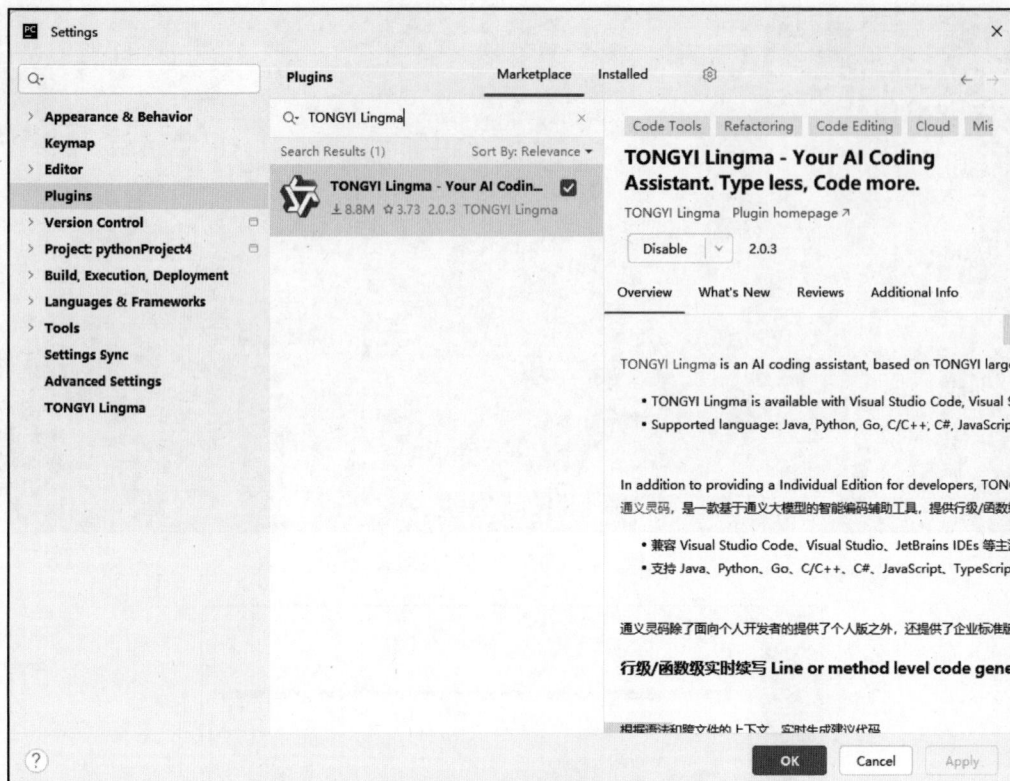

图 1.16　PyCharm 安装通义灵码

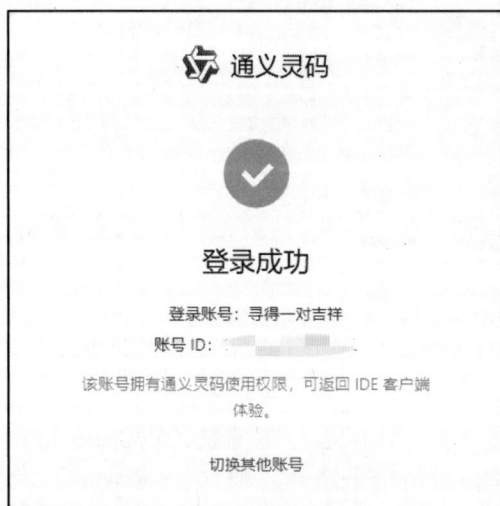

图 1.17　通义灵码账号登录

1.5　智能编码助手使用配置指南

通义灵码作为一款智能编码助手，通过插件形式与常用开发工具深度集成，提供高效便捷的智能功能。本节将指导读者进行插件配置，并介绍在特定网络环境下进行代理配置的操作方法。

1.5.1 插件配置

本节内容将逐步讲解如何查看并绑定快捷键、启用或禁用行间生成功能，以及配置 IDE 原生补全与行间生成的展示规则，确保读者能够灵活掌握通义灵码的使用方法。

1. 查看快捷键

通义灵码插件提供了一系列便捷的快捷键，帮助开发者快速调用智能功能，例如打开智能问答窗口、接受或拒绝行间代码建议、浏览推荐结果等。表 1.1 列出了在 macOS 和 Windows 系统下的常用快捷键，便于读者快速熟悉和操作。

表 1.1　通义灵码插件快捷键

操作	macOS	Windows
打开/关闭智能问答窗口	⌘+⇧+L	Ctrl+Shift+L
接受行间代码建议	Tab	Tab
拒绝行间代码建议	Esc	Esc
查看上一个行间推荐结果	⌥（Option）+[	Alt+[
查看下一个行间推荐结果	⌥（Option）+]	Alt+]
手动触发行间代码建议	⌥（Option）+P	Alt+P

2. 重新绑定快捷键

在重新绑定快捷键过程中，PyCharm 与 VS Code 流程一样，下面以 VS Code 为例介绍重新绑定快捷键的操作步骤。

（1）在 Visual Studio Code 的首选项中，单击快捷键的设置入口。

（2）在快捷键管理窗口中，输入 TONGYI Lingma 搜索，单击"编辑"命令。在弹出的窗口中输入用于命令的按键，然后按 Enter 键。如图 1.18 所示。

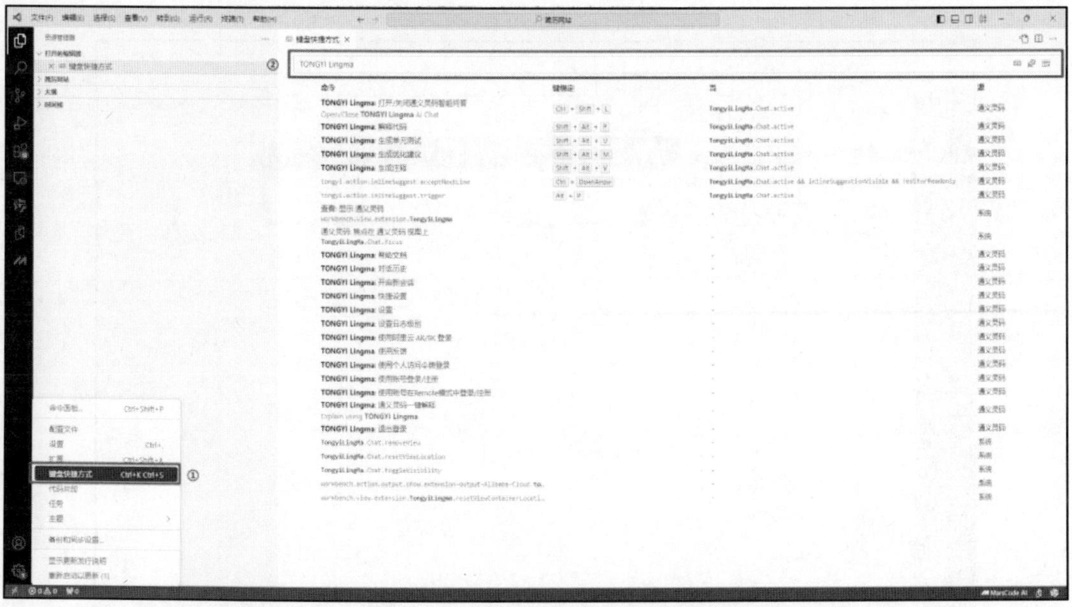

图 1.18　VS Code 重新绑定通义灵码快捷键

（3）在弹出的列表中可以实时修改需要的快捷键的组合方式，如图1.19所示。

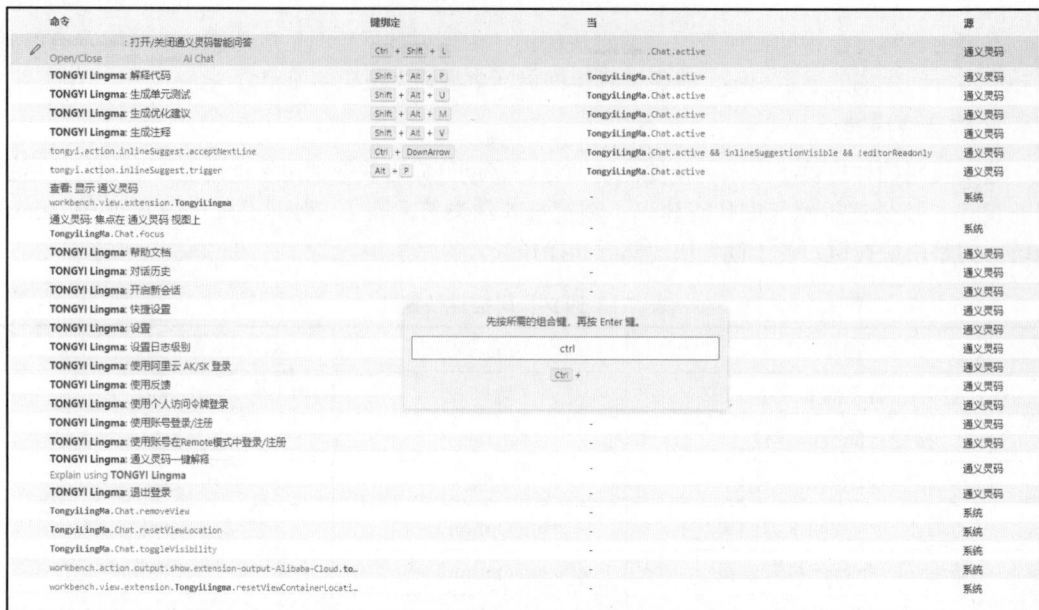

图1.19　实时修改需要的快捷键的组合方式

通过以上步骤，读者可以轻松完成通义灵码快捷键的重新绑定，使其更加符合个人的使用习惯，从而进一步提升开发效率和使用体验。

3. 启用或禁用行间生成

启用或禁用行间生成功能有以下两种简单的方法。

方法1：通过状态栏的通义灵码图标操作。在弹出的窗口中，用户可以快速切换行间生成功能的开启或关闭状态，如图1.20所示。

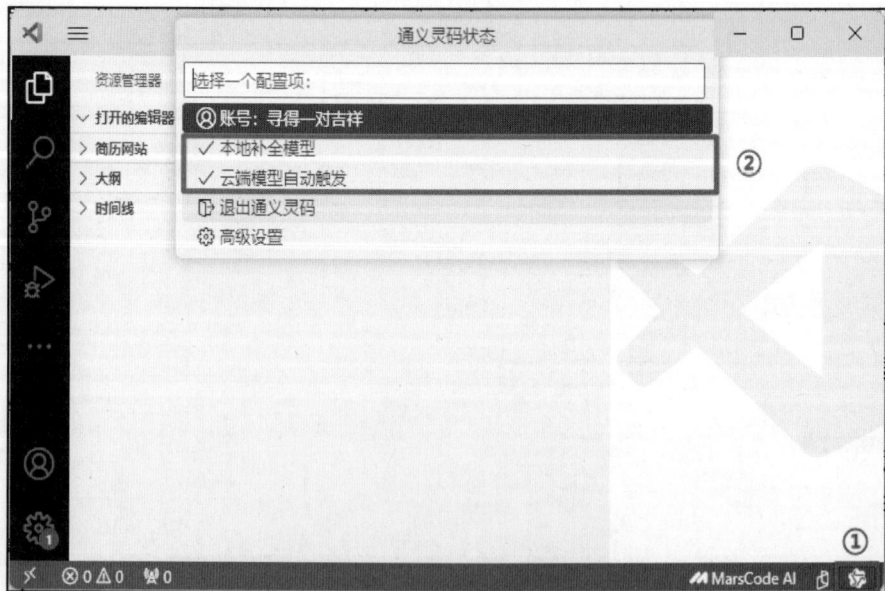

图1.20　使用方法1启用或禁用行间生成功能

✎ **说明**

通义灵码支持配置本地离线模型和云端大模型的启用情况。

当本地离线模型和云端大模型同时启用时，行间生成将优先推荐云端大模型的代码建议，以确保提供更优质的推荐结果。

方法 2：进入插件的设置页面，可以启用或禁用行间生成功能，同时根据需求自定义生成代码的长度，为开发工作提供更灵活的配置选项，如图 1.21 所示。

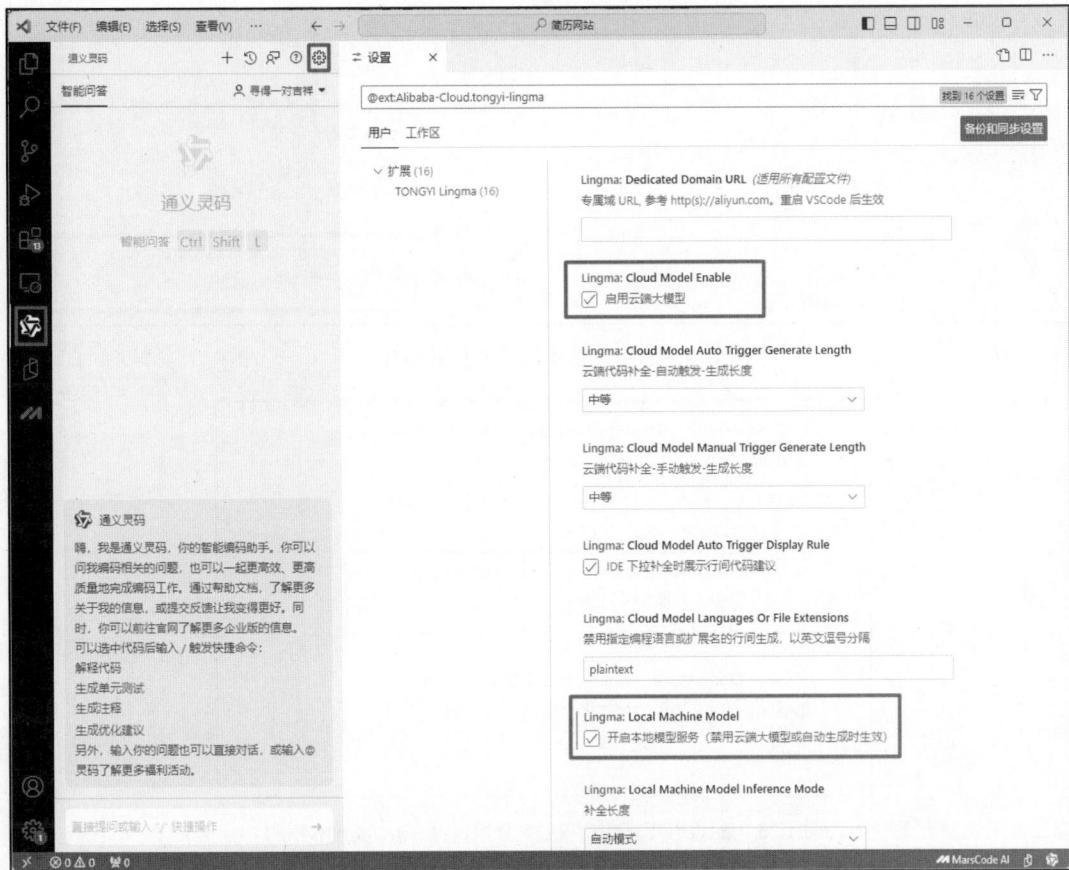

图 1.21　使用方法 2 启用或禁用行间生成功能

通过以上两种方法，读者可以根据个人需求灵活控制行间生成功能的开启与关闭，并进一步定制代码生成的细节，以优化开发流程和提升编码效率。

4. 启用或禁用函数的行间快捷入口

在通义灵码的智能问答窗口中，单击"设置"选项，进入函数的行间快捷入口设置页面，读者可以选择启用或禁用该功能，如图 1.22 所示。

5. 配置 IDE 原生补全和行间生成的展示规则

在插件的设置页面中，读者可以选择是否同时显示行间自动生成建议与 IDE 原生下拉补全，默认情况下此选项未选中，如图 1.23 所示。

图 1.22　启用或禁用函数的行间快捷入口

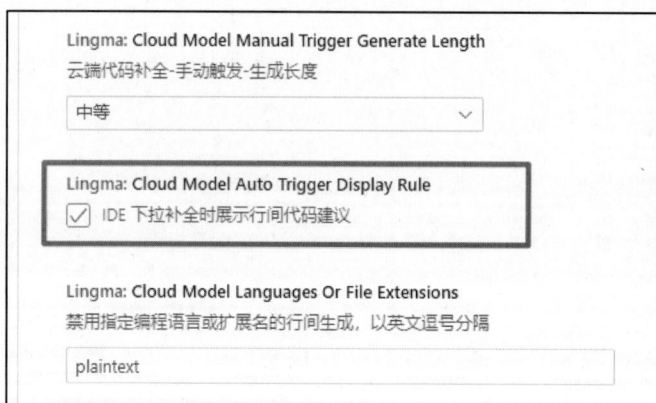

图 1.23　配置 IDE 原生下拉补全和行间生成的展示规则

1.5.2　网络代理配置

在公司网络环境下，由于 HTTP 代理服务器的存在，它会拦截所有网络流量，以便进行安全检测或限制访问某些内容。如果读者在这样的网络环境中工作，则需要将通义灵码配置为通过代理服务器连接网络。

要配置网络代理，需要先打开通义灵码插件设置页面，在其中找到相关的代理设置入口，可配置使用系统全局配置、手动配置网络代理或者无需网络代理，如图 1.24 所示。

在图 1.24 中，默认情况下，系统会自动选中使用系统全局配置，这时系统将自动获取并使用操作系统中配置的全局网络代理环境变量。

如果读者选择手动配置网络代理，可以在输入框中自定义代理设置，此处支持 HTTP、HTTPS 和 Socks5 协议，记得填写完整的代理地址。

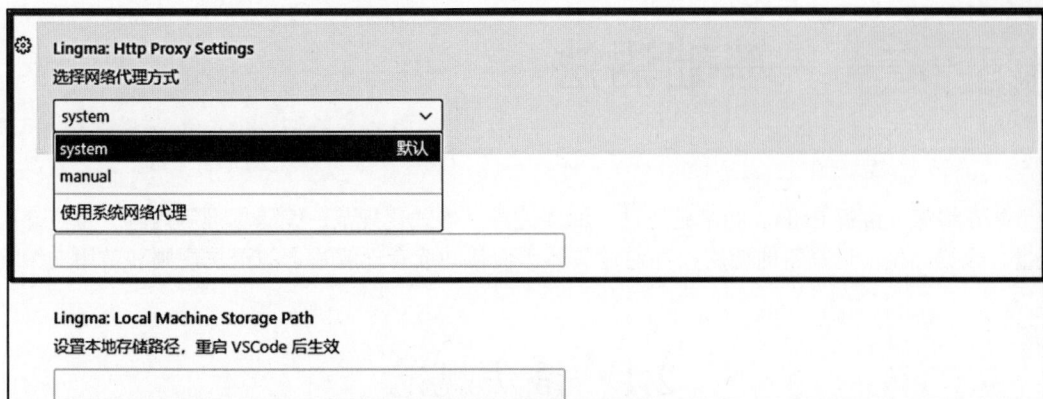

图 1.24　网络代理配置

如果读者选择手动配置但不填写代理 URL，那么系统将不会使用任何网络代理，并直接连接网络。

说明

确保输入完整的网络代理 URL，如：https://127.0.0.xxx:8080。

1.6　习　　题

习题答案

1. Python 的设计目标之一是（　　）。

A. 提高开发者的生产力　　　　　　　B. 提供复杂的语法规则

C. 支持低级语言特性　　　　　　　　D. 只适用于大型企业级应用

2. 下面哪项不是 Python 的 Web 框架？（　　）

A. Django　　　　　　B. Flask　　　　　　C. NumPy　　　　　　D. Pyramid

3. Python 的动态类型特性意味着（　　）。

A. 变量类型需要提前声明并固定

B. 变量类型在程序运行时才会进行类型检查

C. 编写代码时必须使用静态类型

D. Python 只能处理整数类型的变量

4. 通义灵码的核心功能之一是_____，该功能通过深度学习和自然语言处理技术，理解开发者的需求并提供智能代码生成支持。

5. 简述 Python 的主要特点，并举例说明这些特点是如何在实际开发中帮助开发者提高效率的。

第 2 章　基础语法

本章将深入讲解 Python 的基础语法，涵盖注释、格式化规范、编码标准等内容。重点介绍变量、数据类型、运算符的使用，并通过具体示例帮助读者理解基本的语法规则和常用的编程技巧。

2.1　语法规范

Python 是一种简洁且易于阅读的编程语言，得益于它清晰的语法规范和一致的编码风格。在编写 Python 代码时，遵循规范对于保持代码可读性、可维护性及团队协作至关重要。本节将重点介绍 Python 的注释与文档字符串、代码缩进与格式化规范，以及 Python 的编码规范和 PEP8 标准。

2.1.1　注释规则

注释是代码中用于解释程序功能的部分，它对程序的执行没有影响。注释对于增强代码的可读性至关重要，特别是对于团队开发、需长时间维护的项目，以及代码复用场景。Python 支持两种类型的注释：单行注释和多行注释。这些注释在 PyCharm 中的效果如图 2.1 所示。

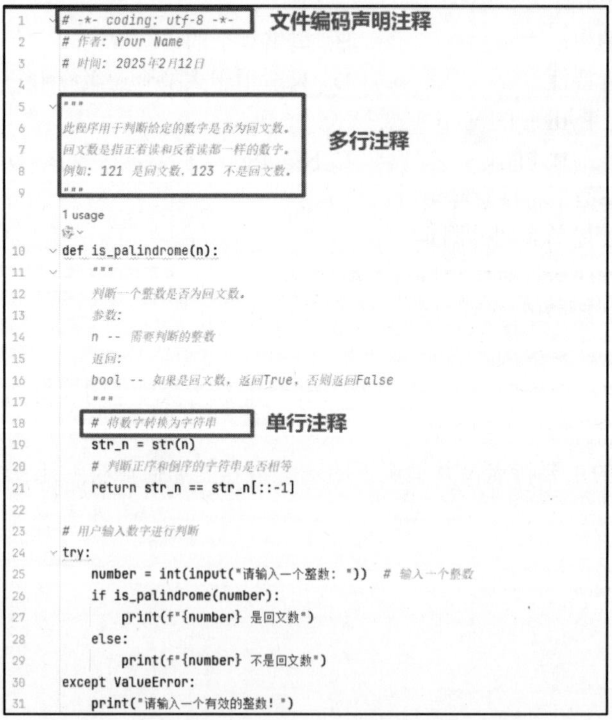

图 2.1　Python 中的注释

1. 单行注释

使用 "#" 符号开始的部分是单行注释，通常用于对代码的单行或代码块进行简单的解释。

```
# 这是一个单行注释print("Hello, World!")  # 打印问候语
```

2. 多行注释

Python 没有专门的多行注释语法，但可以通过多个单行注释来实现，或者使用 "'''" 或 """" 创建多行字符串，虽然它们原本用于定义字符串，但也常用于多行注释的实现。

```
'''
这是一个多行注释
用于解释较长的代码块
或功能
'''


"""
这也是多行注释
用于解释代码逻辑
"""
```

文档字符串（docstring）是用来描述模块、函数、类和方法的特殊注释。它们通常位于定义后的第一行，并且用三个引号 """" 或 "'''" 包围。Python 的文档工具如 help()函数可以自动提取这些文档字符串。

【例 2.1】打印一个简单的问候语。（实例位置：资源包\Python\S02\Examples\01.py）

在 IDE 中创建一个名称为 01.py 的文件，编写如下代码，运行并查看效果。

```
def greet(name):
    """
    打印一个简单的问候语。

    参数:
    name -- 用户的名字

    返回:
    None
    """
    print(f"Hello, {name}!")
```

在调用 help(greet)时，可以看到该函数的文档说明，如图 2.2 所示。

注释是代码中不可或缺的部分，它不仅有助于提高代码的可读性，还能帮助开发者更好地理解和维护程序。良好的注释习惯能够为团队合作和项目长期发展打下坚实的基础。

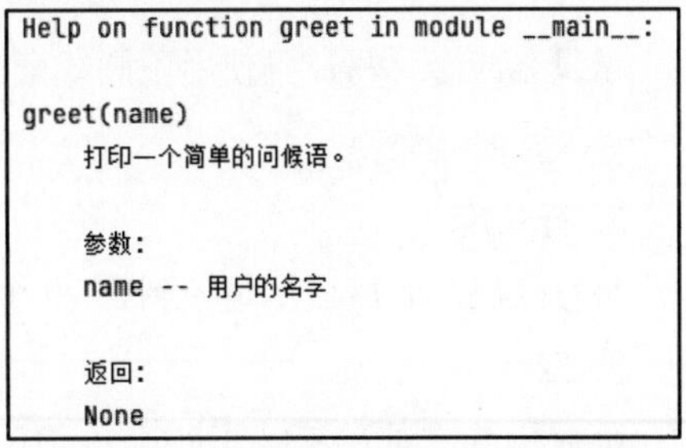

```
Help on function greet in module __main__:

greet(name)
    打印一个简单的问候语。

    参数:
    name -- 用户的名字

    返回:
    None
```

图 2.2 函数 help(greet)的文档说明

2.1.2 代码缩进与格式化规范

Python 使用缩进而不是括号来定义代码块。缩进是 Python 语法的一部分，因此保持一致的缩进至关重要。Python 要求每一层代码块都使用相同数量的空格或制表符（Tab）进行缩进。

1. 缩进规范

通常推荐每级缩进使用 4 个空格，而不是使用 Tab。虽然 Tab 也可以使用，但它容易导致混乱，因此不推荐在同一项目中混合使用空格和 Tab。

```
def say_hello():
    print("Hello!")
```

在上面的例子中，print 语句缩进了 4 个空格，表示它是 say_hello()函数的一部分。

2. 格式化规范

Python 还推荐一些常见的代码格式化规则，包括以下三种。

（1）运算符两侧应当有空格。

```
x = 5 + 3
```

（2）逗号后面应有一个空格。

```
my_list = [1, 2, 3, 4]
```

（3）函数参数和定义中的括号应当紧凑，不留多余空格。

```
def my_function(a, b):
    return a + b
```

保持良好的代码格式不仅能提高代码的可读性，还有助于在开发团队中维护一致的风格。

2.1.3　编码规范及 PEP8 标准

PEP 8 是 Python 官方的编码规范，旨在提高代码的可读性和一致性。它为 Python 代码提供了具体的格式化建议，包括命名约定、缩进规则、行宽限制等。

以下是一些 PEP 8 的关键规范。

1. 命名规范

变量名应使用小写字母和下画线，避免使用过长或过短的名字。

```
my_variable = 10
```

类名应使用大写字母驼峰命名法（Camel Case）。

```
class MyClass:
    pass
```

常量名应全大写，且使用下画线分隔单词。

```
MAX_SIZE = 100
```

2. 行长度

每行代码的长度应尽量控制在 79 个字符以内，以便于阅读和维护。

3. 空行

函数和类之间应该有两个空行，方法定义之间应该有一个空行。

```
class MyClass:
    def __init__(self):
        pass

    def my_method(self):
        pass
```

PEP 8 不仅能够帮助开发者写出清晰易懂的代码，也是开源社区中广泛遵循的标准。Python 工具（如 flake8 和 black）可以帮助开发者自动检查和格式化代码，以便符合 PEP 8 规范。

注意

　　PEP8 的关键要点是：使用 4 个空格缩进，避免使用制表符；函数和变量名用小写字母和下画线（如 function_name）；行长度最好不超过 79 个字符；运算符周围留空格（例如 a = 3 + 5）。这样能让代码更整洁、易读。

2.2　基本语法与变量

　　在 Python 编程中，理解如何使用变量、标识符及数据类型是非常重要的。变量是程序中用于存储数据的容器，而数据类型则决定了这些数据的性质和行为。本节将介绍 Python 中的保留字与标识符、变量类型与类型推导，以及常量与变量之间的区别。

2.2.1　保留字与标识符

1. 保留字

　　保留字是 Python 语言中具有特殊意义的词，它们被编程语言的解析器预先定义，不能用作标识符。Python 中的保留字列表是固定的，代表了语言结构的核心部分，比如 if、while、class 等。保留字在代码中不能作为变量名、函数名、类名等标识符使用。

　　读者可以通过 import keyword 查看 Python 的保留字列表。

```python
import keyword
print(keyword.kwlist)
```

输出示例如下所示。

```
['False', 'None', 'True', 'and', 'as', 'assert', 'async', 'await', 'break', 'class', 'continue', 'def', 'del', 'elif', 'else', 'except', 'finally',
'for', 'from', 'global', 'if', 'import', 'in', 'is', 'lambda', 'nonlocal', 'not', 'or', 'pass', 'raise', 'return', 'try', 'while', 'with', 'yield']
```

2. 标识符

　　标识符是用于标识变量、函数、类、模块等对象的名字，错误使用标识符会导致程序直接报错，如图 2.3 所示。

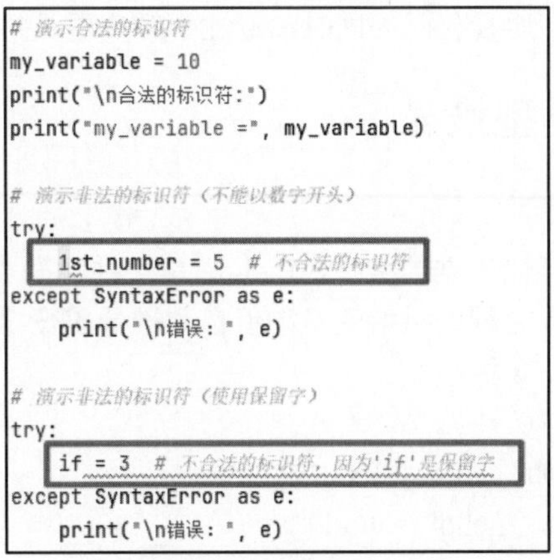

```python
# 演示合法的标识符
my_variable = 10
print("\n合法的标识符:")
print("my_variable =", my_variable)

# 演示非法的标识符（不能以数字开头）
try:
    1st_number = 5  # 不合法的标识符
except SyntaxError as e:
    print("\n错误: ", e)

# 演示非法的标识符（使用保留字）
try:
    if = 3  # 不合法的标识符, 因为'if'是保留字
except SyntaxError as e:
    print("\n错误: ", e)
```

图 2.3　标识符的使用

总结来说，标识符的命名规则有以下几点：标识符只能包含字母、数字和下画线（_）；标识符不能以数字开头；标识符不能与保留字相同。

正确的标识符命名是编写清晰、可维护代码的基础。遵循命名规则，不仅可以避免语法错误，还能提高代码的可读性和可理解性。

小窍门

在新手学习阶段，可以合理使用通义灵码修改和指出代码的错误，比如以下标识符不规范的例子。

```
1variable = 10
class = 'Python'
my-variable = 5
```

在 Pycharm 右侧调出通义灵码窗口，给予其提示语"检查我的代码，帮我改正，并且说明错误的原因"，等待其检查完成后会给出修改说明（错误原因）以及修改完成的代码，读者只需要单击"接受"即可自动修改完成，如图 2.4 所示。

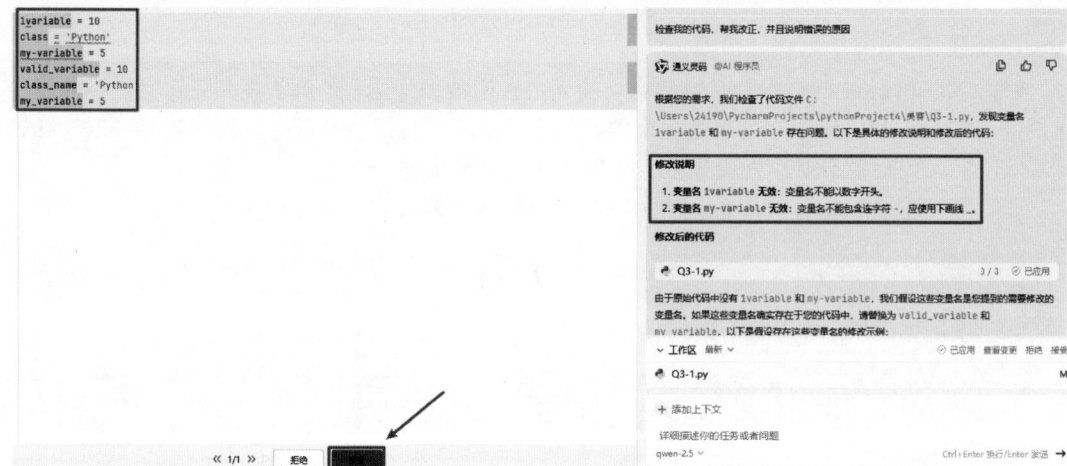

图 2.4　使用通义灵码检查标识符错误

合理利用 AI 助手，不仅能帮助读者迅速发现和修正代码中的错误，还能提升编码效率和编程能力，让读者在编写更高质量代码的同时，专注于解决更具挑战性的编程问题。

2.2.2　变量类型与类型推导

1. 变量类型

变量类型指的是变量所存储数据的类型，Python 是一种动态类型语言，这意味着读者无须显式声明变量的类型，Python 会根据赋给变量的值自动推导出变量类型。

常见的数据类型包括以下 8 种。

- ☑ 整数（int）：例如，10、−3。
- ☑ 浮点数（float）：例如，3.14、−0.001。
- ☑ 字符串（str）：例如，"hello"、'world'。
- ☑ 布尔值（bool）：True 或 False。
- ☑ 列表（list）：例如，[1, 2, 3]。

- ☑　元组（tuple）：例如，(1, 2, 3)。
- ☑　字典（dict）：例如，{'name': 'Alice', 'age': 25}。
- ☑　集合（set）：例如，{1, 2, 3}。

Python 会根据赋值自动推导变量类型，如下代码所示。

```
x = 42          # 整数类型
y = 3.14        # 浮点类型
name = "Alice"  # 字符串类型
is_active = True # 布尔类型
```

易混淆：变量类型和数据类型的区别

变量类型和数据类型虽然在一些情况下相关，但它们有本质区别。数据类型指的是数据的性质或种类，它决定了数据的存储方式、值的范围，以及可以对其执行的操作，如整数（int）、浮点数（float）、字符（char）等。而变量类型则是指变量的定义方式，通常用于描述一个变量可以存储什么样的数据类型。简而言之，数据类型定义了数据的本质属性，而变量类型则是变量的声明和指定数据类型的方式。

2. 类型推导

类型推导是指 Python 在运行时根据变量的初始值推断其数据类型。读者不需要声明变量的类型，Python 会根据给定的值自动推导出类型。如果需要查看某个变量的类型，可以使用 type()函数。

```
x = 42
print(type(x))  # 输出: <class 'int'>
y = "Hello"
print(type(y))  # 输出: <class 'str'>
```

Python 的动态类型特性使得代码更加简洁和灵活，但在大型项目中也可能带来类型错误等问题，通常通过单元测试或类型检查工具（如 mypy）来确保类型的正确性。

2.2.3　常量与变量的区别

常量通常是指在程序中一旦赋值后，值不可改变的数据。在 Python 中并没有真正的常量类型（不像 C 语言中的 const），但是程序员可以通过命名约定来表示常量。常量通常使用全大写字母，并且不再修改其值。例如，定义常量的代码片段如下。

```
PI = 3.14159
```

在 Python 中，虽然没有机制强制禁止修改以全大写字母命名的变量值，但这种命名约定普遍用于标识不应被修改的变量，即常量。在团队开发中遵循这一约定，可以提升代码的可读性和维护性。

变量是程序中用于存储可变数据的名称，它们的值可以在程序运行时发生变化。例如，在 Python 中，以下代码中的 x 就是一个变量。

```
x = 10
x = 20  # 变量值可以更改
```

总的来说，常量与变量的区别就是变量的值可以在程序中修改，而常量的值应当在定义后保持不变，但 Python 本身不做限制，这主要是通过命名约定来标识。例如，一个表示常量的代码片段如下。

```
MAX_SPEED = 120   # 速度的常量
```

虽然说 MAX_SPEED 是一个变量，但它的全大写形式意味着它应当保持不变，不应在代码中修改其值。

2.3　基本数据类型

Python 的基本数据类型涵盖了大部分程序中会使用到的数据形式，如数字、字符串、布尔值等。理解这些基本数据类型及它们的操作方式，是进行 Python 编程的基础。本节将逐一介绍 Python 中的常见基本数据类型：数字类型、字符串类型、布尔类型，以及如何进行数据类型转换。

2.3.1　数字类型

Python 中的数字类型用于表示各种数值。Python 支持三种数字类型：整数（int）、浮点数（float）和复数（complex）。其中，整数和浮点数是最常见的类型。

（1）整数类型（int）用于表示没有小数部分的数值。它可以是正数、负数或零，示例代码如下。

```
x = 10          # 正整数
y = -3          # 负整数
z = 0           # 零
```

（2）浮点数（float）用于表示带有小数部分的数值，通常用于表示精确度要求较高的计算，示例代码如下。

```
a = 3.14        # 正浮点数
b = -0.001      # 负浮点数
c = 2.0         # 也可以是一个整数形式的浮点数
```

（3）复数（complex）由实部和虚部组成，表示的形式为 a + bj，其中 a 和 b 是实数，j 是虚数单位，示例代码如下。

```
complex_num = 3 + 4j   # 3是实部，4j是虚部
```

读者可以使用 type() 函数查看变量的类型，代码如下。

```
x = 10
print(type(x))   # <class 'int'>
y = 3.14
print(type(y))   # <class 'float'>
z = 3 + 4j
print(type(z))   # <class 'complex'>
```

Python 的数字类型为读者提供了丰富的数值表示方式，无论是进行简单的整数运算、精确的浮点数计算，还是处理复数运算，都能轻松应对。掌握这些基本类型是进行高效编程的基础。

【例 2.2】实现 Python 计算器。（实例位置：资源包\Python\S02\Examples\02.py）

本例将实现一个基本的 Python 计算器，能够进行整数、浮点数和复数的加、减、乘、除 4 种基本运算。首先创建名称为 02 的 Python 文件，在文件中定义 4 个简单的函数来实现这些基本操作。用户可以根据输入选择不同类型的数字（整数、浮点数或复数），并进行相应的计算，实现代码如下。

```python
# 计算器功能实现
def add(a, b):
    return a + b

def subtract(a, b):
    return a - b

def multiply(a, b):
    return a * b

def divide(a, b):
    if b == 0:
        return "除数不能为零"
    return a / b

def complex_operations(a, b, operation):
    if operation == "add":
        return a + b
    elif operation == "subtract":
        return a - b
    elif operation == "multiply":
        return a * b
    elif operation == "divide":
        if b == 0:
            return "除数不能为零"
        return a / b
    else:
        return "未知操作"

# 主程序
def calculator():
    print("欢迎使用 Python 计算器！")

    # 选择操作类型
    choice = input("选择计算类型（整数：int / 浮点数：float / 复数：complex）: \n").lower()
    if choice == "int":
        # 处理整数
        x = int(input("请输入第一个整数: "))
        y = int(input("请输入第二个整数: "))

        print("加法结果:", add(x, y))
        print("减法结果:", subtract(x, y))
        print("乘法结果:", multiply(x, y))
        print("除法结果:", divide(x, y))

    elif choice == "float":
        # 处理浮点数
        x = float(input("请输入第一个浮点数: "))
        y = float(input("请输入第二个浮点数: "))

        print("加法结果:", add(x, y))
        print("减法结果:", subtract(x, y))
        print("乘法结果:", multiply(x, y))
        print("除法结果:", divide(x, y))

    elif choice == "complex":
        # 处理复数
        x_real = float(input("请输入第一个复数的实部: "))
        x_imag = float(input("请输入第一个复数的虚部: "))
        y_real = float(input("请输入第二个复数的实部: "))
        y_imag = float(input("请输入第二个复数的虚部: "))

        x = complex(x_real, x_imag)
        y = complex(y_real, y_imag)

        operation = input("请选择复数操作（加法：add / 减法：subtract / 乘法：multiply / 除法：divide）: ").lower()
        result = complex_operations(x, y, operation)
```

```
        print(f"复数运算结果: {result}")

    else:
        print("无效输入，请选择正确的计算类型！")

# 启动计算器
calculator()
```

整数的运行结果如下所示。

```
欢迎使用 Python 计算器！
选择计算类型（整数：int / 浮点数：float / 复数：complex）：
int
请输入第一个整数: 2
请输入第二个整数: 4
加法结果: 6
减法结果: -2
乘法结果: 8
除法结果: 0.5
```

浮点数的运行结果如下所示。

```
欢迎使用 Python 计算器！
选择计算类型（整数：int / 浮点数：float / 复数：complex）：
float
请输入第一个浮点数: 1.2
请输入第二个浮点数: 0.6
加法结果: 1.7999999999999998
减法结果: 0.6
乘法结果: 0.72
除法结果: 2.0
```

注意：浮点运算的误差

浮点数在计算机中无法精确表示所有十进制小数，计算机会将其转化为一个近似值。在执行加法运算时，微小的精度误差累积导致结果为 1.7999999999999998，而非 1.8。这是浮点数表示的固有问题。

复数的运行结果如下所示。

```
欢迎使用 Python 计算器！
选择计算类型（整数：int / 浮点数：float / 复数：complex）：
complex
请输入第一个复数的实部: 3
请输入第一个复数的虚部: 4
请输入第二个复数的实部: 2
请输入第二个复数的虚部: 1
请选择复数操作（加法：add / 减法：subtract / 乘法：multiply / 除法：divide）: add
复数运算结果: (5+5j)
```

综上所述，本节介绍了 Python 中的整数、浮点数和复数三种基本数字类型，并实现了一个支持这三种类型的简单计算器。通过学习这些类型，读者可以更好地进行各种数学运算。在实际应用中，需要特别注意浮点数运算中的精度问题。掌握这些基础知识是进行高效编程的关键。

2.3.2　字符串类型

字符串类型（str）用于表示文本数据。在 Python 中，字符串可以用单引号（'）、双引号

（"）或者三引号（'''或"""）来定义。

1. 定义字符串

字符串可以是单引号或双引号包围的内容，示例代码如下。

```python
name = "Alice"              # 双引号
greeting = 'Hello'          # 单引号
```

如果字符串包含引号，可以使用不同的引号类型来避免转义。

```python
sentence = "He said, 'Python is awesome!'" # 使用双引号包围，单引号不需要转义
quote = 'It\'s a beautiful day!'           # 使用单引号包围，单引号需要转义
```

2. 多行字符串

使用三个单引号或双引号来定义多行字符串。多行字符串常用于文档字符串（docstring），示例代码如下。

```python
multi_line_str = """This is a string
that spans multiple lines."""
```

3. 字符串拼接与重复

字符串可以通过加号（+）拼接，或者通过乘号（*）重复，示例代码如下。

```python
name = "Alice"
greeting = "Hello " + name    # 字符串拼接
repeated = "Hi! " * 3         # 字符串重复
```

4. 访问字符串中的字符

字符串可以像列表一样通过索引访问字符，索引从 0 开始，示例代码如下。

```python
word = "Python"
print(word[0])              # 输出 'P'
print(word[-1])             # 输出 'n'（负数索引表示从后向前）
```

5. 字符串切片

可以通过切片操作提取字符串中的子字符串，示例代码如下。

```python
word = "Python"
print(word[0:3])            # 输出 'Pyt'（包括索引 0 到 2 的字符）
print(word[:3])             # 输出 'Pyt'（从头开始到索引 2）
print(word[3:])             # 输出 'hon'（从索引 3 到结束）
```

【例 2.3】打印一个字符串案例——皮卡丘。（实例位置：资源包\Python\S02\Examples\03.py）

本例将通过 Python 中的多行字符串功能，打印出皮卡丘的 ASCII 艺术图案。通过这个示例，读者可以学习如何在控制台中输出形象的字符图案。

在 IDE 中创建一个名称为 03.py 的文件，编写如下代码并尝试运行。

```python
# 皮卡丘的ASCII艺术图案
pikachu = """
   (\__/)
   (o^.^)
  z(_(")(")
"""

print(pikachu)              # 输出皮卡丘图案
print("皮卡丘说: 皮卡皮卡! ")  # 在皮卡丘下方增加一些文本
```

字符串案例代码运行结果如图 2.5 所示。

```
   (\__/)
   (o^.^)
  z(_(")(")

皮卡丘说: 皮卡皮卡!
```

图 2.5　利用字符串打印皮卡丘

在操作字符串时，常见的误区包括：混淆单引号和双引号的使用，导致不必要的转义；忽略字符串是不可变的，因此修改字符串时需要重新赋值；误用切片时忽略了索引的边界。例如，word[0:3] 不包括索引 3 的字符，这一点要特别注意。

2.3.3　布尔类型

布尔类型（bool）用于表示逻辑值，只有两个可能的取值：True 和 False。布尔类型通常用于条件判断和控制流程。

1. 布尔值

True 表示真，False 表示假。它们在 Python 中是关键字且大小写敏感，示例代码如下。

```
is_active = True
has_permission = False
```

2. 布尔运算

Python 提供了常见的布尔运算符，包括 and、or 和 not，用于进行逻辑运算，示例代码如下。

```
x = True
y = False
print(x and y)          # 输出 False
print(x or y)           # 输出 True
print(not x)            # 输出 False
```

3. 布尔值的转换

在 Python 中，其他数据类型也可以转换为布尔值。None、False、数值 0、空字符串""、空列表[]、空字典{}会被认为是 False，其他所有值都被认为是 True。

```
print(bool(0))          # 输出 False
print(bool(123))        # 输出 True
print(bool(""))         # 输出 False
print(bool("Python"))   # 输出 True
```

注意

在 Python 中，True 和 False 是布尔类型的两个基本值，分别表示逻辑上的"真"和"假"。它们的数值表示分别是 True = 1，False = 0，因此可以与数值进行运算。例如，True + 1 的结果是 2，而 False + 1 的结果是 1。这使得 True 和 False 在数学和逻辑运算中具有类似数值的行为。

2.3.4　数据类型转换

在 Python 中，数据类型转换是指将一种数据类型的值转换为另一种类型。Python 提供了多种内置函数执行常见的类型转换。

（1）整数转换。使用 int()将其他类型（如浮点数、字符串）转换为整数类型。

```
x = int(3.14)          # 浮点数转换为整数，结果为 3
```

```
y = int("42")        # 字符串转换为整数，结果为42
```

（2）浮点数转换。使用 float()将其他类型转换为浮点数。

```
x = float(3)         # 整数转换为浮点数，结果为3.0
y = float("3.14")    # 字符串转换为浮点数，结果为3.14
```

（3）字符串转换。使用 str()将其他类型转换为字符串。

```
x = str(42)          # 整数转换为字符串，结果为 "42"
y = str(3.14)        # 浮点数转换为字符串，结果为 "3.14"
```

（4）布尔值转换。使用 bool()将其他类型转换为布尔值，通常用于判断某个对象是否为 True。

```
x = bool(0)          # 数值0转换为False
y = bool("text")     # 非空字符串转换为True
```

【例 2.4】超市购物车总价计算。（实例位置：资源包\Python\S02\Examples\04.py）

小明正在准备为朋友购买生日礼物。他找到了一款蓝牙耳机，准备购买两副。为确保计算正确，他决定编写一个简单的程序帮助他计算总价。在程序中，他需要输入价格和数量，检查是否使用了优惠券，并进行必要的数据转换，最后得到购物车的最终价格。请你帮助小明完成这个计算任务。

为解决此题，读者需要先创建名为 04.py 的 Python 文件，并在文件中写入如下解题代码。

```python
# 提示用户输入商品信息
def calculate_total(price, quantity, discount=False):
    # 计算总价
    total_price = price * quantity
    # 如果使用优惠券，应用折扣
    if discount:
        total_price *= 0.9  # 假设优惠券是10% 的折扣
    return total_price

def print_receipt(price, quantity, discount=False):
    # 计算总价
    total_price = calculate_total(price, quantity, discount)

    # 打印购物单
    print("*************************************")
    print("            超市购物单              ")
    print("*************************************")
    print(f"商品：蓝牙耳机")
    print(f"单价：{price}元")
    print(f"数量：{quantity}副")
    print(f"总价：{price * quantity}元")

    # 打印是否有优惠
    if discount:
        print(f"折扣：10%")
        print(f"优惠后总价：{total_price:.2f}元")
    else:
        print(f"无优惠")

    print("*************************************")
    print(f"最终支付：{total_price:.2f}元")
    print("*************************************")

# 输入商品信息
price = float(input("请输入耳机单价（元）: "))
quantity = int(input("请输入购买数量: "))
use_discount = input("是否使用优惠券（y/n）: ").strip().lower() == 'y'

# 打印购物单
```

```
print_receipt(price, quantity, use_discount)
```

超市购物车总价计算代码的运行结果如图 2.6 所示。

```
请输入耳机单价（元）：21
请输入购买数量：3
是否使用优惠券（y/n）：y
*********************************
          超市购物单
*********************************
商品：蓝牙耳机
单价：21.0元
数量：3副
总价：63.0元
折扣：10%
优惠后总价：56.70元
*********************************
最终支付：56.70元
*********************************
```

图 2.6　超市购物车总价计算

通过本例，读者不仅可以掌握基本的 Python 数据类型转换，还可以学习如何将这些转换应用于实际的购物车计算任务，进一步提升了对 Python 语法的理解和应用能力。

注意

（1）int()只能将符合整数表示的字符串转换为整数，不能转换含有非数字字符的字符串。

（2）float()可以将包含小数点的数字字符串转换为浮点数，但不能直接转换无法解析的字符串（如"abc"）。

```
x = int("42")      # 成功，结果为42
x = int("3.14")    # 会抛出 ValueError错误，因为 "3.14" 不能直接转换为整数
```

2.4　运　算　符

运算符是 Python 语言中用于执行各种运算的符号。它们用于操作变量和数据，支持数学计算、比较、逻辑运算等功能。本节将介绍 Python 中的常见运算符，包括算术运算符、比较运算符、逻辑运算符、位运算符和赋值运算符。

2.4.1　算术运算符

算术运算符用于执行基本的数学运算，如加法、减法、乘法等。Python 提供了常见的算术运算符，如表 2.1 所示。

表 2.1　Python 常用算术运算符

运算符	描述	示例
+	加法	5+3 结果为 8
−	减法	5−3 结果为 2

续表

运算符	描述	示例
*	乘法	5*3 结果为 15
/	除法	5/3 结果为 1.666…
//	整数除法	5//3 结果为 1
%	取余	5%3 结果为 2
**	幂运算	5**3 结果为 125

（1）整数除法（//）返回结果的整数部分，即去掉小数部分。

（2）取余运算符（%）返回除法运算后的余数。

（3）幂运算符（**）用于计算一个数的幂。

读者可以编写一段代码来尝试表 2.1 的常用算术运算符，如下所示。

```
print(a + b)      # 输出 8
print(a - b)      # 输出 2
print(a * b)      # 输出 15
print(a / b)      # 输出 1.666666...
print(a // b)     # 输出 1
print(a % b)      # 输出 2
print(a ** b)     # 输出 125
```

通过这段代码，读者可以直观地了解每个运算符的功能。

【例 2.5】算法题——计算银行账户余额。（实例位置：资源包\Python\S02\Examples\04.py）

假设小明正在管理一个银行账户，现在需要编写一个程序计算账户余额。

（1）初始账户余额是一个给定的数字。

（2）客户进行了一系列存款和取款操作，所有的操作通过一个列表 transactions 给出：正数表示存款操作（存入相应金额）；负数表示取款操作（提取相应金额）。

（3）每次取款时，系统会检查当前余额是否足够，如果余额不足以支持取款操作，则此操作无效。

任务是编写一个函数 calculate_balance(initial_balance, transactions) 计算账户的最终余额。

终端输入：一个浮点值 initial_balance，表示账户的初始余额。一个列表 transactions，包含多个整数，表示每次存款或取款的金额。

输出：返回一个浮点值，表示账户的最终余额。

示例终端输入：

```
370
200, -500, -100, 300, -400, -300
```

输出：

```
70.0
```

题解如下：

首先分析题意。在进行存款操作时，账户余额会直接增加相应金额。而在取款时，系统会首先检查账户余额是否足够。如果余额足够，则扣除取款金额，更新账户余额；如果余额不足，则取款操作失败，账户余额保持不变。最终，系统会输出账户的剩余余额，以下为解题代码。

```
def calculate_balance(initial_balance, transactions):
    balance = initial_balance
    for transaction in transactions:
```

```
        if transaction >= 0:                      # 存款
            balance += transaction
        else:                                     # 取款
            if balance + transaction >= 0:        # 检查余额是否足够
                balance += transaction
            else:
                print(f"取款失败，余额不足：当前余额 {balance}，尝试取款 {abs(transaction)}")
    return balance

# 示例
initial_balance = 1000
transactions = [200, -500, -100, 300, -400, -300]
final_balance = calculate_balance(initial_balance, transactions)
print(f"最终余额: {final_balance}")
```

上述代码运行结果如图 2.7 所示。

```
请输入初始账户余额：370
请输入交易列表（例如：200, -500, -100, 300, -400, -300）：200, -500, -100, 300, -400, -300
账户的最终余额是：70.0
```

图 2.7　计算银行账户余额代码结果

小窍门

例 2.5 对于新手来说可能难度偏大，如果暂时没有思路，可以尝试参考通义灵码的解题思路和代码。首先读者需要调出通义灵码窗口进入智能问答模式，将例 2.5 的题干输入，如图 2.8 所示。

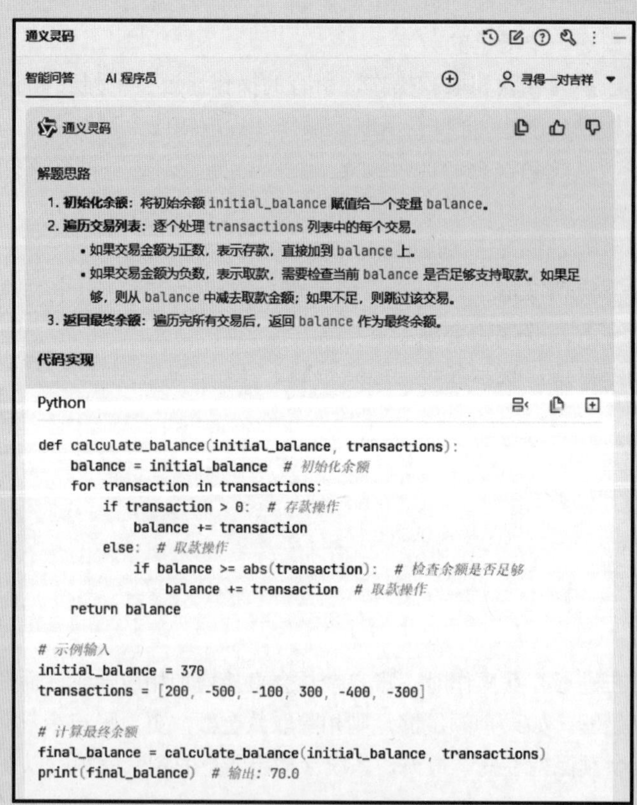

图 2.8　通义灵码解题实例

以下是通义灵码的解题思路。

（1）初始化余额：将初始余额 initial_balance 赋值给一个变量 balance。

（2）遍历交易列表：逐个处理 transactions 列表中的每个交易。如果交易金额为正数，表示存款，直接加到 balance 上；如果交易金额为负数，表示取款，需要检查当前 balance 是否支持取款。如果支持，则从 balance 中减去取款金额；如果不支持，则跳过该交易。

（3）返回最终余额：遍历完所有交易后，返回 balance 作为最终余额。

综上所述，通过 AI 助手辅助学习，读者能够有效地处理交易列表并计算出最终余额。通过通义灵码给出的解题思路，可以更轻松地解决类似问题。

2.4.2 比较运算符

比较运算符（也称为关系运算符）用于比较两个值，并返回布尔值（True 或 False），以指示比较的结果。常见的比较运算符如下。

（1）等于（==）：判断两个值是否相等。

```
a = 5
b = 5
print(a == b)        # 结果是 True
```

（2）不等于（!=）：判断两个值是否不相等。

```
a = 5
b = 3
print(a != b)        # 结果是 True
```

（3）小于（<）：判断左边的值是否小于右边的值。

```
a = 5
b = 7
print(a < b)        # 结果是 True
```

（4）小于或等于（<=）：判断左边的值是否小于或等于右边的值。

```
a = 5
b = 7
print(a <= b)        # 结果是 True
```

（5）大于（>）：判断左边的值是否大于右边的值。

```
a = 5
b = 3
print(a > b)        # 结果是 True
```

（6）大于或等于（>=）：判断左边的值是否大于或等于右边的值。

```
a = 5
b = 5
print(a >= b)        # 结果是 True
```

【例 2.6】比较学生成绩。（实例位置：资源包\Python\S02\Examples\06.py）

在学校的考试中，学生的成绩经常需要进行比较，以判断他们的表现是否符合预期。假设读者有两个学生的成绩，系统将比较他们的成绩，并输出相关的信息，帮助老师做出决定。例如，读者需要判断学生的成绩是否及格，是否优于另一位学生，是否达到了某些标准等。

首先定义两个学生的成绩变量，并进行一系列的比较操作。判断两位学生的成绩是否相等。接下来，检查两位学生的成绩是否不相等。然后比较第一位学生的成绩是否低于第二位学生，以及第一位学生的成绩是否高于或等于第二位学生。最后判断第一位学生的成绩是否低于或等于第二位学生。最终输出上述比较的结果，实现代码如下。

```python
# 学生的成绩
student_1_score = 85
student_2_score = 90

# 判断两位学生成绩是否相等
print(f"学生1的成绩({student_1_score}) == 学生2的成绩({student_2_score}): {student_1_score == student_2_score}")
                                          # 是否相等

# 判断两位学生成绩是否不相等
print(f"学生1的成绩({student_1_score}) != 学生2的成绩({student_2_score}): {student_1_score != student_2_score}")
                                          # 是否不相等

# 判断学生1的成绩是否低于学生2的成绩
print(f"学生1的成绩({student_1_score}) < 学生2的成绩({student_2_score}): {student_1_score < student_2_score}")
                                          # 是否小于

# 判断学生1的成绩是否高于或等于学生2的成绩
print(f"学生1的成绩({student_1_score}) >= 学生2的成绩({student_2_score}): {student_1_score >= student_2_score}")
                                          # 是否大于或等于

# 判断学生1的成绩是否低于或等于学生2的成绩
print(f"学生1的成绩({student_1_score}) <= 学生2的成绩({student_2_score}): {student_1_score <= student_2_score}")
                                          # 是否小于或等于
```

运行结果如图 2.9 所示。

```
学生1的成绩(85) == 学生2的成绩(90): False
学生1的成绩(85) != 学生2的成绩(90): True
学生1的成绩(85) <  学生2的成绩(90): True
学生1的成绩(85) >= 学生2的成绩(90): False
学生1的成绩(85) <= 学生2的成绩(90): True
```

图 2.9　比较学生成绩代码的运行结果

2.4.3　逻辑运算符

逻辑与就像是在说"并且"，只有当两个条件同时满足时，结果才为真。例如，假设读者想和朋友一起去看电影，但有两个前提条件：一是天气晴朗，二是读者有空闲时间。只有当这两个条件同时满足时，读者才会去看电影。这就像逻辑"与"运算符，只有两个表达式都为真时，结果才为真。

逻辑运算符用于对布尔值进行运算，常用于条件判断中。Python 提供了三种常见的逻辑运算符。

（1）与（and）：两个条件都为 True 时，结果才为 True。

```python
a = True
b = False
print(a and b)      # 结果是 False
```

（2）或（or）：两个条件中至少有一个为 True 时，结果为 True。

```python
a = True
b = False
print(a or b)       # 结果是 True
```

（3）非（not）：对布尔值进行取反，True 变为 False，False 变为 True。

```
a = True
print(not a)        # 结果是 False
```

这些运算符在多个条件的逻辑判断中非常有用。

【例 2.7】判断是否可以去看电影。（实例位置：资源包\Python\S02\Examples\07.py）

小明计划和朋友一起去看电影，但有两个前提条件需要满足：

（1）天气晴朗（即天气状况为"晴"）。

（2）小明有空闲时间（即今天没有其他的安排）。

读者需要根据这两个条件判断小明是否可以去看电影。通过使用 Python 的逻辑运算符（and、or、not），可以实现这一判断，实现代码如下。

```
# 定义天气状况和空闲时间
is_sunny = True                                            # 天气晴朗
have_free_time = False                                     # 没有空闲时间

# 逻辑与（and）：只有天气晴朗并且有空闲时间时，才可以去看电影
can_go_movie_and = is_sunny and have_free_time
print(f"使用 'and' 运算符判断是否可以去看电影：{can_go_movie_and}")    # 结果是 False

# 逻辑或（or）：如果天气晴朗或者有空闲时间满足其一，则可以去看电影
can_go_movie_or = is_sunny or have_free_time
print(f"使用 'or' 运算符判断是否可以去看电影：{can_go_movie_or}")      # 结果是 True

# 逻辑非（not）：判断天气是否不是晴朗
not_sunny = not is_sunny
print(f"使用 'not' 运算符判断天气是否不晴朗：{not_sunny}")            # 结果是 False
```

运行结果如图 2.10 所示。

```
使用 'and' 运算符判断是否可以去看电影：False
使用 'or' 运算符判断是否可以去看电影：True
使用 'not' 运算符判断天气是否不晴朗：False
```

图 2.10　判断条件的运行效果

2.4.4　位运算符

位运算符是在编程中直接对二进制位进行操作的运算符。这些运算符可以对整数类型的数据进行位级别的计算，包括位与、位或、位异或、位取反、位左移和位右移等操作。Python 支持的位运算符有下面 6 种。

（1）与（&）：按位与运算，两个对应的二进制位都为 1 时，结果为 1。

```
a = 5        # 二进制 101
b = 3        # 二进制 011
print(a & b) # 结果是 1（二进制 001）
```

（2）或（|）：按位或运算，两个对应的二进制位中至少有一个为 1 时，结果为 1。

```
a = 5        # 二进制 101
b = 3        # 二进制 011
print(a | b) # 结果是 7（二进制 111）
```

（3）异或（^）：按位异或运算，两个对应的二进制位不同时，结果为 1。

```
a = 5        # 二进制 101
b = 3        # 二进制 011
```

```
print(a ^ b)          # 结果是6（二进制110）
```

（4）取反（~）：按位取反运算，将每个二进制位反转。

```
a = 5                 # 二进制101
print(~a)             # 结果是 -6，二进制101取反为010（补码表示）
```

（5）左移（<<）：将一个数的二进制位向左移动指定的位数，左移会增加 0，等同于乘以 2 的 n 次方。

```
a = 5                 # 二进制101
print(a << 1)         # 结果是10（二进制1010，相当于5*2）
```

（6）右移（>>）：将一个数的二进制位向右移动指定的位数，右移会丢弃低位的值，等同于除以 2 的 n 次方。

```
a = 5                 # 二进制101
print(a >> 1)         # 结果是2（二进制10，相当于5//2）
```

【例 2.8】操作灯的开关状态。（实例位置：资源包\Python\S02\Examples\08.py）

小美家中有多盏灯的开关，使用二进制数字表示灯的开关状态。每一位的值代表一盏灯的状态（1 表示开，0 表示关）。小美可以使用位运算符进行如下操作。

（1）开关灯：使用按位"或"运算符（|）打开一盏灯，使用按位"与"运算符（&）关闭一盏灯。

（2）切换灯的状态：使用按位"异或"运算符（^）切换灯的开关状态。

（3）查看是否有灯开着：使用按位"与"运算符（&）检查某盏特定灯的状态。

现要求用一个 8 位的二进制数表示 8 盏灯的状态（每一位表示一盏灯的状态）。必须使用位运算符模拟打开、关闭、切换和查询灯的操作。

解题思路是使用一个 8 位的二进制数表示 8 盏灯的状态，每一位表示一盏灯的开关（1 表示开，0 表示关）。通过位运算符来实现对灯的操作。比如使用按位"或"运算符（|）打开某个灯，使用按位"与"运算符（&）关闭某个灯，使用按位"异或"运算符（^）切换灯的状态。左移（<<）和右移（>>）运算符则可以将灯的状态整体向左或向右移动，从而实现类似放大或缩小的效果。通过这些位运算符，读者可以高效地控制多盏灯的状态。

实现代码如下。

```
# 初始灯的状态：0b00000101（第1、3、5号灯开着）
lights = 0b00000101

# 打开第2号灯（按位或运算）
lights = lights | 0b00000010
print(f"打开第2号灯后：{bin(lights)}")          # 结果是0b00000111

# 关闭第1号灯（按位与运算）
lights = lights & ~0b00000001
print(f"关闭第1号灯后：{bin(lights)}")          # 结果是0b00000110

# 切换第3号灯的状态（按位异或运算）
lights = lights ^ 0b00000100
print(f"切换第3号灯后：{bin(lights)}")          # 结果是0b00000010

# 查询第3号灯是否开着（按位与运算）
is_light_3_on = lights & 0b00000100
print(f"第3号灯是否开着：{bool(is_light_3_on)}")  # 结果是False

# 左移操作（将所有灯的状态向左移动一位，相当于放大）
lights = lights << 1
print(f"左移操作后灯的状态：{bin(lights)}")       # 结果是0b00000100
```

```
# 右移操作（将所有灯的状态向右移动一位，相当于缩小）
lights = lights >> 1
print(f"右移操作后灯的状态：{bin(lights)}")          # 结果是0b00000010
```

运行结果如图2.11所示。

```
打开第2号灯后：0b111
关闭第1号灯后：0b110
切换第3号灯后：0b10
第3号灯是否开着：False
左移操作后灯的状态：0b100
右移操作后灯的状态：0b10
```

图2.11　操作灯的开关状态的代码输出

小窍门

位运算符原理虽简单，但在编写代码时易因二进制逻辑而混淆。建议读者使用通义灵码的代码补全功能，只需要在注释中描述下一步操作，通义灵码就能迅速生成所需代码，如图2.12所示。

```
# 初始灯的状态：0b00000101（第1、3、5号灯开着）
lights = 0b00000101

# 打开第2号灯（按位或运算）
lights = lights | 0b00000010
print(f"打开第2号灯后：{bin(lights)}")  # 结果是0b00000111

# 关闭第1号灯（按位与运算）
lights = lights & ~0b00000001
print(f"关闭第1号灯后：{bin(lights)}")  # 结果是0b00000110

# 切换第3号灯的状态（按位异或运算）
lights = lights ^ 0b00000010                          Ctrl+向下箭头 逐行采纳
print(f"切换第3号灯的状态后：{bin(lights)}")  # 结果是0b00000100
```

图2.12　通义灵码补全位运算符

2.4.5　赋值运算符

赋值运算符在编程中是一个非常基础且重要的概念，它用于将一个值赋给一个变量。假设小明每天早上需要设置一个闹钟来唤醒自己。在这个例子中，读者可以将"闹钟的设置时间"看作是一个"变量"，而将小明希望闹钟在何时响起（比如7:00）看作是"值"。Python中常用的赋值运算符包括下面7种。

（1）简单赋值（=）：将右边的值赋给左边的变量。

```
x = 10
```

（2）加法赋值（+=）：将右边的值加到左边的变量上。

```
x = 5
x += 3  # 相当于x = x + 3，结果是8
```

（3）减法赋值（−=）：将右边的值从左边的变量中减去。

```
x = 5
x -= 3   # 相当于x = x - 3，结果是2
```

（4）乘法赋值（*=）：将右边的值乘到左边的变量上。

```
x = 5
x *= 3   # 相当于x = x * 3，结果是15
```

（5）除法赋值（/=）：将右边的值除以左边的变量。

```
x = 10
x /= 2   # 相当于x = x / 2，结果是5.0
```

（6）取余赋值（%=）：将右边的值取余赋给左边的变量。

```
x = 10
x %= 3   # 相当于x = x % 3，结果是1
```

（7）幂运算赋值（**=）：将右边的值作为幂赋给左边的变量。

```
x = 2
x **= 3   # 相当于x = x ** 3，结果是8
```

【例 2.9】管理个人账户余额。（实例位置：资源包\Python\S02\Examples\08.py）

小强正在管理一个个人账户，账户中有一定的余额。小强希望在账户上进行一些操作，比如存款、取款、计算折扣等。读者可以使用各种赋值运算符来简化操作。

任务具体要求在账户中进行存款和取款操作，并且根据特定折扣计算最终价格，最后需要更新账户余额，查看操作后的余额，实现代码如下。

```
# 初始账户余额
balance = 1000

# 存款操作，存入500元
balance += 500
print(f"存款后账户余额：{balance}")                      # 结果是1500

# 取款操作，取出300元
balance -= 300
print(f"取款后账户余额：{balance}")                      # 结果是1200

# 购物时折扣，价格为200元，打八折
item_price = 200
discount = 0.8
item_price *= discount                                 # 计算折后价格
print(f"商品打折后的价格：{item_price}")                 # 结果是160.0

# 账户余额除以2，分期付款
balance /= 2
print(f"分期付款后账户余额：{balance}")                  # 结果是600.0

# 账户余额对3取余，查看是否能被3整除
remainder = balance % 3
print(f"账户余额对3取余的结果：{remainder}")             # 结果是0

# 账户余额的平方（奖励制度：余额越多，积分越高）
balance **= 2
print(f"账户余额平方后的值（积分奖励）：{balance}")       # 结果是360000.0
```

运行结果如图 2.13 所示。

```
存款后账户余额：1500
取款后账户余额：1200
商品打折后的价格：160.0
分期付款后账户余额：600.0
账户余额对3取余的结果：0.0
账户余额平方后的值（积分奖励）：360000.0
```

图 2.13　管理个人账户余额代码的运行结果

通过上述示例，读者可以看到赋值运算符在日常编程中的重要性，它不仅可以简化代码，还能提高代码的可读性和执行效率。在实际应用中，合理使用这些运算符能够大大提升代码的表达能力。

2.5　习　　题

1. 以下 Python 代码的运行结果是（　　　）。

习题答案

```
a = 10
b = 3print(a // b)
```

A. 3 　　　　　　　　　B. 3.3333 　　　　　　C. 4 　　　　　　　　　D. 3.0

2. 关于 Python 逻辑运算符，下列说法正确的是（　　　）。

A. and 逻辑与，两个条件都为 True 结果才为 True

B. or 逻辑或，只要有一个条件为 True 结果就是 False

C. not 逻辑非，用于将 True 变为 False，False 变为 True

D. A 和 C 都正确

3. 假设 x = 5，以下哪种赋值操作会使 x 变成 15（　　　）。

A. x += 10 　　　　　　　B. x − = 10 　　　　　　C. x *= 3 　　　　　　　D. x /= 3

4. 填空题

（1）5 ** 2 的计算结果是 _____。

（2）7 % 3 的计算结果是 _____。

5. 编写 Python 代码，完成以下任务（可用通义灵码辅助编程）。

定义变量 a 为 12，b 为 5。计算 a 除以 b 的整数部分，并将结果赋值给变量 c。计算 a 除以 b 的余数，并将结果赋值给变量 d。使用 print 语句输出 c 和 d 的值。

示例输出：

```
c = 2
d = 2
```

要求：

代码应正确运行，并输出符合要求的结果。

代码应使用 Python 赋值运算符和算术运算符。

## 第 3 章

控制流

控制流是程序中决定代码执行顺序的重要部分。本章将介绍 Python 中的条件语句和循环结构，帮助读者实现更灵活的程序逻辑。本章将从基本的条件判断和循环语句开始，逐步深入，让读者了解如何通过 if、for、while 等控制结构解决实际问题。此外，本章还将探讨如何优化控制流语句的性能，并通过一个常见的排序算法——冒泡排序，展示控制流在算法中的应用。

3.1 条件语句

条件语句是编程中的一种基本控制结构，它允许程序根据不同的条件做出不同的决策。在 Python 中，条件语句的核心是 if 语句，它根据给定条件的真假控制代码的执行流程。

3.1.1 if 语句

在 Python 中，if 语句是最基本的条件判断语句，它用于根据某个条件的真假控制程序的执行流程。当条件成立时，程序会执行指定的代码块，否则跳过该代码块（流程如图 3.1 所示）。

if 语句的基本语法如下所示。

```
if condition:
    # 执行的代码块
```

☑ condition 是一个布尔表达式，它返回 True 或 False。
☑ 如果 condition 为 True，则执行 if 语句后的代码块。
☑ 如果 condition 为 False，则跳过 if 语句块。

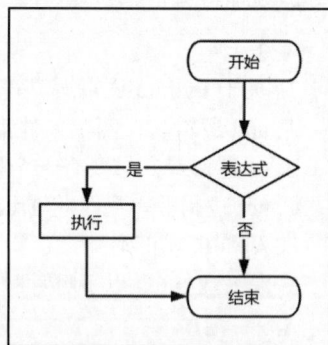

图 3.1 if 语句流程图

if 语句的条件可以是任意的表达式，只要其返回布尔值 True 或 False。常见的条件包括以下 4 种。

☑ 比较运算符：如 ==、!=、>、<、>=、<=。
☑ 逻辑运算符：如 and、or、not。
☑ 成员运算符：如 in、not in。
☑ 身份运算符：如 is、is not。

【例 3.1】判断天气是否适合出行。（实例位置：资源包\Python\S03\Examples\01.py）

小美计划去外面跑步，但需要考虑天气是否适宜。小美决定根据当天的温度和是否下雨决定是否出门。如果温度适宜且不下雨，小美就会去跑步；如果温度过低、过高或下雨，小美就选择待在家里。

这个场景可以用 if 语句表达。假设温度和降水情况由变量 temperature 和 is_raining 表示，实现代码如下。

```
temperature = 22        # 温度，单位：摄氏度
is_raining = False      # 是否下雨，True 表示下雨，False 表示不下雨

if 18<=temperature <=26 and not is_raining:
```

```
    print("天气不错, 去跑步吧! ")
else:
    print("天气不好, 还是待在家里吧。")
```

解析上述代码，如果 18<= temperature <= 26 且 is_raining 为 False（即温度适宜且不下雨），那么条件成立，输出"天气不错，去跑步吧！"如果条件不成立（例如温度低于 18 度或者下雨），则执行 else 语句，输出"天气不好，还是待在家里吧。"

代码根据 temperature 和 is_rainning 的值来判断输出，两种结果如下。

（1）当温度在 18℃～26℃且不下雨时，程序输出"天气不错，去跑步吧！"

（2）当温度低于 18℃、高于 26℃或下雨时，程序输出"天气不好，还是待在家里吧。"

注意

在使用 if 语句时，要确保条件表达式能够正确转化为布尔值（True 或 False）。条件中应避免不必要的复杂表达式，以提高可读性和可维护性。另外，if 语句的缩进非常重要，Python 要求代码块的缩进一致，否则会抛出 IndentationError。在使用多个条件时，可以结合 elif 和 else 处理不同的情况，确保逻辑清晰。尽量避免在 if 语句中进行过于复杂的计算，过多的运算可能影响程序性能。如果需要多个条件判断，可以考虑使用逻辑运算符（如 and、or）合并多个条件。

3.1.2　else 语句

else 语句是与 if 语句搭配使用的一个控制结构，它用于在 if 条件不成立时执行一段代码。当 if 语句的条件为 False 时，程序会执行 else 语句中的代码。

else 语句的基本结构如下。

```
if condition:
    # 条件为 True 时执行的代码
else:
    # 条件为 False 时执行的代码
```

（1）如果 if 条件为 True，则执行 if 语句块中的代码。

（2）如果 if 条件为 False，则执行 else 语句块中的代码。

else 是与 if 配合使用的，表示"如果 if 条件不成立时执行的代码"。在实际编程中，else 是不可或缺的，它使得程序的逻辑更加完整、明确。

关于 else 语句的练习部分可参考【例 3.1】。

注意

else 语句用于在 if 条件不满足时执行指定的代码块，且无须条件表达式。它必须与 if 或 elif 配对使用，避免单独使用。为了提高代码可读性，应避免过度嵌套，尽量使用提前返回或 break 减少不必要的 else。此外，应确保条件判断的顺序合理，将常见的条件放在前面，以增强代码的简洁性与清晰度。

3.1.3　elif 语句

elif 语句是 if 和 else 语句的补充，用于在多个条件之间进行选择。当有多个条件需要判断时，使用 elif 可以避免嵌套多个 if 语句，使代码更加简洁和易于理解。elif 代表"else if"（即"如果不是第一个条件，那么判断下一个条件"）。

elif 语句的基本结构如下：

```
if condition1:
    # 条件 1 为 True 时执行的代码
elif condition2:
    # 条件 1 为 False 且条件 2 为 True 时执行的代码
elif condition3:
    # 条件 1 和条件 2 都为 False 且条件 3 为 True 时执行的代码
else:
    # 所有条件都为 False 时执行的代码
```

if 语句首先检查 condition1，如果条件成立，执行相应的代码块。如果 condition1 为 False，程序会依次检查每个 elif 语句中的条件，直到找到一个为 True 的条件。如果没有任何条件成立，则执行 else 语句中的代码（如果有 else）。

【例 3.2】判断一个人可以参加的活动。（实例位置：资源包\Python\S03\Examples\02.py）

小敏想要根据一个人的年龄和健康状况决定他/她适合参加哪些活动，条件如下。

（1）年龄小于 12 岁的人可以参加儿童游乐区。

（2）年龄在 12 到 18 岁之间的人可以参加青少年活动区。

（3）年龄在 19 到 60 岁之间的人可以参加成人健身活动区。

（4）年龄大于 60 岁的人则适合参加老年活动区。

如果存在健康问题（例如心脏病、过敏等），则只能参加轻度运动或者休闲活动，实现代码如下。

```
age = 45
has_health_issues = False

if age < 12:
    print("你可以参加儿童游乐区的活动。")
elif age >= 12 and age <= 18:
    print("你可以参加青少年活动区的活动。")
elif age >= 19 and age <= 60:
    if has_health_issues:
        print("建议参加轻度运动或休闲活动。")
    else:
        print("你可以参加成人健身活动区的活动。")
else:
    print("你可以参加老年活动区的活动。")
```

上述代码运行结果如下。当 age = 45 且 has_health_issues = False 时，输出"你可以参加成人健身活动区的活动。"；当 age = 45 且 has_health_issues = True 时，输出"建议参加轻度运动或休闲活动。"。

注意：else与elif的区别

if 用于判断一个条件，如果条件为 True，则执行对应的代码块。elif 是"else if"的缩写，用于检查多个条件，只有前面的 if 或 elif 条件不成立时，才会检查它。可以有多个 elif，每个 elif 后面都有一个条件。

而 else 没有条件，它用于处理所有条件都不成立的情况，通常作为所有 if 和 elif 条件失败时的默认执行路径。else 语句只能有一个，且必须放在所有 if 和 elif 语句的最后。

3.1.4 嵌套条件语句

嵌套条件语句是指在一个条件语句（如 if、elif 或 else）的代码块中再使用其他的条件语句。这种结构可以帮助读者在复杂的情况下进行多层判断，使程序能够根据不同的条件做出更加细致的决策。

嵌套条件语句的基本结构如下。

```
if condition1:
    # 条件 1 为 True 时执行的代码
    if condition2:
        # 条件 2 为 True 时执行的代码
    else:
        # 条件 2 为 False 时执行的代码
else:
    # 条件 1 为 False 时执行的代码
```

在这个结构中，如果 condition1 为 True，则程序会进一步检查 condition2。如果 condition1 为 False，则直接执行 else 语句中的代码。

【例 3.3】运动活动推荐系统。（实例位置：资源包\Python\S03\Examples\03.py）

小明在开发一个综合的运动活动推荐系统，可以根据用户的年龄、健康状况、运动喜好和体力水平为用户推荐适合的运动类型。系统有多个条件需要判断，包括用户的年龄、健康问题、运动兴趣及体力状况，具体要求如下。

（1）年龄：

①小于 18 岁：只能参加儿童运动（例如游乐园、滑梯等）。

②18 到 35 岁：可以参加中高强度的运动（如跑步、游泳、瑜伽等）。

③36 到 60 岁：适合低强度的运动（如瑜伽、散步、太极等）。

④60 岁以上：只适合轻度运动（如散步、钓鱼、太极等）。

（2）健康状况：

①如果有健康问题（例如心脏病、高血压等），推荐轻度运动。

②如果健康良好且体力较好，推荐高强度运动。

（3）运动喜好：

①如果喜欢团体运动，可以推荐足球、篮球等。

②如果喜欢个人运动，推荐跑步、游泳、瑜伽等。

（4）体力状况：

①如果体力较好（可以进行高强度运动），则推荐高强度运动。

②如果体力较差（只能进行低强度运动），则推荐轻度运动。

题目要求根据用户的年龄、健康状况、运动喜好和体力水平，给出推荐的运动类型。例如。

（1）用户年龄 25，健康状况良好，喜欢团队运动，体力较好；

（2）用户年龄 45，健康状况有问题，喜欢个人运动，体力较差；

（3）用户年龄 65，健康状况良好，喜欢团体运动，体力较好。

通过嵌套条件语句，判断每种情况，并输出适合的运动推荐。

本题要求比较多，但逻辑思维较为简单，只需根据每条要求编写条件语句代码即可完成运动活动推荐系统，实现代码如下。

```python
# 获取用户输入
print("欢迎使用运动推荐系统！")
age = int(input("请输入您的年龄: "))
health_issues = input("您是否有健康问题（心脏病、高血压等）？请输入 'yes' 或 'no': ").lower() == "yes"
sports_preference = input("您喜欢团体运动还是个人运动？请输入 'team' 或 'individual': ").lower()
fitness_level = input("您的体力状况如何？请输入 'low'（体力较差）或 'high'（体力较好）: ").lower()


# 判断运动推荐
if age < 18:
    print("适合儿童运动：游乐园、滑梯、儿童游泳等。")
elif 18 <= age <= 35:
    if health_issues:
        print("适合低强度运动：散步、游泳、瑜伽等。")
    else:
        if sports_preference == "team":
            if fitness_level == "high":
                print("推荐高强度团体运动：篮球、足球、排球等。")
            else:
                print("推荐适中的团体运动：羽毛球、乒乓球等。")
        else:  # 个人运动
            if fitness_level == "high":
                print("推荐高强度个人运动：跑步、游泳、健身等。")
            else:
                print("推荐适中的个人运动：瑜伽、骑行、快走。")
# 当年纪大于或等于36小于或等于60时，适合低强度运动：瑜伽、散步、太极等

elif 36 <= age <= 60:
    if health_issues:
        print("适合低强度运动：瑜伽、散步、太极等。")
    else:
        if sports_preference == "team":
            if fitness_level == "high":
                print("推荐适中的团体运动：羽毛球、乒乓球等。")
            else:
                print("推荐低强度团体运动：散步、轻松游泳等。")
        else:  # 个人运动
            if fitness_level == "high":
                print("推荐适中的个人运动：跑步、游泳等。")
            else:
                print("推荐低强度个人运动：瑜伽、太极等。")
else:  # age > 60
    if health_issues:
        print("适合轻度运动：散步、太极、钓鱼等。")
    else:
        if sports_preference == "team":
            print("适合轻度团体运动：散步、轻松的团体活动等。")
        else:  # 个人运动
            print("适合轻度个人运动：散步、太极、钓鱼等。")
```

代码运行效果如图 3.2 所示。

```
欢迎使用运动推荐系统！
请输入您的年龄：23
您是否有健康问题（心脏病、高血压等）？请输入 'yes' 或 ' ': no
您喜欢团体运动还是个人运动？请输入 '    ' 或 'individual': team
您的体力状况如何？请输入 'low'（体力较差）或 'high'（体力较好）: high
推荐高强度团体运动：篮球、足球、排球等。
```

图 3.2　运动活动推荐系统运行效果

小窍门

当需要完成类似简单重复的逻辑（如【例3.3】类型任务）时，可以依靠通义灵码的代码补全进行快速编码。读者只需把下一步的逻辑需求用文字描述出来即可，如图3.3所示。

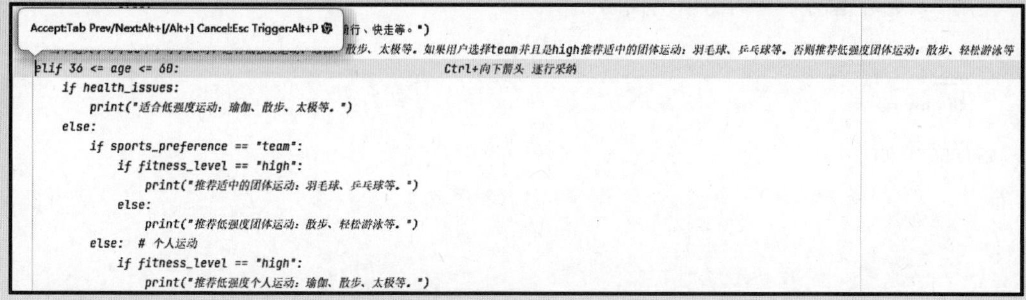

图 3.3　使用通义灵码辅助完成运动活动推荐系统

提示词：当年纪大于或等于36且小于或等于60时，适合低强度运动：瑜伽、散步、太极等。如果用户选择 team 并且体力状况为 high 时，推荐适中的团体运动：羽毛球、乒乓球等。否则推荐低强度团体运动：散步、轻松游泳等。

3.2　循环结构

循环结构是程序设计中的一种控制结构，它允许程序在满足一定条件的情况下重复执行一段代码。通过循环结构，程序能够多次重复执行某些操作，从而避免手动多次编写相似的代码。Python 提供了多种循环结构，其中 for 循环和 while 循环是最常用的两种。

3.2.1　for 循环

for 循环是 Python 中最常用的循环结构之一，它用于遍历序列（如列表、元组、字符串等）中的每一个元素，或者在指定范围内执行一段代码。for 循环一般用来遍历可迭代对象（如序列、集合、字典等），并依次访问其中的每个元素。

for 循环语法如下所示。

```
for variable in iterable:
    # 执行代码块
```

上述代码中的 variable 在循环每次迭代时，variable 会被赋值为 iterable 中的当前元素。iterable 可以是一个序列（如列表、元组、字符串），或者是一个可迭代对象（如范围 range()）。

for 循环遍历列表时可以直接访问列表中的每个元素；对于字符串，可以将其视为字符序列进行遍历；字典则可以同时遍历其键和值。此外，range() 函数也常用于生成一个数字范围，并在这个范围内执行循环操作，具体讲解如下。

使用 for 循环遍历列表的示例代码如下。

```
fruits = ["苹果", "香蕉", "橙子", "葡萄"]
for fruit in fruits:
    print(fruit)
```

运行结果如下。

```
苹果
香蕉
橙子
葡萄
```

使用 for 循环遍历字符串的示例代码如下。

```
word = "Python"
for letter in word:
    print(letter)
```

运行结果如下。

```
P
y
t
h
o
n
```

使用 for 循环遍历 range() 函数生成的数值序列的示例代码如下。range() 函数返回一个可迭代的数字序列，常用于指定循环的次数。

```
for i in range(5):    # 0 到 4
    print(i)
```

运行结果如下。

```
0
1
2
3
4
```

使用 for 循环遍历字典的示例代码如下。

```
student_scores = {"小明": 90, "小华": 85, "小李": 78}
for student, score in student_scores.items():
    print(f"{student} 的分数是 {score}")
```

运行结果如下。

```
小明的分数是 90
小华的分数是 85
小李的分数是 78
```

【例 3.4】判断回文数。（实例位置：资源包\Python\S03\Examples\04.py）

回文数是指一个正整数，正着读和反着读都相同的数字。例如：121、12321 都是回文数。编写一个程序，要求用户输入一个正整数，判断该数字是不是回文数。如果是回文数，输出"是回文数"；如果不是回文数，则输出"不是回文数"。读者需要使用 for 循环实现数字的反转，并与原数字进行比较，从而判断其是否为回文数。

实现代码如下。

```
# 判断一个数字是不是回文数
def is_palindrome(number):
    # 将数字转为字符串
    number_str = str(number)

    # 反转数字字符串
```

```
        reversed_number_str = ""
        for digit in number_str:
            reversed_number_str = digit + reversed_number_str    #逐个字符加到前面

        # 判断是否相等
        if number_str == reversed_number_str:
            return True
        else:
            return False

number = int(input("请输入一个数字："))                          # 输入数字

# 判断并输出结果
if is_palindrome(number):
    print(f"{number} 是回文数")
else:
    print(f"{number} 不是回文数")
```

运行上述代码，运行效果如下。

```
请输入一个数字：121
121是回文数
```

再次启动并重新输入 123，运行效果如下。

```
请输入一个数字：123
123不是回文数
```

这种方法使用了 for 循环实现字符串的反转，并进行比较，非常适合初学者理解回文数的判断逻辑。

3.2.2 while 循环

while 循环是 Python 中的另一种常用循环结构。与 for 循环不同，while 循环的执行是基于条件的，它会不断地执行指定的代码块，直到指定的条件不再成立为止。while 循环特别适用于那些不确定循环次数的情况，循环会继续直到某个条件变为 False。

while 循环的语法如下。

```
while condition:
    # 执行代码块
```

上述代码中的 condition 是一个布尔表达式（True 或 False），表示循环继续的条件。只要 condition 为 True，循环将一直执行循环体内的代码，并在每次迭代时执行。

（1）基本的 while 循环的示例代码如下。

```
count = 0
while count < 5:
    print(f"当前计数：{count}")
    count += 1  # 增加计数
```

运行上述代码输出如下。

```
当前计数：0
当前计数：1
当前计数：2
当前计数：3
当前计数：4
```

（2）无限循环：如果 while 循环的条件永远为 True，就会形成无限循环。通常读者会使用 break 语句终止无限循环。

```
while True:
    user_input = input("请输入一个数字（输入 'exit' 退出）: ")
    if user_input == 'exit':
        print("程序结束。")
        break
    else:
        print(f"你输入的数字是：{user_input}")
```

上述代码的执行效果如图 3.4 所示。

```
请输入一个数字（输入 'exit' 退出）: 5
你输入的数字是：5
请输入一个数字（输入 'exit' 退出）: 3
你输入的数字是：3
请输入一个数字（输入 'exit' 退出）: 2
你输入的数字是：2
请输入一个数字（输入 'exit' 退出）: 3
你输入的数字是：3
请输入一个数字（输入 'exit' 退出）: 4
你输入的数字是：4
请输入一个数字（输入 'exit' 退出）: exit
程序结束。
```

图 3.4　while 无限循环

（3）使用 while 循环计算阶乘的示例代码如下。

```
number = int(input("请输入一个正整数："))
factorial = 1
while number > 1:
    factorial *= number
    number -= 1
print(f"阶乘结果是：{factorial}")
```

假设输入的数字是 5，运行结果如下。

```
请输入一个正整数：5
阶乘结果是：120
```

while 循环与 for 循环的区别在于，它基于条件进行控制，而不是遍历一个可迭代对象。while 循环非常适合处理那些循环次数不固定的情况，直到某个条件成立时停止。需要注意的是，while 循环容易导致无限循环，因此在使用时要确保条件能够在适当的时候变为 False。

注意：使用while循环

（1）循环终止条件：必须确保循环条件最终能够变为 False，否则会导致无限循环。

（2）break 语句：可以在任何时候使用 break 语句退出循环，通常用于处理特殊情况。

（3）continue 语句：continue 语句用于跳过当前循环中的剩余代码，直接进入下一次循环。

3.2.3　break 与 continue 语句

while 循环注意事项中曾提到 break 和 continue 语句，它们是用来控制循环流的关键字，分别用于提前终止循环和跳过当前循环的剩余部分，通常在 for 循环和 while 循环中使用，帮助更灵活地控制程序的执行流程。

1. break 语句

break 语句用于立即终止当前的循环，无论循环条件是否仍然满足。一旦执行到 break 语句，循环将完全停止，并且程序会跳出循环体，继续执行循环之后的代码，使用 break 退出循环代码如下。

```
for i in range(1, 10):
    if i == 5:
        print("到达数字5，跳出循环")
        break
    print(i)
```

```
1
2
3
4
到达数字 5，跳出循环
```

执行上述代码，运行结果如图 3.5 所示。

在这个例子中，循环会从 1 到 4 输出数字，但当数字为 5 时，执行 break 语句，跳出循环，后续的数字不再输出。

图 3.5　break 退出循环代码

2. continue 语句

continue 语句用于跳过当前循环中的剩余部分，直接进入下一次循环的判断条件部分。当执行到 continue 语句时，当前循环的剩余代码将被跳过，并开始下一次循环的执行。使用 continue 语句跳过特定情况的代码如下。

```
for i in range(1, 6):
    if i == 3:
        print("跳过数字3")
        continue
    print(i)
```

```
1
2
跳过数字 3
4
5
```

执行上述代码，运行结果如图 3.6 所示。

在这个例子中，当数字等于 3 时，执行 continue 语句，跳过数字 3 的打印，继续打印数字 4 和 5。

图 3.6　continue 跳过特定情况

break语句与continue语句的区别

break 语句和 continue 语句都用于控制循环。break 语句用于终止整个循环，跳出循环体；而 continue 语句用于跳过当前迭代，直接进入下一次循环。break 语句一旦执行，循环立即结束；continue 语句执行时，当前循环的剩余部分会被跳过，接着进行下一次迭代。

3.3　控制流语句中的性能优化

在编程中，控制流语句（如 if、for、while、break、continue 等）用于控制程序执行的路径，决定代码的执行顺序和重复执行的方式。在处理大量数据时，优化控制流语句的使用可以显著提升程序的性能。

3.3.1　优化嵌套循环与条件判断

嵌套循环和条件判断可能会导致性能问题，尤其当数据量很大时。例如，一个三层嵌套的

for 循环，其时间复杂度为 O(n³)，会迅速增加程序的运行时间。因此，尽量避免不必要的嵌套结构，或者尝试使用其他高效的算法替代嵌套循环。

```python
import time

start_time = time.time()
# 计算两组数据的笛卡儿积
result = []
for i in range(10000):
    for j in range(10000):
        result.append((i, j))

end_time = time.time()
print(f"程序运行时间: {end_time - start_time} 秒")
```

运行上述代码，结果如下。

程序运行时间: 26.484893321990967 秒

上面的代码每次都会计算两组数据的笛卡儿积，对于大数据集而言，可能非常低效。读者可以通过调整数据结构或使用生成器优化性能，这里可以使用通义灵码优化程序时间复杂度，如图 3.7 所示。

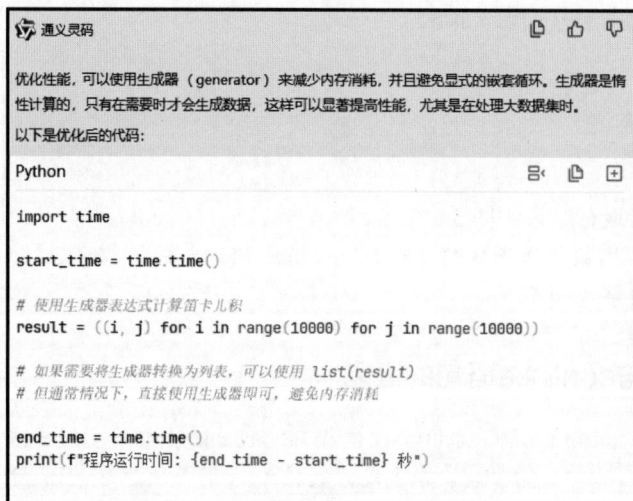

图 3.7　通义灵码优化程序时间复杂度

优化后的代码如下。

```python
import time

start_time = time.time()

# 使用生成器表达式计算笛卡儿积
result = ((i, j) for i in range(10000) for j in range(10000))

# 如果需要将生成器转换为列表，可以使用 list(result)
# 但通常情况下，直接使用生成器即可，避免内存消耗

end_time = time.time()
print(f"程序运行时间: {end_time - start_time} 秒")
```

运行上述代码，结果如下。

程序运行时间: 0.12472748756408691 秒

通过上述程序的运行时间对比，可以看出使用列表推导式可以显著提高性能，特别是对于大数据集，避免了多次循环产生的开销。

3.3.2 使用 else 和 elif 优化条件判断

多个 if 语句需要对每个条件进行逐一判断，这可能增加执行时间。使用 else 和 elif 语句可以使得程序在找到匹配条件后跳出其余条件的判断，从而提高效率。

```python
# 不建议的写法：多个if语句
def check_number(x):
    if x > 0:
        return "正数"
    if x == 0:
        return "零"
    if x < 0:
        return "负数"

# 推荐使用elif减少多次判断
def check_number(x):
    if x > 0:
        return "正数"
    elif x == 0:
        return "零"
    else:
        return "负数"
```

使用 elif 可以减少多次条件判断，提高代码效率，特别是在多个条件判断的情况下，elif 保证了只有一个条件会被执行，避免了不必要的检查。

3.3.3 优化循环中的条件判断

在循环中进行条件判断时，应确保条件语句尽可能高效，避免在循环体内执行重复计算。

```python
# 不优化的写法：每次循环都计算len(lst)
lst = [1, 2, 3, 4, 5]
for i in range(len(lst)):
    if len(lst) > 3:
        print(lst[i])
```

每次循环迭代时，len(lst) 都会被重新计算。为了避免这个性能问题，可以在循环外部提前计算 len(lst)。

```python
# 优化后的写法：将len(lst) 提前计算
lst = [1, 2, 3, 4, 5]
list_len = len(lst)
for i in range(list_len):
    if list_len > 3:
        print(lst[i])
```

通过将 len(lst) 提前计算并存储，避免了在每次循环中重复执行相同的计算，从而提高了性能。

3.4 冒泡排序

排序是计算机科学中最基础也是最重要的操作之一，尤其在数据分析和处理过程中，排序算法被广泛使用。冒泡排序作为最简单的排序算法之一，因其易于理解和实现而成为学习排序算法的入门选择。

3.4.1　冒泡排序算法介绍

冒泡排序是一种简单的排序算法，其基本思想是通过重复地遍历待排序的数列，比较每对相邻元素，并将顺序错误的元素交换过来。遍历数列的工作是重复进行的，直到没有需要交换的元素为止，表示排序完成。

冒泡排序的名字来源于其排序过程，较大的元素像气泡一样"冒"到数列的顶端（或者较小的元素像气泡一样沉到底部）。由于其简洁性和易于理解，冒泡排序通常用于教学和理解基本的排序算法。

1. 算法示例

假定序列中有 n 个数，要进行从小到大的排序。若参与排序的数组元素共有 n 个，则需要进行 n−1 轮排序。在第 i 轮排序中，从左端开始，相邻两数比较大小，若反序则将两者交换位置，直到比较第 n+1−i 个数为止。第 1 个数与第 2 个数比较，第 2 个数和第 3 个数比较，一直到第 n−i 个数与第 n+1−i 个数比较，一共处理 n−i 次。此时，第 n+1−i 个位置上的数已经有序，后续就不需要参加以后的排序了。

（1）第 1 轮冒泡排序先从第 1 个数和第 2 个数开始比较，若第 1 个数大于第 2 个数，则需要交换两者的位置；否则保持不变。重复这一过程，直到处理完本轮数列中最后两个数。

（2）第 2 轮冒泡排序与第 1 轮冒泡排序进行相同的排序，使大的数交换到 n−2 的位置上。

（3）重复以上过程，共需经过 n−1 轮冒泡排序后，数据即可实现升序排序。

对于序列[26，28，24，11]，采用非递减规则进行排序，排序过程如图 3.8 所示。

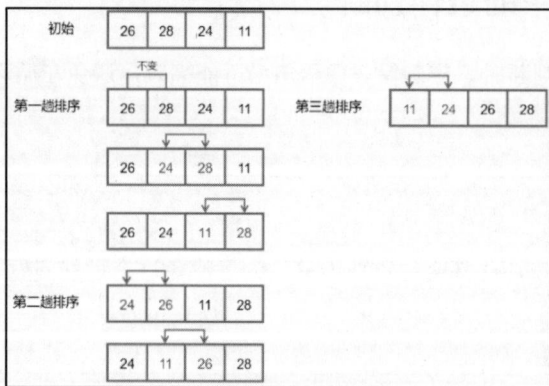

图 3.8　冒泡排序

（1）比较相邻的元素。如果第一个元素比第二个元素大，就交换这两个元素。

（2）对每一对相邻元素做同样的工作，从开始第一对到结尾的最后一对。最后的元素应该会是最大的数。

（3）针对所有的元素重复以上的步骤，除了最后一个元素。

（4）持续对越来越少的元素重复上面的步骤，直到没有任何一对数字需要比较。

2. 冒泡排序的时间复杂度

☑　最坏情况（数组完全逆序）：冒泡排序每次会遍历整个数组，将当前未排序部分的最大元素放到末尾。第一轮需要进行 n−1 次比较，第二轮 n−2 次，以此类推，直到只剩下一个元素。所以，总的比较次数是：$(n-1)+(n-2)+\cdots+1=\dfrac{n(n-1)}{2}$。因此，最坏情况的时间复杂度是 O(n²)。

☑ 最佳情况（数组已排序）：如果数组已经是有序的，冒泡排序在第一次遍历时就不需要交换任何元素。现代实现中通常会优化为如果一轮没有交换，就提前终止。因此，在最佳情况下，时间复杂度是 O(n)。

☑ 平均情况：由于冒泡排序仍然需要逐一比较并交换元素，所以平均情况下时间复杂度也是 O(n²)。

3.4.2 冒泡排序的实现

冒泡排序的实现步骤如下。

（1）遍历待排序的数列。

（2）比较每对相邻元素，如果前一个元素大于后一个元素，则交换它们的位置。

（3）每完成一轮遍历，最大的元素就被"冒泡"到数列的末尾。

（4）对剩下的元素继续执行上述过程，直到没有更多需要交换的元素，排序结束。

实现上述步骤的示例代码如下。

```
def bubble_sort(arr):
    n = len(arr)
    # 外层循环控制排序的轮数
    for i in range(n):
        # 内层循环进行相邻元素的比较与交换
        for j in range(0, n-i-1):
            if arr[j] > arr[j+1]:
                # 交换位置
                arr[j], arr[j+1] = arr[j+1], arr[j]
    return arr

# 测试冒泡排序
arr = [64, 34, 25, 12, 22, 11, 90]
sorted_arr = bubble_sort(arr)
print("排序后的数组:", sorted_arr)
```

执行上述代码，结果如下。

```
排序后的数组: [11, 12, 22, 25, 34, 64, 90]
```

在此实现中，外层循环控制排序的轮数，而内层循环用于比较相邻元素，并根据需要进行交换。每次遍历后，最大元素会被"冒泡"到最后，逐步减少未排序的部分，直到整个数组排序完成。

3.4.3 冒泡排序改进

冒泡排序的实现相对简单，但它的性能在处理大规模数据时较低。本节将介绍两种优化方法：提前终止优化、双向冒泡排序。

1. 提前终止优化

如果在某一轮遍历中没有发生任何交换，说明数组已经排序完成，可以提前终止排序。这可以显著减少不必要的遍历，特别是当输入数组已经部分排序时，代码示例如下。

```
def optimized_bubble_sort(arr):
    n = len(arr)
    # 外层循环控制排序的轮数
```

```
    for i in range(n):
        swapped = False   # 标记是否发生过交换
        # 内层循环进行相邻元素的比较与交换
        for j in range(0, n-i-1):
            if arr[j] > arr[j+1]:
                # 交换位置
                arr[j], arr[j+1] = arr[j+1], arr[j]
                swapped = True
        # 如果没有发生交换，提前终止
        if not swapped:
            break
    return arr

# 测试优化后的冒泡排序
arr = [64, 34, 25, 12, 22, 11, 90]
sorted_arr = optimized_bubble_sort(arr)
print("排序后的数组:", sorted_arr)
```

提前终止优化显著提高了性能。其主要优势在于，当数组已经部分有序时，算法能够避免不必要的遍历。例如，如果在某一轮遍历中没有发生任何交换，那么就可以认为数组已经有序，从而提前终止排序过程。这样，算法的时间复杂度在最佳情况下可以降低至 $O(n)$，而不是 $O(n^2)$，这在数据已经部分排序时尤为有效。相比之下，原始的冒泡排序即使数据已经有序，仍会进行无意义的多次遍历，浪费时间和资源。因此，提前终止优化能够大大提高算法在最佳情况下的效率，尤其是在处理已部分排序的数据时，能够显著减少运算量。

2. 双向冒泡排序（鸡尾酒排序）

双向冒泡排序，也称作鸡尾酒排序，是冒泡排序的一种改进方法。在传统的冒泡排序中，最大的元素被推到右端。双向冒泡排序在每一轮排序时，既进行从左到右的比较，也进行从右到左的比较，这样可以减少排序次数，进一步提高效率。

```
def cocktail_bubble_sort(arr):
    n = len(arr)
    left, right = 0, n-1
    while left < right:
        for i in range(left, right):
            if arr[i] > arr[i+1]:
                arr[i], arr[i+1] = arr[i+1], arr[i]
        right -= 1
        for i in range(right, left, -1):
            if arr[i] < arr[i-1]:
                arr[i], arr[i-1] = arr[i-1], arr[i]
        left += 1
    return arr

# 测试双向冒泡排序
arr = [64, 34, 25, 12, 22, 11, 90]
sorted_arr = cocktail_bubble_sort(arr)
print("排序后的数组:", sorted_arr)
```

双向冒泡排序的优化在于它通过双向遍历数组，显著减少了排序所需的比较次数。在传统的冒泡排序中，只有每一轮结束时最大元素被推到数组的末尾，而双向冒泡排序则在每轮排序中既进行从左到右的遍历，又进行从右到左的遍历。这样，不仅能将最大元素"冒泡"到右端，还能将最小元素"冒泡"到左端。通过这种方式，双向冒泡排序能够更快地在数组的两端分别排序，从而减少了后续不必要的比较和交换操作。

【例 3.5】冒泡排序性能对比。（实例位置：资源包\Python\S03\Examples\05.py）

前面的内容已经介绍了冒泡排序的基本原理及时间复杂度的分析。为了更直观地理解其性能，下面将通过一个具体的实例对比冒泡排序在不同输入情况下的表现。通过实际运行代码，读者可以观察到在不同数据规模和排序状态下，冒泡排序的执行时间是如何变化的，实现代码如下。

```python
import time
import random

# 传统冒泡排序
def bubble_sort(arr):
    n = len(arr)
    for i in range(n):
        for j in range(0, n-i-1):
            if arr[j] > arr[j+1]:
                arr[j], arr[j+1] = arr[j+1], arr[j]
    return arr

# 优化冒泡排序（提前终止）
def optimized_bubble_sort(arr):
    n = len(arr)
    for i in range(n):
        swapped = False
        for j in range(0, n-i-1):
            if arr[j] > arr[j+1]:
                arr[j], arr[j+1] = arr[j+1], arr[j]
                swapped = True
        if not swapped:
            break
    return arr

# 双向冒泡排序（鸡尾酒排序）
def cocktail_bubble_sort(arr):
    n = len(arr)
    left, right = 0, n-1
    while left < right:
        for i in range(left, right):
            if arr[i] > arr[i+1]:
                arr[i], arr[i+1] = arr[i+1], arr[i]
        right -= 1
        for i in range(right, left, -1):
            if arr[i] < arr[i-1]:
                arr[i], arr[i-1] = arr[i-1], arr[i]
        left += 1
    return arr

# 测试不同排序算法的运行时间
def test_sorting_algorithms():
    # 使用不同规模的数组来测试
    sizes = [1000, 5000, 10000, 20000]

    for size in sizes:
        print(f"测试数组大小：{size}")

        # 随机生成一个测试用的数组
        arr = [random.randint(1, 1000) for _ in range(size)]

        # 1. 测试传统冒泡排序
        arr1 = arr.copy()
        start_time = time.time()
        bubble_sort(arr1)
        end_time = time.time()
        print(f"传统冒泡排序耗时: {end_time - start_time:.6f}秒")

        # 2. 测试优化冒泡排序（提前终止）
        arr2 = arr.copy()
        start_time = time.time()
        optimized_bubble_sort(arr2)
        end_time = time.time()
```

```
        print(f"优化冒泡排序（提前终止）耗时: {end_time - start_time:.6f}秒")

        # 3. 测试双向冒泡排序（鸡尾酒排序）
        arr3 = arr.copy()
        start_time = time.time()
        cocktail_bubble_sort(arr3)
        end_time = time.time()
        print(f"双向冒泡排序（鸡尾酒排序）耗时: {end_time - start_time:.6f}秒")

        print("-" * 50)

# 运行测试
test_sorting_algorithms()
```

运行上述代码，执行效果如图 3.9 所示。

```
=========================== test session starts ===========================
collecting ... collected 1 item

tempfile_1740311410671.py::test_sorting_algorithms PASSED          [100%]测试数组大小: 1000
传统冒泡排序耗时: 0.076169秒
优化冒泡排序（提前终止）耗时: 0.070043秒
双向冒泡排序（鸡尾酒排序）耗时: 0.075344秒
-----------------------------------------------
测试数组大小: 5000
传统冒泡排序耗时: 1.900759秒
优化冒泡排序（提前终止）耗时: 1.939722秒
双向冒泡排序（鸡尾酒排序）耗时: 1.911318秒
-----------------------------------------------
测试数组大小: 10000
传统冒泡排序耗时: 7.514474秒
优化冒泡排序（提前终止）耗时: 7.356775秒
双向冒泡排序（鸡尾酒排序）耗时: 7.339173秒
-----------------------------------------------
测试数组大小: 20000
传统冒泡排序耗时: 33.782204秒
优化冒泡排序（提前终止）耗时: 30.807543秒
双向冒泡排序（鸡尾酒排序）耗时: 29.368467秒
-----------------------------------------------


=========================== 1 passed in 295.02s (0:04:55) ===========================
```

图 3.9　冒泡排序性能对比结果

　　传统冒泡排序随着数据规模的增大，运行时间呈现急剧增长的趋势。特别是当数组的大小达到 10000 或 20000 时，传统冒泡排序的耗时非常长，表现出明显的效率瓶颈。这是因为传统冒泡排序的时间复杂度为 $O(n^2)$，导致在处理大规模数据时效率较低。

　　为了提升效率，优化版的冒泡排序引入了提前终止的机制，减少了不必要的比较。当数组接近有序时，这种优化显著降低了比较次数，从而提高了排序速度。然而，即使采用了提前终止，优化后的冒泡排序在最坏情况下仍然存在 $O(n^2)$ 的时间复杂度，因此对于极大的数组，性能提升仍然有限。

　　与传统冒泡排序相比，双向冒泡排序在大多数情况下略快一些，尤其是在数组两端已经有序的情况下，它能更有效地减少无效的数据处理。虽然双向冒泡排序的时间复杂度依然是 $O(n^2)$，但通过双向遍历的方式，它能在实际应用中带来些许性能提升，特别是在数据分布较为有序的情况下，表现尤为突出。

3.5　习　　题

1. 以下哪个语句在 Python 中根据条件执行不同的代码块？（　　）

习题答案

A. if　　　　　　　　B. while　　　　　　　C. for　　　　　　　D. try

2. 下列哪个控制流语句会在循环中跳过当前的迭代并继续下一次迭代？（　　　）

A. continue　　　　　B. break　　　　　　　C. pass　　　　　　　D. return

3. 在 Python 中，else 语句只能与_____语句一起使用。

4. 在嵌套条件语句中，使用_____语句可以避免过多的嵌套层级，使代码更加简洁。

5. 编写一个 Python 程序，要求用户输入一个整数，程序判断该整数是否为素数。若是素数则输出"是素数"，否则输出"不是素数"。同时要求在程序中使用 for 循环、if 语句以及合适的条件判断来优化性能（可用通义灵码辅助编程）。

第 4 章　字符串操作

字符串是 Python 中最常用的数据类型之一，广泛应用于文本数据处理。本章将介绍字符串的基本概念和常见操作，包括创建、访问、切片、拼接和格式化等。通过学习这些基本技巧，读者将能够高效地进行字符串处理，并解决实际编程中的相关问题。

4.1　字符串概述

字符串是 Python 中处理文本数据的基本工具，几乎在所有编程任务中都有广泛应用。从用户输入、数据存储到文本分析，字符串无处不在。本节将介绍字符串的基本概念、特点，以及其在 Python 中的常见应用，帮助读者深入理解如何高效使用字符串进行编程。

4.1.1　什么是字符串

字符串（string）是编程和数据处理中的一个基本概念，表示由零个或多个字符组成的序列。字符可以是字母、数字、符号或空格等。字符串在许多编程语言中都是基本的数据类型，广泛用于文本处理、数据表示和用户交互等方面。

在 Python 中，字符串是用于表示文本数据的一种数据类型。它由一系列字符组成，可以包含字母、数字、符号及空格等字符。字符串可以用单引号（'）或双引号（"）括起来，也可以使用三引号（'''或"""）表示多行字符串，实现代码如下。

```
str1 = "Hello, World!"        # 使用双引号
str2 = 'Python'               # 使用单引号
str3 = '''This is
a multi-line string'''        # 使用三引号
```

4.1.2　字符串的特点

了解字符串的特点能帮助我们更好地使用和操作字符串。接下来将介绍字符串的几个核心特点，这些特点是字符串在 Python 中应用的基础。

1. 不可变性

字符串在 Python 中是不可变的，这意味着一旦创建，字符串的内容就不能直接改变。如果需要更改字符串，必须创建一个新的字符串对象。这种特性使得字符串的处理更加高效和安全，避免了对原始数据的意外修改。

2. 有序性

字符串是有序的，每个字符在字符串中都有一个明确的位置，可以通过索引进行访问。索引从 0 开始，负数索引表示从字符串的末尾向前计数。字符串中的字符按顺序排列，支持逐一访问和操作。

3. 支持切片

字符串支持切片操作，允许通过指定起始位置和结束位置提取字符串的子串。切片可以通

过指定字符的范围快速获取字符串的一部分内容，这在处理文本时非常方便。

4. 支持拼接与重复

字符串既可以通过加号（+）拼接，也可以通过乘号（*）重复。这意味着读者能够轻松地将多个字符串连接在一起，或者创建重复的字符串内容。

5. 丰富的内置方法

Python 提供了大量的字符串方法，如查找、替换、大小写转换、去除空格等操作，极大地增强了字符串的处理能力。这些方法使得字符串的操作变得直观且高效。

6. 转义字符

字符串支持转义字符（以反斜杠\开始），用于表示一些特殊字符或控制字符，如换行符（\n）、制表符（\t）等。这使得字符串能够表示复杂的文本结构，处理特殊符号和字符。

字符串在 Python 中具有不可变性、有序性、支持切片和拼接等特点，同时提供丰富的内置方法和转义字符，方便高效地处理和操作文本数据。理解这些特点有助于更好地使用字符串进行编程。

4.2　字符串的输入与输出

在 Python 中，处理字符串的输入与输出是常见且基础的操作。无论是从用户获取数据，还是将数据展示给用户，字符串的输入与输出都是程序中不可或缺的一部分。本节将介绍如何使用 input()函数获取用户输入的字符串，以及如何使用 print()函数输出字符串。

4.2.1　使用 input() 获取字符串输入

在 Python 中，input()函数用于从用户获取输入的数据。无论用户输入什么内容，input()函数返回的都是一个字符串类型的数据。读者可以使用该函数获取用户的文本输入并将其用于进一步的处理，示例代码如下。

```
# 使用 input() 获取用户输入
name = input("请输入您的名字: ")
print("你好, " + name + "! ")
```

在上述代码中，input()函数会显示提示消息"请输入您的名字："等待用户输入。用户输入的内容会被存储在变量 name 中，然后通过 print()函数输出一条个性化的欢迎消息。

注意

（1）input()函数获取到的数据始终是字符串类型。如果希望用户输入的是数字或其他数据类型，可以使用类型转换（如 int()、float()等）进行转换。

（2）input()函数在获取输入时会暂停程序执行，直到用户输入并按下 Enter 键。

4.2.2　使用 print()输出字符串

print()函数是 Python 中输出数据的最常用方式。它可以将数据（如字符串、数字、列表等）输出到控制台。使用 print()输出字符串时，可以将一个或多个字符串拼接在一起，进行格式化输出，代码如下。

```
# 使用print() 输出字符串
greeting = "Hello, Python!"
print(greeting)  # 输出: Hello, Python!
```

在上面的例子中，print()函数直接输出字符串变量 greeting 的内容。如果需要输出多个字符串，可以使用逗号（,）分隔，print()函数会自动在输出的字符串之间添加空格，代码如下。

```
name = "Alice"
age = 25
print("姓名:", name, "年龄:", age)
# 输出:姓名: Alice 年龄: 25
```

读者还可以使用"+"将多个字符串连接起来，代码如下。

```
first_name = "John"
last_name = "Doe"
full_name = first_name + " " + last_name
print("全名:", full_name)
# 输出: 全名: John Doe
```

【例 4.1】简易点餐系统。（实例位置：资源包\Python\S04\Examples\01.py）

小明正在开发一个简单的餐厅点餐系统，用户可以输入他们的姓名和想要点的菜品，系统根据用户的输入输出一条订单确认消息。读者的任务是编写一个程序，模拟餐厅点餐流程。用户输入自己的姓名、选择的菜品，并通过程序输出确认信息。实现代码如下。

```
# 打印菜单界面
def print_menu():
    print("=" * 40)
    print("欢迎光临餐厅点餐系统".center(40))
    print("=" * 40)
    print("菜单:")
    print("1. 麻辣火锅")
    print("2. 宫保鸡丁")
    print("3. 清炒时蔬")
    print("4. 水煮鱼")
    print("5. 香辣小龙虾")
    print("=" * 40)

# 获取用户输入并显示确认信息
def place_order():
    # 打印菜单
    print_menu()

    # 获取用户姓名和菜品选择
    name = input("请输入您的姓名: ")
    choice = input("请输入您选择的菜品编号（1-5）: ")

    # 菜单映射
    menu = {
        "1": "麻辣火锅",
        "2": "宫保鸡丁",
        "3": "清炒时蔬",
        "4": "水煮鱼",
        "5": "香辣小龙虾"
    }

    # 确认输入并输出
    if choice in menu:
        dish = menu[choice]
        print(f"\n谢谢 {name} 的光临！您已经成功点了 {dish}。")
    else:
        print("输入无效，请选择1-5之间的数字。")
```

```
place_order()                # 调用函数
```

运行上述代码,执行效果如图 4.1 所示。

```
================================================
                欢迎光临餐厅点餐系统
================================================
菜单:
 1. 麻辣火锅
 2. 宫保鸡丁
 3. 清炒时蔬
 4. 水煮鱼
 5. 香辣小龙虾
================================================
请输入您的姓名:朱博
请输入您选择的菜品编号(1-5):2

谢谢 朱博 的光临!您已经成功点了 宫保鸡丁。
```

图 4.1   简易点餐系统的运行效果

程序首先使用 input()函数获取用户的姓名和想要点的菜品,然后使用 print()函数将输入的信息以格式化的方式输出,生成个性化的确认消息。程序的输出是一个包含用户姓名和菜品名称的订单确认信息。

例 4.1 题模拟了餐厅点餐过程中的基本输入输出操作,展示了如何在实际生活场景中应用字符串的输入与输出,可以帮助读者更好地掌握此类知识点。

4.3   字符串的索引与切片

在 Python 中,字符串是一个字符的有序序列。通过字符串的索引和切片,读者可以便捷地访问和操作字符串的内容,本节将分别介绍字符串的索引和切片操作。

4.3.1   字符串的索引

字符串的索引指的是每个字符在字符串中的位置。在 Python 中,字符串的索引从 0 开始,表示第一个字符的位置。负数索引从-1 开始,表示从字符串的末尾向前计数。通过索引,读者可以快速访问字符串中的单个字符,可参照下列代码。

```python
# 定义一个字符串
s = "Python"

# 正向索引
print(s[0])    # 输出 'P' (第一个字符)
print(s[1])    # 输出 'y' (第二个字符)
print(s[5])    # 输出 'n' (第六个字符)

# 负向索引
print(s[-1])   # 输出 'n' (最后一个字符)
print(s[-2])   # 输出 'o' (倒数第二个字符)
```

运行效果如下。

```
P
```

```
y
n
o
```

根据上述运行效果可知字符串的索引规则，字符串 s 的索引如下所示。

（1）s[0]返回字符串 s 的第一个字符 'P'。

（2）s[1]返回字符串 s 的第二个字符 'y'。

（3）s[-1]返回字符串 s 的最后一个字符 'n'。

（4）s[-2]返回倒数第二个字符 'o'。

通过字符串的索引，读者可以轻松地访问和操作字符串中的单个字符，无论是从前向后索引还是从后向前索引，这为字符串的处理提供了灵活性。

4.3.2　字符串的切片

切片是通过指定起始和结束位置，提取字符串的一部分内容，切片的语法格式如下。

```
s[start:end:step]
```

（1）参数 start 是切片的起始位置（包含该位置，默认为 0）。

（2）参数 end 是切片的结束位置（不包含该位置，默认为字符串的长度）。

（3）参数 step 是切片的步长，默认为 1，表示连续的字符。

切片操作返回的是一个新的字符串，原始字符串不会发生改变，示例代码如下。

```python
# 定义一个字符串
s = "Python Programming"

# 基本切片操作
print(s[0:6])        # 从索引0到索引5（不包含索引6），输出 'Python'
print(s[7:])         # 从索引7到末尾，输出 'Programming'
print(s[:6])         # 从起始位置到索引5（不包含索引6），输出 'Python'

# 步长切片
print(s[::2])        # 每隔一个字符，输出 'Pto rgamn'
print(s[::-1])       # 反转字符串，输出 'gnimmargorP nohtyP'
```

执行代码，结果如下。

```
P
y
n
n
o
```

通过切片操作，读者可以方便地提取字符串的子串，并且通过调整步长和方向实现更灵活的字符串处理。这使得字符串操作在实际编程中更加高效和灵活。

【例 4.2】从购物清单中提取特定商品。（实例位置：资源包\Python\S04\Examples\02.py）

小美有一个购物清单字符串，内容如下。

```
shopping_list = "苹果,香蕉,葡萄,橙子,西瓜,芒果"
```

现在需要读者完成如下需求。

（1）使用索引提取字符串中的第一个商品和最后一个商品。

（2）使用切片提取第二个商品到第四个商品。

（3）使用步长切片，每隔一个商品提取一个商品。

为了让购物清单在控制台中显示得更加清晰和美观，可以使用分行显示和格式化输出，实现从购物清单中提取特定商品的代码如下。

```python
shopping_list = "苹果,香蕉,葡萄,橙子,西瓜,芒果"

# 转为列表
shopping_items = shopping_list.split(",")

# 提取内容
first_item = shopping_items[0]
last_item = shopping_items[-1]
items_slice = shopping_items[1:4]
every_other_item = shopping_items[::2]

# 格式化输出结果
print("购物清单：")
print("------------------------")
print(f"第一个商品：{first_item}")
print(f"最后一个商品：{last_item}")
print(f"第二个到第四个商品：{','.join(items_slice)}")
print(f"每隔一个商品提取：{','.join(every_other_item)}")
print("------------------------")
```

运行上述代码，执行效果如图 4.2 所示。

购物清单：

第一个商品：苹果

最后一个商品：芒果

第二个到第四个商品：香蕉,葡萄,橙子

每隔一个商品提取：苹果,葡萄,西瓜

图 4.2　购物清单提取特定商品的运行结果

通过这个示例，读者可以掌握如何使用索引、切片和步长切片提取字符串中的特定部分，从而更加灵活地操作字符串数据。

提示

通义灵码在字符串的索引与切片操作方面表现出色，能够精准提取和操作字符串数据，为读者提供高效、清晰的解题思路，极大地提升了代码编写的效率和准确性。

4.4　字符串的遍历与操作

字符串作为有序字符序列，在 Python 中可以通过遍历访问每个字符，并支持多种操作处理。读者可以利用遍历方法逐个访问字符，同时进行拼接、替换、大小写转换等常见字符串操作。

4.4.1　遍历字符串

遍历字符串就是按顺序访问字符串中的每一个字符。读者可以使用 for 循环实现字符串的遍历。通过遍历字符串，读者可以对每个字符执行操作，例如，统计字符的出现次数或字符替换。

```
s = "Python"              # 定义一个字符串

for char in s:            # 使用for循环遍历字符串中的每个字符
    print(char)
```

运行结果如下。

```
P
y
t
h
o
n
```

根据输出结果，可知"for char in s: "语句遍历字符串 s 中的每个字符，并在每次循环中将字符赋值给 char。"print(char)"语句输出每个字符，逐个显示字符串中的字符。

4.4.2　常见字符串操作

Python 提供了许多内置方法，可以对字符串进行各种操作。以下是一些常见的字符串操作，包括拼接、替换、查找、大小写转换等。

1. 字符串拼接

读者可以使用加号（+）将多个字符串拼接在一起，或者使用乘号（*）重复字符串。

```
greeting = "Hello, " + "World!"   # 字符串拼接
print(greeting)                   # 输出 'Hello, World!'

repeat = "Python " * 3            # 字符串重复
print(repeat)                     # 输出 'Python Python Python '
```

2. 字符串替换

使用 replace() 方法，可以将字符串中的某个子串替换成另一个子串。

```
s = "Hello, World!"               # 字符串替换
new_s = s.replace("World", "Python")
print(new_s)                      # 输出 'Hello, Python!'
```

3. 查找子字符串

使用 find() 或 index() 方法查找子字符串的索引。如果找到，返回子字符串的索引；如果没有找到，find()方法返回−1，而 index()方法则会抛出异常。

```
s = "Hello, Python!"              # 查找子字符串
index = s.find("Python")
print(index)                      # 输出 7（'Python' 从索引 7 开始）

not_found = s.find("Java")        # 如果找不到子字符串，find()返回-1
print(not_found)                  # 输出 -1
```

4. 字符串大小写转换

upper()方法可以将字符串转为全大写，lower() 方法可以将字符串转为全小写。

```
s = "python"                      # 转为大写
print(s.upper())                  # 输出 'PYTHON'

s = "PYTHON"                      # 转为小写
```

```
print(s.lower())          # 输出 'python'
```

5. 去除空白字符

使用 strip() 方法可以去除字符串两端的空白字符（包括空格、换行符、制表符等）。

```
s = "  Hello, Python!  "  # 去除字符串两端的空白字符
new_s = s.strip()
print(new_s)              # 输出 'Hello, Python!'
```

6. 判断字符串内容

（1）startswith() 用于检查字符串是否以指定的子字符串开头。

（2）endswith() 用于检查字符串是否以指定的子字符串结尾。

```
s = "Python Programming"

# 判断是否以 'Python' 开头
print(s.startswith("Python"))          # 输出 True

# 判断是否以 'Programming' 结尾
print(s.endswith("Programming"))       # 输出 True
```

7. 分割字符串

split() 方法将字符串分割为多个子字符串，并返回一个列表。默认情况下，split() 会按空格分割。

```
s = "Python is awesome"
words = s.split()        # 默认按空格分割
print(words)             # 输出 ['Python', 'is', 'awesome']

# 按特定字符分割
s = "apple,banana,cherry"
fruits = s.split(",")
print(fruits)            # 输出 ['apple', 'banana', 'cherry']
```

8. 字符串长度

使用 len() 函数可以获得字符串的长度，即字符串中字符的个数。

```
s = "Python"
length = len(s)
print(length)            # 输出 6
```

通过这些常见的字符串操作，读者可以更高效地处理和操作字符串数据，提高编程的灵活性和可读性。

【例 4.3】统计字符串中各字符出现的次数，并找出出现频率最高的字符。（实例位置：资源包\Python\S04\Examples\03.py）

用户输入一段文本，程序需要完成以下任务：

（1）遍历字符串并统计每个字符出现的次数（忽略大小写）。

（2）按照字符出现的频率从高到低输出统计结果。

（3）找出出现频率最高的字符，并输出它的出现次数。

（4）忽略空格、标点符号等非字母字符（仅统计字母 a-z 和 A-Z）。

示例输入如下。

```
请输入一段文本：Hello, Python! Python is amazing.
```

示例输出如下。

```
字符出现频率统计：
```

```
h: 3次
o: 3次
n: 3次
l: 2次
p: 2次
y: 2次
t: 2次
i: 2次
a: 2次
e: 1次
s: 1次
m: 1次
z: 1次
g: 1次
```

出现频率最高的字符是：h，共出现3次。

解题代码如下。

```python
import re
from collections import Counter

text = input("请输入一段文本：")                                         # 获取用户输入
clean_text = re.sub(r'[^a-zA-Z]', '', text).lower()                     # 只保留字母，并转换为小写
char_count = Counter(clean_text)                                        # 统计字符出现次数
sorted_chars = sorted(char_count.items(), key=lambda x: x[1], reverse= True)  # 按照出现频率降序排序

print("\n字符出现频率统计：")                                             # 输出字符统计结果
for char, count in sorted_chars:
    print(f"{char}: {count} 次")

# 找出出现频率最高的字符
most_common_char, most_common_count = sorted_chars[0]
print(f"\n出现频率最高的字符是：{most_common_char}，共出现 {most_common_count} 次。")
```

执行代码，输入"A string, as an ordered sequence of characters, can be processed in Python through traversal and various operations.", 重新运行结果如图 4.3 所示。

```
字符出现频率统计：
a: 11 次
r: 11 次
e: 11 次
s: 9 次
n: 8 次
o: 8 次
t: 6 次
c: 5 次
i: 4 次
d: 4 次
h: 4 次
u: 3 次
p: 3 次
g: 2 次
v: 2 次
q: 1 次
f: 1 次
b: 1 次
y: 1 次
l: 1 次

出现频率最高的字符是：a，共出现 11 次。
```

图 4.3 字符串出现频率

这个题目不仅涉及字符串遍历，还结合了正则表达式、字典统计、排序等多种编程技巧。

对于新手来说，解决本题最难的部分在于解题思路，推荐读者先将题目发给通义灵码，让其给出一份解题思路后再编写解题代码，如图 4.4 所示。

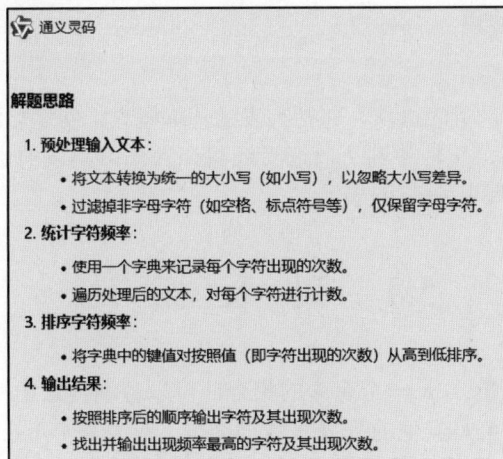

图 4.4　通义灵码提供的思路

通过该方法，读者不仅能锻炼自己的编程能力，还能学习如何借助 AI 辅助工具优化解题思路，从而提升解决实际问题的能力。

4.5　习　　题

习题答案

1. 关于 Python 字符串的描述，以下哪项是正确的？（　　）

A. Python 字符串是可变的，可以直接修改其中的字符

B. Python 字符串支持索引访问，可以通过 str[0] 访问第一个字符

C. Python 字符串不能进行拼接和重复操作

D. Python 不能使用 len(str) 获取字符串长度

2. 以下代码的输出结果是什么？（　　）

```
s = "Hello, Python!"
print(s[1:5])
```

A. Hell　　　　　　　　B. ello　　　　　　　　C. ello,　　　　　　　　D. Hello

3. 在 Python 中，字符串支持索引访问，索引从_____开始计数，负数索引表示从字符串的_____开始计数。

4. 假设 s = "Python Programming"，使用切片获取 "Programming" 的代码是：s[____:]。

5. 编写一个 Python 程序，要求如下（可用通义灵码辅助编程）。

（1）用户输入一个字符串。

（2）遍历字符串，统计其中大写字母、小写字母、数字的个数，并输出结果。

第 5 章　列表操作

本章将介绍 Python 中的列表操作，包括列表的基本概念、创建与访问方法、常见的增删改操作，以及如何进行排序、反转和遍历。读者还将深入学习列表的嵌套和多维列表的处理方式，并通过具体实例掌握列表的使用技巧。

5.1　列表概述

在 Python 中，列表（list）是一个有序的集合，可以容纳任意类型的元素。列表中的元素可以是数字、字符串，甚至是其他的列表等数据类型。列表是 Python 中最常用的数据结构之一，广泛应用于各种编程任务。

5.1.1　什么是列表

列表是 Python 中非常重要的内置数据类型，它能够容纳任意数量且类型多样的数据，常用于存储和处理集合类数据。

列表通过方括号[]定义，其内部元素用逗号分隔。

```
my_list = [1, 2, 3, 4, 5]               # 数字类型的列表
name_list = ["Alice", "Bob", "Charlie"] # 字符串类型的列表
mixed_list = [1, "hello", 3.14, True]   # 混合类型的列表
```

5.1.2　列表的特点

了解列表的特点对于高效地使用和操作列表非常重要。作为 Python 中常用的数据结构，列表具有许多独特的优势，使得它在存储和处理数据时非常灵活。列表不仅能够方便地存储不同类型的元素，还支持多种操作，使得列表在实际编程中非常实用。列表的 6 大特点如图 5.1 所示。

图 5.1　列表的特点

以下是列表的 6 大特点的具体说明。

（1）有序性。列表是有序的数据结构，每个元素都有一个基于位置的索引，通过索引可以访问、修改列表中的元素。索引从 0 开始计数，同时支持使用负数索引并从末尾向前访问元素。

（2）可变性。列表是可变的，这意味着可以在列表创建后改变其内容，包括修改、添加和删除元素。

（3）支持多种数据类型。列表中的元素可以是任何数据类型，甚至是其他列表（嵌套列表）。

（4）支持切片操作。列表支持切片操作，可以提取列表中的一部分元素，返回一个新的列表。

（5）支持重复元素。列表可以包含重复的元素，各元素没有强制要求必须唯一。

（6）大小动态可变。列表的大小是动态变化的，这意味着列表的长度不是固定的。读者可以根据需求随时向列表中添加或删除元素，而无须事先指定列表的大小。随着元素的增加或减少，列表会自动调整其存储空间，这使得列表在处理动态数据时更加灵活。

5.2　列表的创建与访问

在 Python 中，列表是一种非常重要的数据类型，用于存储一组有序的元素。通过列表，可以将多个数据组合在一起进行管理。接下来，我们将深入探讨如何创建和访问列表，以及如何使用索引和切片对列表进行操作。

5.2.1　创建列表

列表可以通过不同的方式进行创建。最常见的方式是通过方括号"[]"定义列表，元素之间用逗号分隔。列表可以包含任何类型的元素，包括整数、字符串、浮动数，甚至其他列表等。

1. 创建空列表

空列表是没有任何元素的列表。可以通过[]创建一个空列表。

```
empty_list = []    # 创建一个空列表
```

2. 创建带元素的列表

通过在方括号内指定元素，列表可以包含多个元素。

```
fruits = ["apple", "banana", "cherry"]        # 包含字符串元素的列表
numbers = [1, 2, 3, 4, 5]                      # 包含整数的列表
mixed_list = [1, "banana", 3.14, True]         # 包含不同数据类型的列表
```

3. 使用 list()函数创建列表

除了使用方括号直接创建列表，还可以使用 list() 函数将其他可迭代对象（如字符串、元组等）转换为列表。

```
str_to_list = list("hello")          # 将字符串转换为列表 ['h', 'e', 'l', 'l', 'o']
tuple_to_list = list((1, 2, 3))      # 将元组转换为列表  [1, 2, 3]
```

4. 使用列表推导式创建列表

列表推导式是 Python 中一种简洁的机制，用于从其他数据结构生成新的列表。

```
squares = [x**2 for x in range(5)]    #创建一个包含0到4的平方数的列表[0, 1, 4, 9, 16]
```

通过以上几种方式，读者可以灵活地创建各种类型的列表，以满足不同场景下的数据存储

需求。掌握这些方法，可在 Python 中更加高效和便捷地处理数据。

5.2.2 访问列表元素

在 Python 中，列表是一个有序的元素集合，可以通过索引访问每个元素。访问列表元素的常见方法如下。

（1）使用正索引访问列表元素。列表的正索引是从 0 开始的，表示第一个元素的索引是 0，第二个元素的索引是 1，以此类推。读者可以通过给定索引访问列表中的单个元素。

```
fruits = ["apple", "banana", "cherry", "date"]

print(fruits[0])   # 访问第一个元素
print(fruits[1])   # 访问第二个元素
print(fruits[3])   # 访问第四个元素
```

运行上述代码，输出结果如下。

```
apple
banana
date
```

在上面的例子中，读者通过索引访问了列表中的元素。fruits[0]访问的是列表中的第一个元素 "apple"，fruits[1]访问的是第二个元素 "banana"，以此类推。

（2）使用负索引访问列表元素。Python 还支持负索引，负索引从-1 开始，表示列表中的最后一个元素，-2 表示列表中的倒数第二个元素，以此类推。使用负索引可以方便地从列表的尾部访问元素。

```
fruits = ["apple", "banana", "cherry", "date"]

print(fruits[-1])     # 访问最后一个元素
print(fruits[-2])     # 访问倒数第二个元素
```

运行上述代码，输出结果如下。

```
date
cherry
```

（3）索引越界。如果尝试访问一个超出列表范围的索引，Python 会抛出 IndexError 异常。

```
fruits = ["apple", "banana", "cherry"]

print(fruits[5]) # 尝试访问索引 5，会引发 IndexError
```

运行上述代码，抛出错误如图 5.2 所示。

```
Traceback (most recent call last):
  File "C:\Users\24190\PycharmProjects\pythonProject4\eq.py", line 10, in <module>
    print(fruits[5])
IndexError: list index out of range
```

图 5.2 抛出错误

因此，在访问列表时，要确保索引值是有效的，避免索引越界的错误。

（4）使用切片访问多个元素。除了通过单个索引访问元素，读者还可以通过切片（slice）操作访问列表中的多个元素。切片允许指定一个范围，返回该范围内的元素。

切片的语法为：list[start:end]，其中：start 表示切片的起始位置（包含该位置的元素）；end 表示切片的结束位置（不包含该位置的元素）。

```
fruits = ["apple", "banana", "cherry", "date", "elderberry"]

print(fruits[1:3])      # 获取从索引 1 到索引 3 的元素（不包括索引 3）
print(fruits[:3])       # 获取列表的前三个元素
print(fruits[2:])       # 获取从索引 2 到列表末尾的所有元素
```

运行上述代码，输出结果如下。

```
['banana', 'cherry']
['apple', 'banana', 'cherry']
['cherry', 'date', 'elderberry']
```

（5）使用步长切片。切片支持指定步长，即在提取子列表时跳过指定数量的元素。步长的语法形式为 list[start:end:step]。

```
fruits = ["apple", "banana", "cherry", "date", "elderberry"]
print(fruits[0:5:2]) # 获取索引 0 到索引 4 的元素，步长为 2
```

运行上述代码，输出结果如下。

```
['apple', 'cherry', 'elderberry']
```

在这个例子中，fruits[0:5:2] 返回的是索引 0 到 4 的元素，但是步长为 2，因此每隔一个元素取一个。

（6）列表的切片赋值。通过切片操作，不仅可以访问列表中的元素，还可以对列表的部分内容进行修改或赋值。

```
fruits = ["apple", "banana", "cherry", "date", "elderberry"]

fruits[1:3] = ["blueberry", "fig"]# 修改从索引 1 到索引 3 的元素
print(fruits)
```

运行上述代码，输出结果如下。

```
['apple', 'blueberry', 'fig', 'date', 'elderberry']
```

Python 提供了非常灵活的方式访问和操作列表中的元素。负索引使得读者能够方便地从列表的尾部访问元素，而切片操作则可以一次性访问多个元素，甚至可通过设定步长跳过某些元素。掌握这些操作，能让读者对列表的使用更加高效和便捷。

【例 5.1】列表存储图书信息。（实例位置：资源包\Python\S05\Examples\01.py）

小花正在开发一个图书管理系统，需要使用列表存储书籍的标题信息。现在请读者完成以下任务。

（1）创建一个包含至少 5 本书籍名称的列表。

（2）使用正索引访问列表中的第 2 本书，并打印其标题。

（3）使用负索引访问列表中的最后一本书，并打印其标题。

（4）使用切片操作获取并打印列表中第 3 到第 5 本书的标题。

实现代码如下。

```
books = ["The Great Gatsby", "1984", "To Kill a Mockingbird", "The Catcher in the Rye", "Pride and Prejudice"]
                                       # 创建书籍列表

print(books[1])                        # 任务 1: 访问第 2 本书
print(books[-1])                       # 任务 2: 访问最后一本书

print(books[2:5])                      # 任务 3: 获取并打印第 3 到第 5 本书
```

运行上述代码，输出结果如图 5.3 所示。

```
1984
Pride and Prejudice
['To Kill a Mockingbird', 'The Catcher in the Rye', 'Pride and Prejudice']
```

图 5.3　列表存储图书信息的运行结果

通过以上内容，读者可以详细了解如何在 Python 中创建和访问列表。无论是使用正索引、负索引还是切片操作，都可以高效地管理和操作列表数据。在实际编程中，灵活使用这些操作可使数据处理更加简洁高效。同时，利用列表存储和管理信息，例如在图书管理系统中的应用，能够提升程序的可扩展性和易用性。掌握这些基本操作后，读者将能够更加自如地使用列表处理各种数据。

5.3　列表的遍历与操作

在本节中，读者将学习如何对列表进行各种常见的操作，包括修改元素、增删元素、排序与反转、遍历列表，以及使用列表推导式等操作。通过这些操作，读者将能够更高效地管理和处理列表中的数据。

5.3.1　修改列表元素

列表是可变的（mutable），这意味着读者可以修改列表中的元素。在 Python 中，通过索引访问列表元素后，可以直接对其进行赋值，从而实现元素的修改，示例代码如下。

```python
fruits = ["apple", "banana", "cherry", "date"]    # 创建一个列表

fruits[1] = "blueberry"                           # 修改第二个元素
print(fruits)
```

运行上述代码，输出结果如下。

```
['apple', 'blueberry', 'cherry', 'date']
```

在这个例子中，通过索引 1 修改了列表中的第二个元素，将"banana"更改为"blueberry"，很好地体现了列表是可变的这一特性。

5.3.2　列表的增删操作

在实际编程过程中，经常需要对列表中的元素进行增删操作。无论是向列表中添加新元素，还是删除不需要的元素，Python 都提供了简单而灵活的方式实现这些操作。接下来，将介绍几种常见的列表增删操作方法。

1. 添加元素
☑　append()方法：将元素添加到列表的末尾。
☑　insert()方法：将元素插入到列表的指定位置。

2. 删除元素
☑　remove()方法：删除指定的元素。
☑　pop()方法：删除指定位置的元素，返回该元素。
☑　clear()方法：清空列表。

列表的增删操作代码示例如下。

```
numbers = [1, 2, 3, 4]              # 创建一个列表
# 添加元素
numbers.append(5)                   # 在末尾添加元素
print(numbers)
# 在指定位置插入元素
numbers.insert(2, 6)                # 在索引2的位置插入元素6
print(numbers)
# 删除指定元素
numbers.remove(3)                   # 删除元素3
print(numbers)
# 删除指定位置的元素
removed_item = numbers.pop(1)       # 删除并返回索引1位置的元素
print(removed_item)
print(numbers)
# 清空列表
numbers.clear()
print(numbers)
```

运行上述代码，结果如图 5.4 所示。

```
[1, 2, 3, 4, 5]
[1, 2, 6, 3, 4, 5]
[1, 2, 6, 4, 5]
2
[1, 6, 4, 5]
[]
```

图 5.4　列表的增删操作运行结果

5.3.3　列表的排序与反转

排序和反转操作是数据处理和分析中常见的需求，尤其是在需要对列表进行组织和优化显示顺序时。通过对列表进行排序，可以将元素按照一定的顺序（如升序或降序）排列，而反转操作则可以颠倒列表中元素的顺序。这些功能为开发者提供了灵活的数据处理工具，使得列表操作更加高效和便捷。常用的方法有以下两种。

（1）sort()方法：对列表进行升序排序。

（2）reverse()方法：将列表中的元素反转。

```
numbers = [3, 1, 4, 5, 2]          # 创建一个列表
numbers.sort()                      # 排序
print(numbers)
numbers.reverse()                   # 反转列表
print(numbers)
```

运行上述代码，输出结果如下。

```
[1, 2, 3, 4, 5]
[5, 4, 3, 2, 1]
```

如果希望进行降序排序，可以使用 sort(reverse=True)。

```
numbers.sort(reverse=True)    # 降序排序
print(numbers)
```

运行上述代码，输出结果如下。

```
[5, 4, 3, 2, 1]
```

5.3.4 使用 for 循环遍历列表

遍历列表是 Python 中一种基础且常见的操作，它可以让开发者对列表中的每个元素进行访问和处理。在许多情况下，读者可能需要遍历列表中的每个元素进行计算、条件判断或其他操作。

Python 提供了多种简便的方式遍历列表，其中最常用的是 for 循环。利用 for 循环，可以轻松实现对列表元素的逐一访问和处理。无论是简单的打印输出，还是复杂的数据处理，for 循环都是高效处理列表数据的强大工具。

```python
fruits = ["apple", "banana", "cherry", "date"] # 创建一个列表

# 使用 for 循环遍历列表
for fruit in fruits:
    print(fruit)
```

运行上述代码，输出结果如下。

```
apple
banana
cherry
date
```

通过使用 for 循环，读者能够高效且灵活地遍历列表中的每个元素，执行各种操作。这种方法不仅简洁明了，而且适用于多种不同的数据处理需求，使得对列表的操作变得更加便捷。

5.3.5 使用列表推导式

列表推导式（list comprehension）是 Python 一种强大且简洁的特性，它允许开发者通过一行代码创建新的列表或修改列表。相比传统的循环方法，列表推导式不仅更为简练，而且通常能提高代码的可读性和执行效率。通过列表推导式，可以轻松地对列表进行过滤、映射、修改等操作，甚至结合条件语句进行更复杂的操作，列表推导式的基本语法如下。

```python
[expression for item in iterable if condition]
```

示例代码如下。

```python
# 创建一个列表，包含 1 到 10 的平方数
squares = [x**2 for x in range(1, 11)]
print(squares)

# 创建一个包含偶数的列表
even_numbers = [x for x in range(1, 11) if x % 2 == 0]
print(even_numbers)
```

运行上述代码，输出结果如下。

```
[1, 4, 9, 16, 25, 36, 49, 64, 81, 100]
[2, 4, 6, 8, 10]
```

列表推导式为开发者提供了一种高效且简洁的方式创建和操作列表。通过这一特性，代码的可读性和执行效率得到了显著提升，成为处理列表操作时的首选工具。

【例 5.2】学生成绩管理与分析。（实例位置：资源包\Python\S05\Examples\02.py）

小明正在为一个班级的学生管理系统编写代码。该系统支持以下功能。

（1）添加学生成绩：输入学生的姓名和成绩，并将其添加到成绩列表中。

（2）删除指定学生的成绩：输入学生的姓名，删除该学生的成绩。

（3）修改指定学生的成绩：输入学生的姓名和新的成绩，更新该学生的成绩。

（4）排序学生成绩：根据成绩从高到低对学生进行排序。

（5）成绩反转：将学生成绩列表进行反转，比较反转前后的差异。

（6）成绩筛选：使用列表推导式筛选出成绩在某个区间的学生。

（7）遍历并输出：通过 for 循环遍历列表，输出所有学生的姓名和成绩。

读者需要帮助小明完成以下需求功能的开发。

（1）创建一个学生成绩的列表，包含至少 5 个学生的姓名和成绩。

（2）实现以下功能：

● 添加新学生成绩。

● 删除指定学生的成绩。

● 修改指定学生的成绩。

● 根据成绩排序学生列表。

● 反转学生成绩列表。

● 使用列表推导式筛选出成绩在 80 分以上的学生。

● 使用 for 循环遍历并输出所有学生的信息。

实现代码如下。

```python
# 学生成绩列表
students = [
    {"name": "张三", "score": 88},
    {"name": "李四", "score": 75},
    {"name": "王五", "score": 90},
    {"name": "赵六", "score": 85},
    {"name": "孙七", "score": 60}
]

# 1. 添加学生成绩
def add_student(name, score):
    students.append({"name": name, "score": score})
    print(f"{name}的成绩已添加，成绩：{score}")

# 2. 删除指定学生成绩
def remove_student(name):
    global students
    students = [student for student in students if student["name"] != name]
    print(f"{name}的成绩已删除")

# 3. 修改指定学生的成绩
def modify_student(name, new_score):
    for student in students:
        if student["name"] == name:
            student["score"] = new_score
            print(f"{name}的成绩已更新为：{new_score}")
            break
    else:
        print(f"未找到学生{name}")

# 4. 排序学生成绩
def sort_students():
    students.sort(key=lambda x: x["score"], reverse=True)
    print("排序后的学生成绩列表：")
    for student in students:
        print(f"{student['name']} {student['score']}")

# 5. 反转学生成绩列表
def reverse_students():
    students.reverse()
    print("反转后的学生成绩列表：")
    for student in students:
        print(f"{student['name']} {student['score']}")
```

```
# 6. 筛选成绩在80分以上的学生
def filter_students_by_score(min_score):
    filtered_students = [student for student in students if student["score"] >= min_score]
    print(f"成绩大于{min_score}的学生：")
    for student in filtered_students:
        print(f"{student['name']} {student['score']}")

# 7. 遍历学生成绩并输出
def display_students():
    print("当前学生成绩列表：")
    for student in students:
        print(f"{student['name']} {student['score']}")

# 测试代码
display_students()                     # 输出初始学生成绩列表
add_student("李明", 92)                # 添加新学生成绩
remove_student("李四")                 # 删除学生成绩
modify_student("王五", 95)             # 修改学生成绩
sort_students()                        # 排序学生成绩
reverse_students()                     # 反转学生成绩列表
filter_students_by_score(80)           # 筛选成绩大于80的学生
```

运行上述代码，输出结果如图 5.5 所示。

```
当前学生成绩列表：
张三 88
李四 75
王五 90
赵六 85
孙七 60
李明的成绩已添加，成绩：92
李四的成绩已删除
王五的成绩已更新为：95
排序后的学生成绩列表：
王五 95
李明 92
张三 88
赵六 85
孙七 60
反转后的学生成绩列表：
孙七 60
赵六 85
张三 88
李明 92
王五 95
成绩大于80的学生：
赵六 85
张三 88
李明 92
王五 95
```

图 5.5　学生成绩管理与分析的运行结果

代码优化

　　当前的代码结构较为烦琐，读者可以考虑使用通义灵码简化和优化代码的结构。在通义灵码的智能问答板块单击加号，选择 eg.py（如图 5.6 所示）。

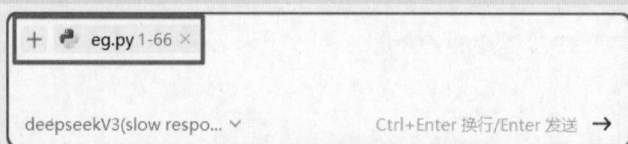

```
+  🐍 eg.py 1-66 ×

deepseekV3(slow respo... ∨          Ctrl+Enter 换行/Enter 发送  →
```

图 5.6　选择 eg.py

对通义灵码发出"优化一下代码结构，让其更加简洁"的提示命令，其优化思路如图 5.7 所示。

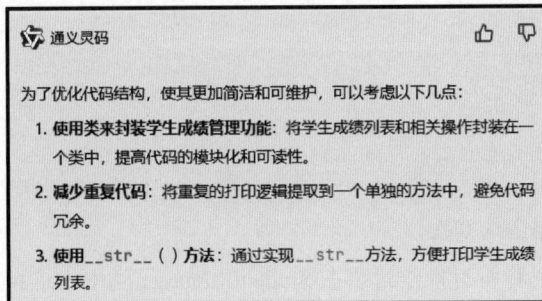

图 5.7 通义灵码的优化思路

通义灵码优化后的代码如下。

```python
class StudentManager:
    def __init__(self):
        self.students = [
            {"name": "张三", "score": 88},
            {"name": "李四", "score": 75},
            {"name": "王五", "score": 90},
            {"name": "赵六", "score": 85},
            {"name": "孙七", "score": 60}
        ]

    def add_student(self, name, score):
        self.students.append({"name": name, "score": score})
        print(f"{name}的成绩已添加，成绩：{score}")

    def remove_student(self, name):
        self.students = [student for student in self.students if student["name"] != name]
        print(f"{name}的成绩已删除")

    def modify_student(self, name, new_score):
        for student in self.students:
            if student["name"] == name:
                student["score"] = new_score
                print(f"{name}的成绩已更新为：{new_score}")
                break
        else:
            print(f"未找到学生{name}")

    def sort_students(self):
        self.students.sort(key=lambda x: x["score"], reverse=True)
        print("排序后的学生成绩列表：")
        self.display_students()

    def reverse_students(self):
        self.students.reverse()
        print("反转后的学生成绩列表：")
        self.display_students()

    def filter_students_by_score(self, min_score):
        filtered_students = [student for student in self.students if student["score"] >= min_score]
        print(f"成绩大于{min_score}的学生：")
        for student in filtered_students:
            print(f"{student['name']} {student['score']}")

    def display_students(self):
        print("当前学生成绩列表：")
        for student in self.students:
```

```
                print(f"{student['name']} {student['score']}")

        def __str__(self):
            return "\n".join([f"{student['name']} {student['score']}" for student in self.students])

# 测试代码
manager = StudentManager()
manager.display_students()              # 输出初始学生成绩列表
manager.add_student("李明", 92)          # 添加新学生成绩
manager.remove_student("李四")           # 删除学生成绩
manager.modify_student("王五", 95)       # 修改学生成绩
manager.sort_students()                 # 排序学生成绩
manager.reverse_students()              # 反转学生成绩列表
manager.filter_students_by_score(80)    # 筛选
```

可以看到，通义灵码将所有操作封装在 StudentManager 类中，这种方式提高了代码的模块化程度。打印逻辑集中在 display_students()方法中，减少了代码重复。通过__str__()方法，简化了打印学生成绩列表的过程，经过优化后，代码结构更加清晰，易于维护和扩展。

5.4 列表的嵌套与多维列表

在 Python 中，列表不仅是单一元素的集合，还可以包含其他列表，从而形成嵌套列表。通过使用嵌套列表，读者可以创建多维数据结构（例如二维数组、三维数组等），以便更好地表示和操作复杂的数据。

5.4.1 列表嵌套的概念

列表嵌套是指在一个列表中包含另一个列表作为元素。换句话说，列表嵌套是一种列表的数据结构，其中的元素本身又是一个完整的列表。它可以帮助我们表示更复杂的数据结构，如矩阵、多维数组等。通过这种方式，可以创建多维列表。例如，二维列表可以看作是一个列表的列表，每个子列表表示二维数组中的一行数据。举例如下。

```
# 一个嵌套的列表，其中包含两个子列表
nested_list = [[1, 2, 3], [4, 5, 6], [7, 8, 9]]
```

在这个例子中，nested_list 是一个列表，它包含了三个子列表：[1, 2, 3]、[4, 5, 6]和[7, 8, 9]。

5.4.2 多维列表的创建与访问

Python 中的列表可以包含多个层级的列表，这使得读者能够创建任意维度的列表。

1. 创建二维列表

二维列表就是一个列表的元素是一个子列表，通常用于表示矩阵或表格数据。示例代码如下。

```
matrix = [[1, 2, 3], [4, 5, 6], [7, 8, 9]] # 创建一个二维列表
```

2. 访问二维列表的元素

通过使用索引，读者可以访问二维列表的元素。二维列表的访问使用两个索引，第一个索引表示行，第二个索引表示列。示例代码如下。

```
# 访问第二行第三列的元素
element = matrix[1][2]   # 输出: 6
print("元素是:", element)
```

3. 创建三维列表

三维列表是在二维列表的基础上再嵌套一个列表，通常用于表示具有多个维度的结构。例如，三维数组可以用于表示体数据（如 3D 空间中的数据点）。示例代码如下。

```
# 创建一个 2×3×2 的三维列表
three_d_list = [
    [[1, 2], [3, 4], [5, 6]],
    [[7, 8], [9, 10], [11, 12]]
]

print(three_d_list)
```

三维列表的输出如下。

```
[[[1, 2], [3, 4], [5, 6]], [[7, 8], [9, 10], [11, 12]]]
```

在这个例子中，three_d_list 是一个三维列表，包含了两个二维列表，每个二维列表中又包含了三个一维列表。

4. 访问三维列表

对于三维列表，读者需要使用三个索引，第一个索引选择二维数组，第二个索引选择行，第三个索引选择列。

```
# 获取三维列表中的元素（第一组第二行第一列的元素）
element = three_d_list[0][1][0]   # 第一组，第二行，第一列
print(element)                    # 输出: 3
```

多维列表为数据的存储与操作提供了更灵活的结构，适用于矩阵运算、数据分析和三维数据表示。通过索引访问和修改元素，读者可以轻松地处理复杂的数据组织形式，为后续深入学习数据结构和算法奠定基础。

5.4.3　嵌套列表的遍历与操作

为了高效地操作嵌套列表，Python 提供了多种遍历方式，包括 for 循环嵌套、列表推导式和索引访问。掌握这些技巧可以帮助开发者更加灵活地处理数据，例如提取特定元素、修改列表内容、展开列表等。

遍历嵌套列表时，可以使用嵌套的 for 循环，其中，外层循环用于遍历行，内层循环用于遍历列，举例如下。

```
# 创建一个二维列表
matrix = [
    [1, 2, 3],
    [4, 5, 10],
    [7, 8, 9]
]
# 遍历二维列表并输出
for row in matrix:
    for element in row:
        print(element, end=' ')     # 在同一行输出
    print()                         # 换行
```

读者也可以通过索引修改嵌套列表中的元素。

```
# 创建一个二维列表
```

```
matrix = [
    [1, 2, 3],
    [4, 5, 6],
    [7, 8, 9]
]

matrix[1][2] = 10# 修改第二行第三列的元素为 10

# 打印修改后的列表
print(matrix)   # 输出：[[1, 2, 3], [4, 5, 10], [7, 8, 9]]
```

常见操作有以下两种。

（1）添加元素。可以使用 append() 方法将元素添加到嵌套列表的某个子列表中。

（2）删除元素。可以使用 remove() 或 pop() 方法删除指定元素。

示例代码如下。

```
# 创建一个二维列表
matrix = [
    [1, 2, 3],
    [4, 5, 10],
    [7, 8, 9]
]

# 在第二行末尾添加元素 11
matrix[1].append(11)
print(matrix)

# 删除第三行的最后一个元素
matrix[2].pop()
print(matrix)
```

运行上述代码，输出结果如下。

```
[[1, 2, 3], [4, 5, 10, 11], [7, 8, 9]]
[[1, 2, 3], [4, 5, 10, 11], [7, 8]]
```

通过学习嵌套列表的概念与操作，可以更好地处理多维数据和复杂的数据结构，以适应更加多样化的编程需求。

小结

- 嵌套列表：一个列表的元素是另一个列表，形成层次结构。
- 多维列表：通常指二维或更高维度的列表，可以通过多个索引访问和操作。
- 遍历与操作：通过嵌套的循环遍历多维列表，可以修改、添加或删除嵌套列表中的元素。

【例 5.3】智能超市购物篮管理系统。（实例位置：资源包\Python\S05\Examples\03.py）

小红正在开发一个智能超市购物篮管理系统，该系统使用嵌套列表存储顾客的购物信息，并支持以下功能。

（1）添加商品（商品名称、类别、单价、购买数量）。

（2）查询购物篮中的商品。

（3）计算总价，并推荐最优购物方案（如建议替换更便宜的同类商品）。

（4）分类查看商品（按类别分类显示）。

（5）删除商品（支持按名称删除或清空购物篮）。

现在需要读者帮助小红完成系统开发，交互示例如下。

```
欢迎使用智能购物篮管理系统!
1. 添加商品
2. 查询购物篮
3. 计算总价并推荐更优购物方案
4. 按类别查看商品
5. 删除商品
6. 退出系统
请选择操作（1-6）: 1

请输入商品名称: 牛奶
请输入商品类别: 饮料
请输入商品单价: 12
请输入购买数量: 2
商品已添加!

请选择操作（1-6）: 1
请输入商品名称: 面包
请输入商品类别: 食品
请输入商品单价: 8
请输入购买数量: 3
商品已添加!

请选择操作（1-6）: 2
购物篮中的商品:
1. 牛奶（饮料）单价: 12 数量: 2 总价: 24
2. 面包（食品）单价: 8 数量: 3 总价: 24

请选择操作（1-6）: 3
当前总价: 48
推荐: 购买酸奶（饮料），单价 10，比牛奶便宜 2 元。

请选择操作（1-6）: 4
食品:
- 面包 × 3（单价 8，总价 24）
饮料:
- 牛奶 × 2（单价 12，总价 24）

请选择操作（1-6）: 5
请输入要删除的商品名称（输入 "all" 清空购物篮）: 牛奶
商品已删除!

请选择操作（1-6）: 6
退出系统!
```

智能超市购物篮管理系统的实现代码如下。

```python
shopping_cart = []

recommendations = {
    "牛奶": ("酸奶", 10),
    "面包": ("馒头", 6),
    "可乐": ("雪碧", 3)
}

def add_product():
    name = input("请输入商品名称: ")
    category = input("请输入商品类别: ")
    price = float(input("请输入商品单价: "))
    quantity = int(input("请输入购买数量: "))
    shopping_cart.append([name, category, price, quantity])
    print("商品已添加! \n")

def view_cart():
    if not shopping_cart:
        print("购物篮为空! \n")
        return
```

```python
        print("购物篮中的商品：")
        for i, item in enumerate(shopping_cart, start=1):
            total_price = item[2] * item[3]
            print(f"{i}. {item[0]}（{item[1]}） 单价：{item[2]} 数量：{item[3]} 总价：{total_price}")
        print()

def calculate_total():
    if not shopping_cart:
        print("购物篮为空！\n")
        return
    total_cost = sum(item[2] * item[3] for item in shopping_cart)
    print(f"当前总价：{total_cost}")

    for item in shopping_cart:
        if item[0] in recommendations:
            cheaper_name, cheaper_price = recommendations[item[0]]
            if cheaper_price < item[2]:
                print(f"推荐：购买 {cheaper_name}（{item[1]}），单价 {cheaper_price}，比 {item[0]} 便宜 {item[2] - cheaper_price} 元。")
    print()

def view_by_category():
    if not shopping_cart:
        print("购物篮为空！\n")
        return

    category_dict = {}
    for item in shopping_cart:
        category_dict.setdefault(item[1], []).append(item)

    for category, items in category_dict.items():
        print(f"{category}：")
        for item in items:
            total_price = item[2] * item[3]
            print(f"- {item[0]} × {item[3]}（单价 {item[2]}，总价 {total_price}）")
    print()

def remove_product():
    if not shopping_cart:
        print("购物篮为空！\n")
        return

    name = input("请输入要删除的商品名称（输入 'all' 清空购物篮）：")
    if name.lower() == "all":
        shopping_cart.clear()
        print("购物篮已清空！\n")
    else:
        for item in shopping_cart:
            if item[0] == name:
                shopping_cart.remove(item)
                print("商品已删除！\n")
                return
        print("未找到该商品！\n")

while True:
    print("欢迎使用智能购物篮管理系统！")
    print("1. 添加商品")
    print("2. 查询购物篮")
    print("3. 计算总价并推荐更优购物方案")
    print("4. 按类别查看商品")
    print("5. 删除商品")
    print("6. 退出系统")

    choice = input("请选择操作（1-6）：")
    if choice == '1':
        add_product()
    elif choice == '2':
        view_cart()
```

```
    elif choice == '3':
        calculate_total()
    elif choice == '4':
        view_by_category()
    elif choice == '5':
        remove_product()
    elif choice == '6':
        print("退出系统！")
        break
    else:
        print("无效输入，请重新选择。\n")
```

使用通义灵码添加注释

在编程时，可以采用通义灵码快速添加注释，如图5.8所示，读者只需单击代码块左上角的通义灵码Logo，在选项栏中单击"生成注释"选项，等待注释生成后单击加号即可一键直接覆盖原代码。

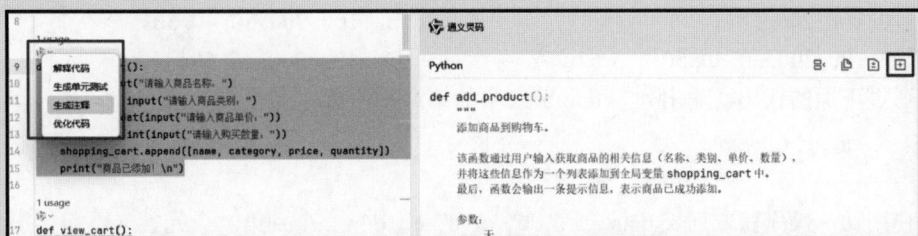

图5.8 通义灵码添加注释

通义灵码添加注释后的代码如下。

```
def add_product():
    """
    添加商品到购物车。

    该函数通过用户输入获取商品的相关信息（名称、类别、单价、数量），
    并将这些信息作为一个列表添加到全局变量shopping_cart中。
    最后，函数会输出一条提示信息，表示商品已成功添加。
    参数:无

    返回值:无
    """
    # 获取用户输入的商品信息
    name = input("请输入商品名称：")
    category = input("请输入商品类别：")
    price = float(input("请输入商品单价："))
    quantity = int(input("请输入购买数量："))

    # 将商品信息添加到购物车列表中
    shopping_cart.append([name, category, price, quantity])

    # 提示用户商品已成功添加
    print("商品已添加！\n")
```

通义灵码生成的注释清晰且准确地描述了函数的功能、参数和返回值，使得代码的目的和逻辑一目了然。

补充注释能提高代码的可读性和可维护性，帮助其他开发者或自己更容易理解代码的逻辑和目的，减少出错的概率。此外，注释还能帮助开发者快速定位问题和优化代码。

5.5 习　题

习题答案

1. 下列关于 Python 列表的描述正确的是（　　）。

A. 列表中的元素只能是同一种数据类型

B. 列表中的元素可以是不同的数据类型

C. 列表的元素不能修改

D. 列表的长度是固定的，无法修改

2. 执行下面的 Python 代码后，列表 a = [10, 20, 30, 40, 50] 会变成什么样？（　　）

```
a[1:4] = [100, 200]
print(a)
```

A. [10, 100, 200, 50]   B. [100, 200, 30, 40, 50]

C. [10, 100, 200, 30, 40, 50]   D. [100, 200, 40, 50]

3. 通过下面的代码，输出列表 numbers 中的第二个元素：

```
numbers = [5, 10, 15, 20, 25]
print(_____)
```

4. 使用切片操作获取列表 data = ['a', 'b', 'c', 'd', 'e'] 中第 2 个到第 4 个元素（不包括第 5 个元素），并存储到 result 中，写出切片的代码：

```
data = ['a', 'b', 'c', 'd', 'e']
result = _____
```

5. 编写一个 Python 程序，定义一个包含若干个学生成绩的列表。程序要求如下：

（1）输入学生的成绩（可以包含多个学生成绩）。

（2）输出该列表中所有成绩的平均分（要求使用 sum() 和 len() 函数）。

（3）按照成绩从高到低排序并输出排序后的成绩列表（要求使用 sort() 函数）。

（4）使用列表的增删改查操作。

（5）提示用户输入成绩，直到输入"结束"时停止输入。

本章将介绍 Python 中元组的基本概念和常见操作，并探讨元组的创建、访问、连接与重复等操作，了解元组与列表的区别以及元组的不可变特性。此外，还将介绍列表与元组的性能对比，帮助读者在实际开发中选择合适的数据结构。通过本章的学习，读者将掌握如何高效地使用元组。

6.1 元组概述

在 Python 中，元组（tuple）是一种有序的元素集合，它与列表类似，但又有一些独特的特性。例如，元组一旦创建，它的元素就不能再修改、添加或删除。元组的不可变性使得它在数据处理过程中具备独特的优势，特别是在需要保证数据不被修改的场景中，它能够提高操作效率，避免不必要的资源消耗。

6.1.1 什么是元组

元组是由多个元素组成的有序集合，元素可以是不同的数据类型（如整数、字符串、列表等）。元组的创建使用圆括号()，而不是列表的方括号[]。在 Python 中创建不同类型的元组的示例代码如下。

```python
my_tuple = (1, 2, 3, 4)                    # 创建一个包含整数的元组
string_tuple = ('apple', 'banana', 'cherry')   # 创建一个包含字符串的元组
mixed_tuple = (1, 'hello', 3.14, True)     # 创建一个包含不同数据类型的元组
```

元组的一个重要特性就是其不可变性，这意味着一旦创建，元组的内容就不能修改、添加或删除。为了修改元组中的元素，需要创建一个新的元组，参考代码如下。

```python
my_tuple = (1, 2, 3)       # 创建一个元组
my_tuple[0] = 10           # 试图修改元组的元素，抛出错误
```

运行上述代码，报错信息如图 6.1 所示。

```
Traceback (most recent call last):
  File "D:\Lunwen\MyLunWen\demo.py", line 5, in <module>
    my_tuple[0] = 10
    ~~~~~~~~~^^^
TypeError: 'tuple' object does not support item assignment
```

图 6.1 修改元组后抛出的错误信息

通过代码实操，可以得出元组是不可变的结论，读者创建后便无法修改其中的元素；如果需要修改，可以使用列表或创建新的元组。

6.1.2 元组与列表的区别

元组与列表是 Python 中非常相似的两种数据结构，它们都可以存储多个元素，但它们有几

个关键的区别，总结如下。

（1）可变性。元组是不可变的，一旦被创建，元组中的元素就不能被修改。列表是可变的，可以修改、添加和删除其中的元素。

（2）语法差异。元组使用圆括号()定义。列表使用方括号[]定义。

（3）性能差异。由于元组不可变，它的内存分配和访问速度比列表更高效。在某些情况下，元组比列表更适合用于存储固定数据。

（4）适用场景。元组适合用来表示一些不希望改变的数据，如常量数据集合或函数返回的多个值。列表适合用来表示可变数据集合，尤其是当需要对数据进行增、删、改操作时，列表更具灵活性。

6.2　元组的创建与访问

在使用元组时，理解如何创建和访问元组是非常重要的。本节将介绍元组的创建、访问方式，以及通过索引和切片获取元组元素的方法。

6.2.1　创建元组

在 Python 中，创建元组非常简单。读者只需要将多个元素放入圆括号 () 中，即可创建一个元组。元素可以是任何数据类型，并且元组中的元素数量可以是任意的。在 Python 中，创建不同类型元组的示例代码如下。

```
empty_tuple = ()                        # 创建一个空元组
my_tuple = (1, 2, 3)                     # 创建一个包含多个元素的元组
single_element_tuple = (5,)              # 创建一个单元素元组, 注意需要加逗号
mixed_tuple = (1, "hello", 3.14, True)   # 创建一个包含不同数据类型的元组
```

如果元组只有一个元素，必须在元素后面加上逗号，否则 Python 会将其当作普通的括号表达式，而不是元组。

6.2.2　访问元组元素

与列表类似，元组的元素是有序的，可以通过索引访问每个元素。索引从 0 开始，负数索引表示从元组的末尾开始计数。

```
my_tuple = (10, 20, 30, 40, 50)

# 通过索引访问元素
print(my_tuple[0])        # 输出 10
print(my_tuple[2])        # 输出 30

# 使用负数索引访问元素
print(my_tuple[-1])       # 输出 50
print(my_tuple[-3])       # 输出 30
```

通过索引和负数索引，读者可以灵活地访问元组中的元素，既可以从头到尾访问，也可以从尾到头访问，充分体现了元组的有序性。

6.2.3　使用索引与切片访问元组

除了直接使用索引访问单个元素，Python 还支持使用切片访问元组的子集。切片可以指

定起始索引、终止索引和步长，方便提取元组中的一部分内容。

```
my_tuple = (10, 20, 30, 40, 50, 60)

# 使用切片访问部分元素
print(my_tuple[1:4])      # 输出 (20, 30, 40)
print(my_tuple[:3])       # 输出 (10, 20, 30)
print(my_tuple[3:])       # 输出 (40, 50, 60)

# 使用负数索引进行切片
print(my_tuple[-4:-1])    # 输出 (30, 40, 50)

# 使用步长进行切片
print(my_tuple[::2])      # 输出 (10, 30, 50)
```

切片的语法是[start:stop:step]，其中，start 是起始索引（包括该索引位置的元素），默认是 0；stop 是终止索引（不包括该索引位置的元素），默认为元组的末尾；step 是步长，表示每次跳过多少个元素，默认为 1。

通过切片，读者可以轻松提取元组中的一部分内容，进行更复杂的数据处理。

【例 6.1】旅游计划管理系统。（实例位置：资源包\Python\S06\Examples\01.py）

小满和朋友计划进行一场为期四天的旅行，整个行程安排如下：第一天，抵达目的地并游览城市中心；第二天，参观博物馆并前往公园散步；第三天，前往附近的山脉进行徒步旅行，晚上返回城市；最后一天，逛当地市场，并在晚上返回家乡。

为了便于管理这些活动，小满决定使用 Python 中的元组记录每一天的行程。小满创建了一个元组 trip_schedule，其中每个元素都是一个子元组，表示一天的活动安排。读者可以通过索引访问和操作这些活动。

读者任务：首先创建一个包含四个元素的元组，每个元素都是一个子元组，记录每一天的活动安排；然后使用索引访问并打印第三天的活动安排；接着使用负数索引访问并打印最后一天的活动安排；最后使用切片操作提取并打印前两天的活动安排。

示例代码如下。

```
# 旅行行程安排
trip_schedule = (
    ("抵达目的地，游览城市中心"),
    ("参观博物馆，下午去公园散步"),
    ("去附近的山脉徒步旅行，晚上回到城市"),
    ("逛当地市场，晚上返回家乡")
)

print(trip_schedule[2])     # 1. 打印第3天的活动安排
print(trip_schedule[-1])    # 2. 使用负数索引，打印最后一天的活动安排
print(trip_schedule[:2])    # 3. 使用切片提取前两天的活动安排
```

运行效果如下。

```
去附近的山脉徒步旅行，晚上回到城市
逛当地市场，晚上返回家乡
('抵达目的地，游览城市中心', '参观博物馆，下午去公园散步')
```

通过这个案例，读者可以学习如何使用元组存储和管理多天的行程安排，并通过索引、负数索引和切片操作访问和提取元组中的数据。

6.3　元组的操作

如前所述，元组是不可变的数据类型，但读者依然可以对其进行一些操作，例如连接、重

复和解包等。接下来，读者将学习元组的连接、重复、解包和赋值操作。

6.3.1 元组的连接与重复

元组的连接可以使用"+"运算符将两个或多个元组连接成一个新的元组（注意：元组本身是不可变的，连接操作不会修改原始元组，而是返回一个新的元组）。可以使用"*"运算符将一个元组的元素重复若干次，从而创建一个新的元组，示例代码如下。

```
# 元组连接
tuple1 = (1, 2, 3)
tuple2 = (4, 5, 6)
result = tuple1 + tuple2    # 连接两个元组
print(result)               # 输出: (1, 2, 3, 4, 5, 6)

# 元组重复
tuple3 = (7, 8)
result = tuple3 * 3         # 重复元组三次
print(result)               # 输出: (7, 8, 7, 8, 7, 8)
```

如上所示，连接操作将元组合并，而重复操作会生成元素重复的元组。

6.3.2 元组的解包与赋值

通过解包，可以将元组中的元素分配给多个变量。解包可以简化代码，特别是在函数返回多个值时，使用解包可以方便地将多个值直接赋给对应的变量，示例代码如下。

```
# 使用星号解包
my_tuple = (1, 2, 3, 4, 5)
a, *b, c = my_tuple        # 星号解包中间的元素
print(a)                   # 输出: 1
print(b)                   # 输出: [2, 3, 4]
print(c)                   # 输出: 5
```

这种方法使得解包变得更加灵活，特别是在需要处理不定长度的数据时非常有用。

【例 6.2】整理图书馆。（实例位置：资源包\Python\S06\Examples\02.py）

小朱在协助朋友整理图书馆，涉及两组书籍，每本书都有一个书名和一个作者名，读者需要完成以下任务。

（1）连接操作：将两个书籍元组合并成一个新的元组，代表所有书籍。

（2）重复操作：将这些书籍信息重复两次，模拟朋友打算购买每本书两次的情形。

（3）解包操作：通过解包操作提取书籍的名称，并打印所有书名。

输入数据的信息如下。

```
library1 = (('Python编程', '张三'), ('数据结构', '李四'))
library2 = (('机器学习', '王五'), ('人工智能', '赵六'))
```

要求完成两组书籍的连接，将合并后的书籍信息重复两次，模拟购买两次的情形，并且使用解包操作提取书籍名称并打印。

解题代码如下。

```
# 输入数据
library1 = (('Python编程', '张三'), ('数据结构', '李四'))
library2 = (('机器学习', '王五'), ('人工智能', '赵六'))

# 1. 连接操作：将两个元组合并
combined_library = library1 + library2
print("合并后的图书馆: ", combined_library)
```

```
# 2. 重复操作：将合并后的图书信息重复两次
repeated_library = combined_library * 2
print("重复两次后的图书馆：", repeated_library)

# 3. 解包操作：提取书籍名称并打印
for book in repeated_library:
    book_name, author = book   # 解包
    print("书名：", book_name)
```

运行上述代码，执行效果如图 6.2 所示。

```
合并后的图书馆： (('Python编程', '张三'), ('数据结构', '李四'), ('机器学习', '王五'), ('人工智能', '赵六'))
重复两次后的图书馆： (('Python编程', '张三'), ('数据结构', '李四'), ('机器学习', '王五'), ('人工智能', '赵六')
书名：Python编程
书名：数据结构
书名：机器学习
书名：人工智能
书名：Python编程
书名：数据结构
书名：机器学习
书名：人工智能
```

图 6.2　整理图书馆运行结果

本题通过连接操作，读者可以将多个元组合并为一个新的元组，方便管理和处理书籍信息。使用解包操作，可以轻松提取每本书的名称，并进行进一步的处理或打印。

拓展练习

读者如果在完成此实例后，仍觉得对知识点掌握不够牢固，可在通义灵码的智能问答模块中发出"再列举几个类似的题目"的指令，即可获得更多类型的题目，以达到巩固知识的效果（如图 6.3 所示）。

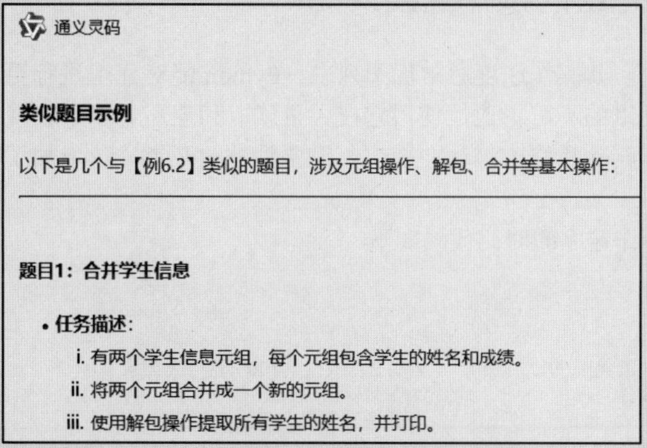

通义灵码

类似题目示例

以下是几个与【例6.2】类似的题目，涉及元组操作、解包、合并等基本操作：

题目1：合并学生信息

· **任务描述：**
　　i. 有两个学生信息元组，每个元组包含学生的姓名和成绩。
　　ii. 将两个元组合并成一个新的元组。
　　iii. 使用解包操作提取所有学生的姓名，并打印。

图 6.3　使用通义灵码列举类似题目

6.4　列表与元组的性能比较

在 Python 中，列表和元组都是常见的数据结构，它们有一些相似之处，也有重要的区别。元组和列表在内存使用、操作速度及适用场景等方面各有优劣，下面将分别讨论它们的性

能对比。

6.4.1　列表与元组的内存使用对比

元组和列表在内存使用上的差异主要体现在它们的内部结构和可变性上。

（1）元组是不可变的数据结构，这意味着一旦创建，元组的内容就不能改变。因此，元组的内存占用比列表少。每个元组的元素存储更加紧凑。

（2）列表是可变的，因此在内部实现中需要额外空间处理元素的添加、删除和修改等操作。这导致列表的内存占用较大，特别是在包含大量元素的情况下。

为了直观地观察元组和列表在内存使用上的差异，读者可以运行下面的代码。

```python
import sys

# 创建列表和元组
list_example = [1, 2, 3, 4, 5]
tuple_example = (1, 2, 3, 4, 5)

# 输出它们的内存使用
print(f"列表的内存使用：{sys.getsizeof(list_example)} bytes")
print(f"元组的内存使用：{sys.getsizeof(tuple_example)} bytes")
```

运行结果如下。

```
列表的内存使用：104 bytes
元组的内存使用：80 bytes
```

从输出结果可以看出，在数据量相同的情况下，元组的内存使用量小于列表，尤其是在元素不需要修改的情况下。

6.4.2　列表与元组的操作速度对比

由于元组不可变，其操作速度通常优于列表。Python 能对元组进行更多优化，尤其是在查找和遍历操作中。元组的不可更改性使得它在大量读取和遍历场景下表现得更快。相比之下，列表为了支持插入、删除和修改等动态操作，需要额外的开销，这增加了时间和内存的消耗，导致性能相对较低。

列表与元组的操作速度的对比代码如下。

```python
import time

# 测试元组的查找速度
tuple_example = tuple(range(1000000))        # 创建一个包含100万元素的元组
start_time = time.time()
_ = 500000 in tuple_example                  # 查找500000是否在元组中
end_time = time.time()
print(f"元组查找时间：{end_time - start_time:.6f} 秒")

# 测试列表的查找速度
list_example = list(range(1000000))          # 创建一个包含100万元素的列表
start_time = time.time()
_ = 500000 in list_example                   # 查找500000是否在列表中
end_time = time.time()
print(f"列表查找时间：{end_time - start_time:.6f} 秒")
```

运行结果如下。

```
元组查找时间：0.003991 秒
列表查找时间：0.004805 秒
```

在这个示例中，读者可以看到，在数据量相同的情况下，元组的查找速度通常比列表更快。这是因为元组是不可变的，Python 采用了更高效的查找方式。

可视化对比

为了使列表与元组的内存和操作速度对比更加明显，读者可以使用 matplotlib 库进行可视化操作。本过程可借助通义灵码，在通义灵码的智能问答模块输入下面的提示语。

"帮我写一段代码。用可视化的形式展示对比结果：列表与元组的内存使用对比；列表与元组的操作速度对比。要求数据要复杂一些，使对比更加明显。"

可视化实现代码如下。

```
import sys
import time
import matplotlib.pyplot as plt
import numpy as np
plt.rcParams['font.sans-serif'] = ['SimHei'] # 设置字体为黑体
plt.rcParams['axes.unicode_minus'] = False # 解决负号显示为方块的问题

# 生成不同大小的数据
sizes = [10, 100, 1000, 10000, 50000, 100000, 500000, 1000000, 2000000, 4000000, 8000000, 16000000, 32000000]

# 存储内存使用情况
list_memory = []
tuple_memory = []

# 存储操作速度
list_search_times = []
tuple_search_times = []

list_iteration_times = []
tuple_iteration_times = []

for size in sizes:
    list_example = list(range(size))
    tuple_example = tuple(range(size))

    # 计算内存使用
    list_memory.append(sys.getsizeof(list_example))
    tuple_memory.append(sys.getsizeof(tuple_example))

    # 查找操作时间
    search_element = size // 2
    start_time = time.time()
    _ = search_element in list_example
    list_search_times.append(time.time() - start_time)

    start_time = time.time()
    _ = search_element in tuple_example
    tuple_search_times.append(time.time() - start_time)

    # 遍历操作时间
    start_time = time.time()
    for _ in list_example:
        pass
    list_iteration_times.append(time.time() - start_time)

    start_time = time.time()
    for _ in tuple_example:
        pass
    tuple_iteration_times.append(time.time() - start_time)
```

```python
# 可视化对比（横向排列）
fig, axs = plt.subplots(1, 3, figsize=(18, 5))   # 1行3列布局

# 内存使用对比
axs[0].plot(sizes, list_memory, label="列表（List)", marker="o", color='b')
axs[0].plot(sizes, tuple_memory, label="元组（Tuple)", marker="s", color='g')
axs[0].set_xlabel("数据量")
axs[0].set_ylabel("内存占用（Bytes)")
axs[0].set_title("列表 vs. 元组 - 内存使用对比")
axs[0].legend()
axs[0].grid()

# 查找操作速度对比
axs[1].plot(sizes, list_search_times, label="列表（List)", marker="o", color='b')
axs[1].plot(sizes, tuple_search_times, label="元组（Tuple)", marker="s", color='g')
axs[1].set_xlabel("数据量")
axs[1].set_ylabel("查找时间（秒)")
axs[1].set_title("列表 vs. 元组 - 查找速度对比")
axs[1].legend()
axs[1].grid()

# 遍历操作速度对比
axs[2].plot(sizes, list_iteration_times, label="列表（List)", marker="o", color='b')
axs[2].plot(sizes, tuple_iteration_times, label="元组（Tuple)", marker = "s", color='g')
axs[2].set_xlabel("数据量")
axs[2].set_ylabel("遍历时间（秒)")
axs[2].set_title("列表 vs. 元组 - 遍历速度对比")
axs[2].legend()
axs[2].grid()

plt.tight_layout()
plt.show()
```

运行上述代码，结果如图 6.4 所示。

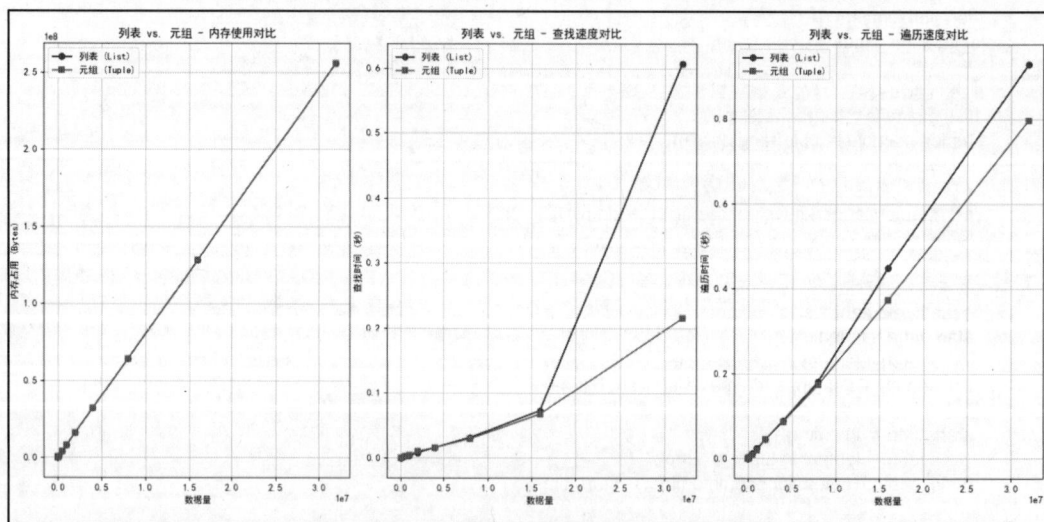

图 6.4　列表与元组的内存和操作速度对比图

从可视化结果来看，在内存占用方面，二者差距不太明显。在查找速度和遍历速度上，元组均优于列表。元组由于不可变性，占用更少的内存，在大数据量下查找速度更快，且遍历效率更高。相比之下，列表因支持修改，需要额外的内存开销，查找性能在数据量增大时下降更明显，但列表提供了更丰富的操作方法。因此，在数据固定且无须修改的情况下，建议使用元组以提升性能；若需要频繁进行增删改操作，则选择列表更合适。

6.4.3 高效数据结构选择

在性能敏感的场景下，选择合适的数据结构至关重要，尤其是在列表（list）和元组（tuple）之间做选择时，需要根据具体的应用需求进行权衡。

元组作为一种不可变的数据结构，创建后内容不可更改，因此在内存使用和访问速度上优于列表。其不可变性使 Python 能够优化查找和遍历操作，适合存储如配置信息、数据库记录等不需要变更的数据。此外，元组有助于保持数据完整性，避免数据被意外修改，增强了代码的安全性和稳定性。

相比之下，列表是可变的，支持动态修改、删除或更新元素，适用于任务管理系统或购物车等需要频繁变更数据的场景。尽管这种灵活性可能带来额外的性能开销，但在数据频繁变动的情况下，其提供的便利性更为重要。

在实际应用中，元组常被用于存储固定的数据结构，如函数的返回值、数据库的表记录、系统配置信息等。列表则更适合动态数据集合，如任务队列、缓存列表、用户的操作记录等。根据数据特性及性能需求合理选择数据结构，可以有效优化程序性能并提升代码维护性。

✔小结

（1）元组和列表在内存使用上有所不同，元组更节省内存。

（2）元组的操作速度通常比列表更快，特别是在只进行读取操作的场景中。

（3）在性能敏感的场景下，如果数据不需要修改，则使用元组可以获得更好的性能；如果数据需要动态修改，则应选择列表。

【例 6.3】选择合适的数据结构。（实例位置：资源包\Python\S06\Examples\03.py）

小明正在开发一个天气监测系统，需要存储以下两类数据。

（1）气象站基础信息（如名称、经纬度、海拔），这些信息在系统运行期间不会改变。

（2）每小时的气象数据（如温度、湿度、风速），这些数据会随着时间不断更新和变化。

请根据性能需求和数据特性，选择合适的数据结构（列表或元组）存储这两类数据，并解释选择的原因。模拟实现代码如下。

```python
station_info = ("北京气象站", 39.9042, 116.4074, 50)   # (名称, 纬度, 经度, 海拔) # 使用元组存储气象站基础信息（不变数据）

# 使用列表存储每小时的气象数据（动态变化）
weather_data = [
    {"temperature": 20, "humidity": 65, "wind_speed": 10},   # 08:00
    {"temperature": 22, "humidity": 60, "wind_speed": 12},   # 09:00
    {"temperature": 24, "humidity": 55, "wind_speed": 15},   # 10:00
]

# 模拟添加新的气象数据（因为天气数据是动态变化的）
new_data = {"temperature": 25, "humidity": 50, "wind_speed": 18}   # 11:00
weather_data.append(new_data)   # 列表支持动态添加

# 输出结果
print("气象站信息（元组存储）:", station_info)
print("最新气象数据（列表存储）:", weather_data)
```

运行上述代码，效果如下。

```
气象站信息（元组存储）: ('北京气象站', 39.9042, 116.4074, 50)
最新气象数据（列表存储）: [{'temperature': 20, 'humidity': 65, 'wind_speed': 10}, {'temperature': 22, 'humidity': 60, 'wind_speed': 12}, {'temperature': 24, 'humidity': 55, 'wind_speed': 15}, {'temperature': 25, 'humidity': 50, 'wind_speed': 18}]
```

（1）为什么气象站信息使用元组？

这些数据在程序运行期间不会改变，适合不可变的数据结构，可减少内存占用，提高读取速度。例如，地理坐标（纬度、经度）不会动态改变，适合使用元组固定存储。

（2）为什么气象数据使用列表？

由于天气数据需要每小时更新，列表的可变性可以支持数据的添加、修改、删除操作。使用 append() 方法可以高效地添加新数据，使程序适应动态变化的需求。

6.5 习 题

习题答案

1. 以下关于元组的描述，哪个是正确的？（ ）

A. 元组是可变的数据结构，可以随时修改其中的元素

B. 元组和列表的唯一区别是元组有更多的方法

C. 元组的元素是不可修改的，但可以包含可变对象

D. 元组只能存储整数类型的数据

2. 下列哪个操作会导致编译错误？（ ）

A. tuple1 = (1, 2, 3) 　　　　　　　　　B. tuple1[1] = 4

C. tuple1 = (1, 2, 3) + (4, 5) 　　　　　D. tuple1 = ("a", "b", "c")

3. 元组是_____的数据结构，可以用于存储多个元素。元组的特点之一是_____，即元素一旦创建后就不能修改。

4. 在 Python 中，元组可以通过_____运算符来连接，使用_____运算符来重复。

5. 请简述元组与列表的主要区别，并结合实际应用场景说明在什么情况下应优先选择使用元组而不是列表。

第 7 章 字典操作

本章主要介绍 Python 中字典的操作与应用。字典作为一种灵活的数据结构,具有键值对存储、快速查找等优点,广泛应用于各种场景。通过对本章内容的学习,读者将掌握字典的创建、访问、增删改查等基本操作,并深入了解字典的各种高级用法。

7.1 字典概述

字典是 Python 中的一种内置数据结构,也称为映射(mapping)。它由键(key)和值(value)成对组成,每个键是唯一的,键与值之间使用冒号":"分隔,键值对之间使用逗号","分隔。

7.1.1 字典的特点

字典作为一种无序的可变数据结构,其主要特点包括以下几点。

1. 键唯一性

字典中的每个键必须是唯一的。如果使用相同的键插入新的值,原有的值会被新的值覆盖。

```
my_dict = {'key1': 'value1', 'key1': 'value2'}
print(my_dict)  # 输出 {'key1': 'value2'}
```

2. 无序性

字典是无序的,这意味着字典中的元素没有固定的顺序,不能通过索引访问元素。Python 3.7 及以上版本虽然维持了插入顺序,但字典本质上依然是无序的。

```
my_dict = {'key1': 'value1', 'key2': 'value2'}
print(my_dict)  # 输出 {'key1': 'value1', 'key2': 'value2'}
```

3. 可变性

字典是可变的,允许在创建后对其进行修改、添加或删除元素操作。

```
my_dict['key2'] = 'new_value'      # 修改键 'key2' 对应的值
my_dict['key3'] = 'value3'         # 添加新的键值对
del my_dict['key1']                # 删除键 'key1'
```

4. 键的类型要求

字典的键必须是不可变的数据类型(如字符串、数字、元组等),而值则可以是任何类型的数据,包括其他字典或列表。

```
my_dict = {('key', 'tuple'): 'value'}   # 键是一个元组
```

5. 高效的查找速度

字典的查找操作时间复杂度为 O(1),因此在处理大规模数据时,字典提供了高效的查询性能。

字典是无序、可变且具有唯一键的数据结构，支持高效查找和修改操作。其键必须是不可变的数据类型，而其值可以是任何数据类型，包括其他字典或列表。

7.1.2　字典的应用场景

字典作为一种高效的数据结构，广泛应用于许多实际问题中，其应用场景如图 7.1 所示。

图 7.1 字典的应用场景

以下是字典的一些典型应用场景的具体介绍。

1. 快速数据查找

字典在需要快速查找某些数据的场景中非常有用。例如，字典可以用来存储用户信息、员工资料、商品库存等，通过唯一的标识符（如用户 ID、商品编号等）快速检索对应的值。

2. 映射关系存储

字典非常适合表示某种映射关系。例如，存储城市与邮政编码的映射、学号与学生姓名的映射，或者产品与价格的映射等。字典能提供基于键的高效查找，因此它在映射关系的管理中非常便捷。

3. 计数与统计

字典常被用于计数与统计。例如，字典可以用来统计文本中各个单词出现的频率，或者记录某些事件的发生次数。通过键值对，字典能够存储每个元素及其对应的计数，并快速更新。

4. 配置管理

字典常用于存储应用程序的配置参数。通过字典，开发者可以方便地设置应用程序的各种选项（如主题、语言、显示设置等），而且可以根据需要灵活地更新和读取这些配置。

5. 缓存存储

在需要频繁查询数据的应用中，字典通常用于缓存存储。通过字典保存计算结果，可以减少重复计算，提高程序效率。例如，字典可以缓存数据库查询的结果，或者存储复杂计算的中间结果。

6. 实现集合操作

虽然字典是键值对的集合，但它的键部分也可用于实现集合的功能。通过字典，可以轻松地检查某个元素是否存在，进行元素的去重操作，或者执行交集、并集等集合操作。

这些应用场景展现了字典在不同领域中的广泛用途，其高效的数据查找和灵活的键值对存储方式，使其成为解决实际问题时的重要工具。

7.1.3　字典与列表、元组的区别

字典、列表和元组是 Python 中常见的三种数据结构，它们各自有不同的特点和应用场景，

它们的主要区别如表 7.1 所示。

表 7.1　字典与列表、元组的区别

特性	字典（dict）	列表（list）	元组（tuple）
存储内容	键值对	按顺序排列的元素	按顺序排列的元素
访问方式	通过键访问值	通过索引访问元素	通过索引访问元素
键是否唯一	键必须唯一	无此限制	无此限制
是否可变	可变	可变	不可变
顺序性	无序（但从 Python 3.7 起保持插入顺序）	有序	有序
适用场景	用于存储映射关系、快速查找	用于存储有顺序的数据	用于存储不需要改变的固定数据

小结

　　字典用于存储键值对数据，特别适用于需要根据唯一键进行查找的场景。它在查找速度上具有明显的优势。

　　列表和元组都是有序的数据容器，列表是可变的，适合用于存储动态数据；而元组是不可变的，适合用于存储不需要修改的数据。

7.2　字典的创建与访问

　　字典作为 Python 中非常重要的数据结构，能够有效地存储和处理键值对数据。本节将介绍如何创建字典、访问字典中的元素，并探讨嵌套字典的使用方法。

7.2.1　创建字典

　　在 Python 中，字典可以通过多种方式创建，以下是几种常见的创建字典的方式。

1. 使用花括号直接创建字典

通过花括号{}将键值对写在花括号内，可以快速创建字典。每个键值对之间用冒号 ":" 分隔，键值对之间用逗号 "," 分隔。

```
my_dict = {'name': 'Alice', 'age': 25, 'city': 'New York'}
```

2. 使用 dict() 构造函数

dict() 函数可以通过传入键值对的列表或元组创建字典。这种方法特别适合从现有数据中创建字典。

```
my_dict = dict([('name', 'Alice'), ('age', 25), ('city', 'New York')])
```

3. 使用键值对初始化字典

通过将键和值作为关键字参数传递给 dict() 函数创建字典。

```
my_dict = dict(name='Alice', age=25, city='New York')
```

4. 通过 fromkeys() 方法创建字典

fromkeys()方法用于创建一个新的字典，其中，键来自指定序列，值为指定的默认值。

```
my_dict = dict.fromkeys(['name', 'age', 'city'], 'Unknown')
```

通过以上方式，字典可以根据需要灵活地进行创建，以适应不同的需求。

7.2.2 访问字典的元素

字典中的元素由键和对应的值组成。要访问字典中的值，可以通过键来获取。访问字典元素的方法有以下几种。

1. 通过键直接访问

使用键可以直接访问字典中的值。访问时，如果键不存在，会引发 KeyError 异常。

```
my_dict = {'name': 'Alice', 'age': 25, 'city': 'New York'}
name = my_dict['name']  # 返回 'Alice'
```

2. 使用 get() 方法访问

get() 方法用于访问字典的值。与直接通过键访问不同，若键不存在，get() 方法不会引发异常，而是返回 None（或者返回一个指定的默认值）。

```
age = my_dict.get('age')                    # 返回 25
country = my_dict.get('country', 'Unknown') # 键不存在时返回 'Unknown'
```

3. 使用 keys()、values() 和 items() 方法

（1）keys()方法返回字典的所有键。

（2）values()方法返回字典的所有值。

（3）items()方法返回字典中所有的键值对，并以元组的形式返回。

```
keys = my_dict.keys()       # 返回 dict_keys(['name', 'age', 'city'])
values = my_dict.values()   # 返回 dict_values(['Alice', 25, 'New York'])
items = my_dict.items()     # 返回 dict_items([('name', 'Alice'), ('age', 25), ('city', 'New York')])
```

通过这些方法，可以方便地访问字典中的键、值及键值对。

7.2.3 嵌套字典的创建与访问

在 Python 中，字典可以嵌套，即字典的值可以是另一个字典。这种嵌套结构在存储复杂数据时非常有用，如存储用户信息、配置信息等。

1. 创建嵌套字典

嵌套字典的创建方式与普通字典相同，只不过其值可以是另一个字典。

```
# 创建一个包含多个用户信息的嵌套字典
users = {
    'user1': {'name': 'Alice', 'age': 25, 'city': 'New York'},
    'user2': {'name': 'Bob', 'age': 30, 'city': 'Los Angeles'},
    'user3': {'name': 'Charlie', 'age': 28, 'city': 'Chicago'}
}
```

在 users 字典中，每个键（如 'user1'、'user2'）对应一个字典，存储了用户的姓名、年龄和城市信息。

2. 访问嵌套字典的元素

要访问嵌套字典的值，可以使用多级索引（即连续使用[]访问）。

```
name = users['user1']['name']                    # 访问 user1 的姓名，返回 'Alice'
age = users['user2']['age']                      # 访问 user2 的年龄，返回 30
```

如果嵌套字典的某个键不存在，直接访问会引发 KeyError。因此，可以使用 get()方法安全地访问嵌套字典的值。

```
# 使用 get() 方法获取 user3 的城市
city = users.get('user3', {}).get('city', 'Unknown')      # 返回 'Chicago'

# 获取不存在的 user4 的数据，不会报错
unknown_user = users.get('user4', 'User not found')       # 返回 'User not found'
```

3. 遍历嵌套字典

在遍历嵌套字典时，可以使用 items() 方法获取所有键值对，并进一步访问内部字典的数据。

```
# 遍历所有用户信息
for user, info in users.items():
    print(f"用户 ID: {user}")
    for key, value in info.items():
        print(f"    {key}: {value}")
    print("-" * 20)
```

运行上述代码，结果如图 7.2 所示。

```
用户 ID: user1
  name: Alice
  age: 25
  city: New York
--------------------
用户 ID: user2
  name: Bob
  age: 30
  city: Los Angeles
--------------------
用户 ID: user3
  name: Charlie
  age: 28
  city: Chicago
--------------------
```

图 7.2　遍历嵌套字典的运行结果

4. 修改嵌套字典的值

修改嵌套字典中的值与修改普通字典一样，修改 user1 的城市信息的示例代码如下。

```
users['user1']['city'] = 'San Francisco'
print(users['user1']['city'])    # 输出 'San Francisco'
```

如果需要给某个用户新增一个属性，如 email，可以直接赋值。

```
users['user1']['email'] = 'alice@example.com'
print(users['user1'])
# 输出 {'name': 'Alice', 'age': 25, 'city': 'San Francisco', 'email':
# 'alice@example.com'}
```

5. 删除嵌套字典中的元素

可以使用 del 关键字或 pop() 方法删除嵌套字典中的某个键值对。

```
del users['user2']['age']     # 删除 user2 的 age 信息

# 删除 user3 的 city 信息，并返回删除的值
city_removed = users['user3'].pop('city', 'No city found')
print(city_removed)           # 输出 'Chicago'
```

如果要删除整个 user3，可参考如下操作。

```
del users['user3']
```

至此，我们已经介绍了字典的创建、访问及嵌套字典的操作。在实际应用中，字典是一种非常高效的数据结构，能够帮助读者存储和管理复杂的数据关系。

7.3 字典的增、删、改

Python 的字典是一种键值对数据结构，支持动态增删改操作。本节将详细介绍如何向字典中增加、删除和修改元素。

7.3.1 增加字典元素

Python 提供了多种方式向字典中添加元素。

（1）直接赋值：通过指定新的键值对增加元素。

（2）update() 方法：可用于合并字典或批量添加元素。

（3）setdefault() 方法：如果键不存在，则添加新的键值对。

```
student = {}               # 创建一个空字典

# 直接赋值增加键值对
student['name'] = 'Alice'
student['age'] = 20
print(student)             # {'name': 'Alice', 'age': 20}

# 使用 update() 方法批量添加多个元素
student.update({'gender': 'Female', 'grade': 'A'})
print(student)             # {'name': 'Alice', 'age': 20, 'gender': 'Female', 'grade': 'A'}

# 使用 setdefault() 方法增加元素（如果键不存在）
student.setdefault('city', 'New York')
print(student)             # {'name': 'Alice', 'age': 20, 'gender': 'Female', 'grade': 'A', 'city': 'New York'}

# 若键已存在，setdefault 不会修改现有值
student.setdefault('age', 25)
print(student['age'])      # 20（不会修改 age 的原值）
```

以上内容介绍了 Python 字典中添加元素的三种常见方法，每种方法都有其适用场景。合理运用这些方法，可以更加高效地管理和操作字典数据。

7.3.2 修改字典元素

字典的修改操作非常简单，可以通过键直接赋新值，也可以使用 update() 方法进行批量修改。

```
student['age'] = 21
print(student)          # {'name': 'Alice', 'age': 21, 'gender': 'Female', 'grade': 'A', 'city': 'New York'}# 修改字典中的某个值

student.update({'age': 22, 'city': 'Los Angeles'})#批量修改多个键值对
print(student)          # {'name': 'Alice', 'age': 22, 'gender': 'Female', 'grade': 'A', 'city': 'Los Angeles'}
```

> **说明**
>
> 如果键不存在，update()方法会自动新增该键，而 setdefault()方法仅在键不存在时才会添加新值。

7.3.3　删除字典元素

Python 提供了以下几种方式删除字典中的元素。

（1）del 关键字：删除指定键及其对应的值。

（2）pop()方法：删除并返回指定键的值。

（3）popitem()方法：随机删除一个键值对（Python 3.7 及以上版本为删除字典的最后一个键值对）。

（4）clear()方法：清空整个字典。

```
del student['grade'] # 使用 del 关键字删除指定键
print(student)                      # {'name': 'Alice', 'age': 22, 'gender': 'Female', 'city': 'Los Angeles'}

removed_value = student.pop('city')    # 使用 pop() 方法删除并返回指定键的值
print(student)                      # {'name': 'Alice', 'age': 22, 'gender': 'Female'}
print('删除的值:', removed_value)      # 删除的值: Los Angeles

last_item = student.popitem()# 使用 popitem() 方法删除最后一个键值对
print(student)                      # 可能是 {'name': 'Alice', 'age': 22}（结果依赖 Python 版本）
print('删除的键值对:', last_item)       # ('gender', 'Female')

student.clear()                     # 使用 clear() 方法清空整个字典
print(student)
```

> **总结**
>
> （1）增加元素：使用 dict[key] = value 或 update()方法。
>
> （2）修改元素：直接赋值 dict[key] = new_value，或使用 update()方法。
>
> （3）删除元素：使用 del、pop()、popitem()，clear()方法可清空整个字典。

【例 7.1】班级学生成绩管理。（实例位置：资源包\Python\S07\Examples\01.py）

小明的老师希望使用 Python 字典管理学生的成绩，具体要求如下。

（1）增加学生成绩：将新学生及其成绩添加到字典中。

（2）修改某个学生的成绩：当学生的考试成绩更新时，修改字典中的对应分数。

（3）删除某个学生的成绩：如果某个学生转学，需要将其从字典中移除。

（4）清空全部成绩：学期结束后，清空整个成绩表。

请使用 Python 字典实现这些操作，并举例说明。参考代码如下。

```
# 创建一个空字典存储学生成绩
scores = {}

#1. 增加学生成绩
```

```
scores['Alice'] = 85
scores['Bob'] = 90
scores.update({'Charlie': 78, 'David': 92})
print("增加成绩后:", scores)

# 2. 修改某个学生的成绩
scores['Alice'] = 88                          # 直接赋值修改
scores.update({'Bob': 95})                    # 使用 update() 方法修改
print("修改成绩后:", scores)

# 3. 删除某个学生的成绩
del scores['Charlie']                         # 使用 del 关键字删除
removed_score = scores.pop('David')           # 使用 pop() 方法删除
print("删除 Charlie 和 David 后:", scores)
print("删除的 David 成绩:", removed_score)

# 4. 清空全部成绩
scores.clear()
print("清空成绩后:", scores)
```

运行上述代码，结果如图 7.3 所示。

```
增加成绩后: {'Alice': 85, 'Bob': 90, 'Charlie': 78, 'David': 92}
修改成绩后: {'Alice': 88, 'Bob': 95, 'Charlie': 78, 'David': 92}
删除 Charlie 和 David 后: {'Alice': 88, 'Bob': 95}
删除的 David 成绩: 92
清空成绩后: {}
```

图 7.3　班级学生成绩管理结果

通过上述示例，读者了解了如何使用 Python 字典管理班级学生的成绩，包括增加、修改、删除和清空数据。字典作为一种灵活的数据结构，在实际应用中非常高效，能够帮助读者更便捷地组织和操作信息。合理运用这些操作，可以提高数据管理的效率，使代码更加简洁和可读。

7.4　字典的查找与统计

在 Python 中，字典是一种常见的数据结构，用于存储键值对。本节将介绍如何查找字典中的元素，获取所有键、值和键值对，以及如何进行字典的统计与分析。

7.4.1　查找键是否存在

在 Python 字典中，可以使用 in 关键字 或 get() 方法检查某个键是否存在。

（1）使用 in 关键字。in 关键字用于检查某个键是否在字典中，并返回 True 或 False。

```
student = {'name': 'Alice', 'age': 22, 'city': 'Los Angeles'}

# 判断 'age' 是否在字典中
if 'age' in student:
    print("键 'age' 存在")
else:
    print("键 'age' 不存在")

# 判断 'grade' 是否在字典中
print('grade' in student)   # False
```

（2）使用 get() 方法。get(key, default_value) 方法可用于获取键的值，如果键不存在，则返回 None 或默认值。

```
# 使用 get() 方法查找键
age_value = student.get('age')          # 返回 22
print(age_value)

grade_value = student.get('grade', 'N/A')   # 若键不存在，返回默认值 'N/A'
print(grade_value)
```

小结

使用 in 关键字可以直接判断字典中是否存在某个键，而 get() 方法则可以在查找键的同时提供默认返回值，从而避免抛出 KeyError。合理运用这两种方法，可以使字典操作更加安全和高效。

7.4.2 获取字典的所有键、值和键值对

Python 提供了 keys()、values() 和 items() 方法，分别用于获取字典的所有键、所有值和所有键值对。

（1）获取所有键的示例代码如下。

```
keys = student.keys()
print(list(keys))
```

运行输出结果如下。

```
['name', 'age', 'city']
```

（2）获取所有值的示例代码如下。

```
values = student.values()
print(list(values))
```

运行输出结果如下。

```
['Alice', 22, 'Los Angeles']
```

（3）获取所有键值对的示例代码如下。

```
items = student.items()
print(list(items))
```

运行输出结果如下。

```
[('name', 'Alice'), ('age', 22), ('city', 'Los Angeles')]
```

（4）遍历字典的示例代码如下。

```
for key, value in student.items():
    print(f"{key}: {value}")
```

运行输出结果如下。

```
name: Alice
age: 22
city: Los Angeles
```

这些方法可以方便地获取字典中的所有键、值或键值对，使数据处理更加高效。在实际应用中，可以结合 for 循环遍历字典，实现灵活的数据操作。

7.4.3　字典的统计与分析

字典在 Python 中不仅用于存储键值对，还可以通过多种方法进行统计与分析，帮助读者高效地处理数据，具体说明如下。

1. 计算字典中元素的数量

读者可以使用内置的 len()函数计算字典中键值对的数量。这个操作可以帮助我们了解字典是否包含我们需要的所有数据。

```python
my_dict = {'apple': 10, 'banana': 5, 'orange': 8}
print(len(my_dict))  # 输出: 3
```

在上述代码中，len()函数返回字典中键值对的数量，即 3。

2. 统计字典中键值对的频率

在某些情况下，读者可能需要对字典中某些值的频率进行统计。这可以通过循环遍历字典并使用一个额外的字典来统计每个值的出现次数，下面是一个参考例子。

```python
data = {'a': 1, 'b': 2, 'c': 2, 'd': 3, 'e': 3, 'f': 3}
frequency = {}

for key, value in data.items():
    if value in frequency:
        frequency[value] += 1
    else:
        frequency[value] = 1

print(frequency)
```

运行输出结果如下。

```python
{1: 1, 2: 2, 3: 3}
```

在这个例子中，我们创建了一个新的字典 frequency，用于统计每个值的出现次数。通过遍历 data 字典，就能得到每个值的频率。

3. 查找字典中最大或最小的值及其对应的键

还有一些情况，读者可能需要找出字典中最大或最小的值，并且需要知道它们对应的键。读者可以使用 max()和 min()函数并结合 key 参数实现这一目标。

```python
data = {'a': 10, 'b': 25, 'c': 5, 'd': 20}
max_key = max(data, key=data.get)
min_key = min(data, key=data.get)

print(f"最大值对应的键是: {max_key}, 最小值对应的键是: {min_key}")
```

这段代码会输出"最大值对应的键是: b, 最小值对应的键是: c"。在这个例子中，max()和min()函数根据字典值确定最大和最小的键。

4. 字典的排序

有时需要按键或值对字典进行排序。Python 的 sorted()函数可实现此功能，默认按键排序。若要按值排序，可使用 key 参数。

```python
data = {'apple': 10, 'banana': 5, 'orange': 8}
sorted_by_key = sorted(data.items()) # 按键排序
print(sorted_by_key)                 # 输出: [('apple', 10), ('banana', 5), ('orange', 8)]

# 按值排序
```

```
sorted_by_value = sorted(data.items(), key=lambda item: item[1])
print(sorted_by_value)                    # 输出: [('banana', 5), ('orange', 8), ('apple', 10)]
```

在上面的代码中，sorted_by_key 按键排序，而 sorted_by_value 是按值排序。

5. 计算字典值的总和与平均值

在处理数值型字典时，常常需要对字典的值进行求和或计算平均值。对此，可以使用 sum() 函数计算总和，并通过总和除以字典的长度求得平均值。

```
data = {'apple': 10, 'banana': 5, 'orange': 8}
total = sum(data.values())
average = total / len(data)

print(f"总和: {total}, 平均值: {average}")
```

输出结果如下。

```
总和: 23, 平均值: 7.666666666666667
```

6. 判断字典是否包含特定的键或值

在对字典进行统计分析时，可能需要判断字典中是否包含某个特定的键或值，此时可以使用 in 运算符来检查。

```
data = {'apple': 10, 'banana': 5, 'orange': 8}

# 检查键是否存在
print('apple' in data)        # 输出: True

# 检查值是否存在
print(5 in data.values())   # 输出: True
```

7. 对字典进行分组

如果需要按某些规则对字典进行分组，可以通过自定义分组逻辑来实现。例如，按字典值的大小将字典分为"大"和"小"两类。

```
data = {'apple': 10, 'banana': 5, 'orange': 8}
grouped = {'big': {}, 'small': {}}

for key, value in data.items():
    if value > 7:
        grouped['big'][key] = value
    else:
        grouped['small'][key] = value

print(grouped)
```

输出结果如下。

```
{'big': {'apple': 10, 'orange': 8}, 'small': {'banana': 5}}
```

通过以上步骤，读者不仅可以对字典中的数据进行基础的统计，还能灵活地处理和分析数据。在实际应用中，字典的统计与分析操作可以帮助我们更高效地提取、处理和分析信息。

【例 7.2】字典的统计与分析。（实例位置：资源包\Python\S07\Examples\02.py）

给定一个字典 sales_data，其中包含了各个销售人员的销售额。请完成以下任务。

```
sales_data = {
    'Alice': 2500,
    'Bob': 1800,
    'Charlie': 2200,
    'David': 2000,
    'Eve': 2700,
```

```
'Frank': 2300,
}
```

（1）计算字典中所有销售额的总和。

（2）查找销售额最高和最低的销售人员，并输出他们的名字和对应的销售额。

（3）计算字典中所有销售额的平均值，并判断每个销售人员的销售额是否高于平均值。

（4）对销售人员按销售额从高到低进行排序，输出排序后的销售人员及其销售额。

（5）统计所有销售额大于 2500 的销售人员。

提示

（1）可以使用 sum() 函数计算总和，使用 max() 和 min() 函数找出最大和最小的值。

（2）可以使用 sorted() 对字典进行排序，或者使用 lambda 表达式按照销售额排序。

（3）可以利用字典遍历完成统计和分组操作。

解题代码如下。

```python
sales_data = {
    'Alice': 2500,
    'Bob': 1800,
    'Charlie': 2200,
    'David': 2000,
    'Eve': 2700,
    'Frank': 2300,
}

# 1. 计算字典中所有销售额的总和
total_sales = sum(sales_data.values())
print(f"总销售额: {total_sales}")

# 2. 查找销售额最高和最低的销售人员
max_sales_person = max(sales_data, key=sales_data.get)
min_sales_person = min(sales_data, key=sales_data.get)
print(f"销售额最高的销售人员: {max_sales_person}, 销售额: {sales_data[max_sales_person]}")
print(f"销售额最低的销售人员: {min_sales_person}, 销售额: {sales_data[min_sales_person]}")

# 3. 计算字典中所有销售额的平均值，并判断每个销售人员的销售额是否高于平均值
average_sales = total_sales / len(sales_data)
print(f"平均销售额: {average_sales}")

for person, sales in sales_data.items():
    if sales > average_sales:
        print(f"{person} 的销售额高于平均值: {sales}")
    else:
        print(f"{person} 的销售额低于或等于平均值: {sales}")

# 4. 对销售人员按销售额从高到低进行排序
sorted_sales = sorted(sales_data.items(), key=lambda item: item[1], reverse=True)
print("按销售额从高到低排序后的销售人员:")
for person, sales in sorted_sales:
    print(f"{person}: {sales}")

# 5. 统计所有销售额大于2500的销售人员
high_sales = {person: sales for person, sales in sales_data.items() if sales > 2500}
print("销售额大于2500的销售人员:")
for person, sales in high_sales.items():
    print(f"{person}: {sales}")
```

运行上述代码，结果如图 7.4 所示。

```
总销售额: 13500
销售额最高的销售人员: Eve, 销售额: 2700
销售额最低的销售人员: Bob, 销售额: 1800
平均销售额: 2250.0
Alice 的销售额高于平均值: 2500
Bob 的销售额低于或等于平均值: 1800
Charlie 的销售额低于或等于平均值: 2200
David 的销售额低于或等于平均值: 2000
Eve 的销售额高于平均值: 2700
Frank 的销售额高于平均值: 2300
按销售额从高到低排序后的销售人员:
Eve: 2700
Alice: 2500
Frank: 2300
Charlie: 2200
David: 2000
Bob: 1800
销售额大于2500的销售人员:
Eve: 2700
```

图 7.4　字典的统计与分析运行结果

通义灵码解题优化代码参考

读者如果想要优化代码结构，可以使用通义灵码的 AI 程序员功能，输入提示词"优化改进代码"，将得到如图 7.5 所示的优化结果。

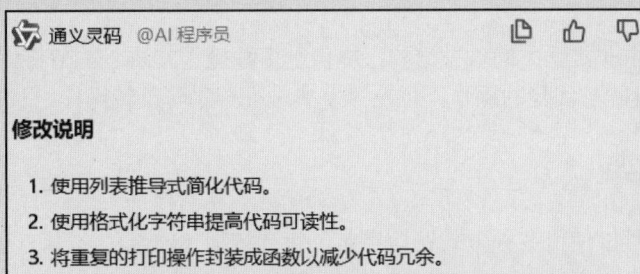

通义灵码 @AI 程序员

修改说明

1. 使用列表推导式简化代码。
2. 使用格式化字符串提高代码可读性。
3. 将重复的打印操作封装成函数以减少代码冗余。

图 7.5　使用通义灵码优化解题代码

优化完成后的代码如下。

```python
# 给定的销售数据字典
sales_data = {
    'Alice': 2500,
    'Bob': 1800,
    'Charlie': 2200,
    'David': 2000,
    'Eve': 2700,
    'Frank': 2300,
}

# 打印结果的封装函数
def print_result(message, value):
    print(f"{message}: {value}")

# 计算字典中所有销售额的总和
total_sales = sum(sales_data.values())
print_result("总销售额", total_sales)
```

```
# 查找销售额最高和最低的销售人员
max_sales_person = max(sales_data, key=sales_data.get)
min_sales_person = min(sales_data, key=sales_data.get)
print_result(f"销售额最高的销售人员 {max_sales_person}", sales_data[max_sales_person])
print_result(f"销售额最低的销售人员 {min_sales_person}", sales_data[min_sales_person])

# 计算字典中所有销售额的平均值，并判断每个销售人员的销售额是否高于平均值
average_sales = total_sales / len(sales_data)
print_result("平均销售额", average_sales)
for person, sales in sales_data.items():
    comparison = "高于" if sales > average_sales else "不低于"
    print_result(f"{person} 的销售额 {sales}", f"{comparison} 平均值")

# 对销售人员按销售额从高到低进行排序
sorted_sales_data = sorted(sales_data.items(), key=lambda item: item[1], reverse=True)
print("按销售额从高到低排序的销售人员：")
for person, sales in sorted_sales_data:
    print_result(person, sales)

# 统计所有销售额大于2500的销售人员
high_sales_people = [person for person, sales in sales_data.items() if sales > 2500]
print_result("销售额大于2500的销售人员", high_sales_people)
```

通过优化后的代码结构，读者可以更加清晰、高效地进行数据分析和处理。使用封装函数和合理的排序方法，不仅提升了代码的可读性，还使功能的扩展变得更加灵活。

7.5　字典的操作与遍历

字典是 Python 中非常强大的数据结构，提供了多种操作方法。本节将讲解如何遍历字典、合并字典、进行深复制与浅复制操作，以及对字典进行排序与反转操作。

7.5.1　遍历字典

在 Python 中，可以使用多种方式遍历字典，包括按键（keys）、按值（values）以及按键值对（items）进行遍历。

（1）使用 for key in dict 或 dict.keys() 遍历字典的所有键。

```
student_scores = {'Alice': 90, 'Bob': 85, 'Charlie': 88}

# 方式1：直接遍历字典
for key in student_scores:
    print(key)

# 方式2：使用keys() 方法
for key in student_scores.keys():
    print(key)
```

（2）使用 dict.values() 遍历字典的所有值。

```
for value in student_scores.values():
    print(value)
```

（3）使用 dict.items() 遍历键值对。

```
for key, value in student_scores.items():
    print(f"{key}: {value}")
```

以上是 Python 遍历字典的常见方法，能够灵活获取键、值或键值对，以满足不同的需求。掌握这些技巧可以提高字典操作的效率，让代码更加简洁易读。

7.5.2 字典的合并

Python 提供了多种方式合并两个或多个字典。

1. 使用 update()方法合并

```
dict1 = {'a': 1, 'b': 2}
dict2 = {'b': 3, 'c': 4}

dict1.update(dict2)
print(dict1)
```

终端输出如下。

```
{'a': 1, 'b': 3, 'c': 4}
```

update() 方法会修改 dict1，若 dict2 中的键在 dict1 中已存在，则覆盖原有值。

2. 使用 | 合并（Python 3.9 及以上版本）

```
dict1 = {'x': 10, 'y': 20}
dict2 = {'y': 30, 'z': 40}

merged_dict = dict1 | dict2
print(merged_dict)
```

终端输出如下。

```
{'x': 10, 'y': 30, 'z': 40}
```

3. 使用 ** 解包

```
dict1 = {'p': 5, 'q': 6}
dict2 = {'q': 7, 'r': 8}

merged_dict = {**dict1, **dict2}
print(merged_dict)
```

终端输出如下。

```
{'p': 5, 'q': 7, 'r': 8}
```

以上介绍了三种合并字典的方法：update() 直接修改原字典，| 运算符（Python 3.9+版本）返回新字典，**解包方式同样创建新字典（但适用于较老版本）。选择适合的方式可以提高代码的可读性和效率。

7.5.3 字典的深复制与浅复制

在 Python 中，字典的复制可分为浅复制（shallow copy）和深复制（deep copy）。浅复制只复制字典的键和值的引用，而不会复制嵌套的对象，示例代码如下。

```
import copy

original = {'a': 1, 'b': [2, 3]}
shallow_copy = original.copy()

shallow_copy['b'].append(4)
```

```
print(original)
print(shallow_copy)
```

终端输出如下。

```
{'a': 1, 'b': [2, 3, 4]}
{'a': 1, 'b': [2, 3, 4]}
```

由于 b 的值是一个列表，其引用被复制，所以修改 shallow_copy['b'] 也会影响 original['b']。深复制会递归复制嵌套的对象，确保副本不会影响原始字典。

```
deep_copy = copy.deepcopy(original)

deep_copy['b'].append(5)
print(original)
print(deep_copy)
```

终端输出如下。

```
{'a': 1, 'b': [2, 3, 4]}
{'a': 1, 'b': [2, 3, 4, 5]}
```

浅复制和深复制的区别总结

在 Python 中，浅复制只复制对象本身，不会复制嵌套的可变对象，因此修改嵌套对象会影响原对象；深复制则会递归复制所有嵌套对象，确保新对象与原对象完全独立，适用于需要完整复制数据结构的情况。

7.5.4　字典的排序与反转

Python 字典是无序的（在 Python 3.7 及以上版本中，字典会保持插入顺序）。我们可以按键或值进行排序，并创建反向字典。

（1）使用 sorted() 函数按键排序。

```
scores = {'Alice': 90, 'Bob': 85, 'Charlie': 88}
sorted_by_key = dict(sorted(scores.items()))
print(sorted_by_key)
```

终端输入如下。

```
{'Alice': 90, 'Bob': 85, 'Charlie': 88}
```

（2）使用 lambda 函数按值排序。

```
sorted_by_value = dict(sorted(scores.items(), key=lambda item: item[1]))
print(sorted_by_value)
```

终端输入如下。

```
{'Bob': 85, 'Charlie': 88, 'Alice': 90}
```

（3）由于 dict 本身不能直接反转，可以通过 reversed() 或 collections.OrderedDict 反转字典。

```
reversed_dict = dict(reversed(scores.items()))
print(reversed_dict)
```

这一节介绍了字典的各种操作，包括遍历、合并、复制，以及排序和反转，帮助读者更好地掌握 Python 字典的用法。

【例 7.3】家庭智能家居控制系统。（实例位置：资源包\Python\S07\Examples\03.py）

　　小张家里安装了一套智能家居控制系统，可以通过 Python 字典管理各个设备的状态。例如，以下字典存储了几个设备的开关状态。

```
smart_home = {
    '客厅灯': '开启',
    '卧室灯': '关闭',
    '空调': '开启',
    '电视': '关闭',
    '加湿器': '开启'
}
```

请完成以下任务。

（1）遍历字典，打印每个设备的状态，例如："客厅灯：开启"。

（2）新增一个设备——"智能音箱"，并将其状态设置为"开启"。

（3）小张准备睡觉了，需要关闭所有设备，请使用 Python 代码将所有设备的状态改为"关闭"。

（4）将设备按照名称进行排序（按键排序），并打印排序后的设备列表。

（5）将设备按照状态进行排序（开启的设备排前面，关闭的设备排后面），并打印排序后的设备列表。

请编写 Python 代码，帮助小张管理他的智能家居系统。

实现代码参考如下（代码已经使用通义灵码添加了注释，以帮助读者理解代码）。

```python
# 初始智能家居设备状态
smart_home = {
    '客厅灯': '开启',
    '卧室灯': '关闭',
    '空调': '开启',
    '电视': '关闭',
    '加湿器': '开启'
}

# 1. 遍历字典，打印设备状态
print("当前设备状态：")
for device, status in smart_home.items():
    print(f"{device}: {status}")

# 2. 新增智能音箱设备
smart_home['智能音箱'] = '开启'
print("\n添加智能音箱后：")
print(smart_home)

# 3. 关闭所有设备（修改所有值为'关闭'）
for device in smart_home:
    smart_home[device] = '关闭'

print("\n所有设备已关闭：")
print(smart_home)

# 4. 设备按名称（键）排序
sorted_by_name = dict(sorted(smart_home.items()))
print("\n按设备名称排序：")
print(sorted_by_name)

# 5. 设备按状态排序（开启的设备排前面）
sorted_by_status = dict(sorted(smart_home.items(), key=lambda item: item[1], reverse=True))
print("\n按设备状态排序（开启的在前）：")
print(sorted_by_status)
```

运行上述代码，效果如图 7.6 所示。

```
当前设备状态:
客厅灯: 开启
卧室灯: 关闭
空调: 开启
电视: 关闭
加湿器: 开启

添加智能音箱后:
{'客厅灯': '开启', '卧室灯': '关闭', '空调': '开启', '电视': '关闭', '加湿器': '开启', '智能音箱': '开启'}

所有设备已关闭:
{'客厅灯': '关闭', '卧室灯': '关闭', '空调': '关闭', '电视': '关闭', '加湿器': '关闭', '智能音箱': '关闭'}

按设备名称排序:
{'加湿器': '关闭', '卧室灯': '关闭', '客厅灯': '关闭', '智能音箱': '关闭', '电视': '关闭', '空调': '关闭'}

按设备状态排序 (开启的在前):
{'客厅灯': '关闭', '卧室灯': '关闭', '空调': '关闭', '电视': '关闭', '加湿器': '关闭', '智能音箱': '关闭'}
```

图 7.6 家庭智能家居控制系统实现效果

通过本题，读者可以学习如何使用 Python 字典管理智能家居设备，包括遍历、添加、修改、排序等操作。掌握这些技巧可以帮助读者更高效地处理实际应用场景中的数据管理任务。

注意

> 由于步骤（3）关闭了所有设备，排序结果中不会有"开启"状态。如果希望测试"开启"状态排序，可以在步骤（3）之前运行步骤（5）。

7.6 习 题

习题答案

1. 下列关于字典的描述，哪一项是正确的？（　　　）
A. 字典的元素是按顺序存储的　　　　　B. 字典中的键必须是可变数据类型
C. 字典中的键必须是唯一的　　　　　　D. 字典不能包含嵌套的字典

2. 在 Python 中，如何创建一个包含键值对{"name": "Alice", "age": 25}的字典？（　　　）
A. dict = {"name": "Alice", "age": 25}　　　B. dict = ("name", "Alice", "age", 25)
C. dict = ["name": "Alice", "age": 25]　　　D. dict = {"name": "Alice"; "age": 25}

3. 要判断一个键是否存在于字典 my_dict 中，可以使用_____语句。

4. Python 中，使用_____方法可以获取字典中的所有键。

5. 请编写一段 Python 代码，创建一个嵌套字典，其中包含多个学生的信息（如姓名、年龄和成绩），展示如何访问其中某个学生的成绩（可使用通义灵码辅助编程）。

第 8 章　函数定义

在 Python 编程中，函数（function）是组织代码的基本单元之一。它是一段可重复使用的代码块，通常用于执行特定的任务。使用函数不仅可以提高代码的可读性，还可以增强代码的可复用性和可维护性。本章的内容旨在帮助读者熟练掌握函数的定义和使用，从而使代码更加模块化、灵活，并提升编程效率。

8.1　函数概述

在编程过程中，读者通常会遇到需要多次执行相同或相似任务的情况。如果每次都重新编写相同的代码，不仅会增加开发工作量，还容易导致错误并使维护困难。函数的使用正是为了解决这一问题。

8.1.1　什么是函数

函数是一段可复用的代码块，用于执行特定的任务。它通常接收输入（参数），进行处理，并返回结果（可选）。函数可以帮助读者将复杂的程序拆分成更小、更易管理的模块，从而提高代码的可读性、可维护性和复用性。

在 Python 中，函数分为内置函数和用户自定义函数两类。内置函数（如 print()、len()）是 Python 提供的，直接调用即可使用；而用户自定义函数则由程序员根据需求编写，实现特定功能。如图 8.1 所示，fibonacci_recursive() 是一个用户自定义函数，其作用是使用递归计算第 n 个斐波那契数。

```
def fibonacci_recursive(n):
    """使用递归计算第 n 个斐波那契数"""
    if n <= 0:
        return "输入必须是正整数"
    elif n == 1:
        return 0
    elif n == 2:
        return 1
    return fibonacci_recursive(n - 1) + fibonacci_recursive(n - 2)
```

图 8.1　用户自定义函数

8.1.2　函数与代码复用

代码复用是函数最重要的优势之一。在程序开发中，经常会遇到相同或相似的逻辑，如果不使用函数，每次都需要重复编写相同的代码，既费时又容易出错。函数的作用就是将这些重复的代码抽取出来，定义成一个独立的代码块，并通过调用函数来执行，从而避免重复书写，提高代码的简洁性和效率。

使用函数进行代码复用具有以下优点。

（1）提高开发效率：一次编写函数后，可以在不同地方多次调用，而无须重复编写代码。

（2）减少代码冗余：通过封装功能，避免冗余代码，使代码结构更清晰。

（3）增强可维护性：如果需要修改某个功能，只需修改函数内部逻辑，而不必修改多个代码片段，从而降低维护成本。

（4）提升可读性：良好命名的函数可以清晰地表达其功能，使代码更容易理解。

在大型程序中，函数的作用尤为重要。它不仅有助于代码的组织和管理，还可以配合模块化编程，增强程序的扩展性和灵活性。

8.2 函数的定义与调用

函数是代码复用和组织的基础，通过定义和调用函数，可以提高代码的可读性与灵活性，并帮助读者解决更复杂的问题。

8.2.1 定义函数

在 Python 中，可使用关键字 def 定义一个函数，后跟函数名和圆括号（用于接收参数）。函数体位于冒号后的缩进部分，通常包含用户希望函数执行的操作。定义函数的基本格式如下。

```
def 函数名(参数1, 参数2, ...):
    """函数的文档字符串"""
    # 函数体
    return 返回值
```

定义函数代码部分的解析如下。

- ☑ def 是用来定义函数的关键字。
- ☑ 函数名是为函数指定的名称，按照 Python 的命名规则进行命名。
- ☑ 参数（可选）是函数的输入值，多个参数需要用逗号分隔。
- ☑ 函数体是函数内部的代码，执行具体的操作。
- ☑ return 语句（可选）用于返回函数的结果。如果没有返回值，函数执行结束后默认返回 None。

读者可以定义一个名为 add_numbers 的函数，用于计算两个数字的和。

```
def add_numbers(a, b):
    """计算两个数的和"""
    return a + b
```

函数 add_numbers()接收两个参数 a 和 b，并返回它们的和。函数的文档字符串（"""计算两个数的和"""）是对函数的简短描述，可以帮助读者理解函数的作用。

8.2.2 调用函数

定义好一个函数后，读者可以在程序的其他地方调用它。函数的调用需要指定函数名并传入参数。调用函数时，Python 会跳转到该函数定义的地方，执行函数体中的代码，并返回结果（如果有 return 语句）。

函数调用的基本格式如下。

函数名(参数1, 参数2, ...)

下面使用刚刚定义的 add_numbers()函数，计算两个数的和。

```
result = add_numbers(5, 3)
print(result)  # 输出 8
```

在这个例子中，我们调用 add_numbers(5, 3) 计算 5 和 3 的和，并将返回值保存在 result 变量中，最后打印结果。通过函数的定义与调用，读者能够简化代码结构，提高代码的可读性和复用性，从而更高效地解决实际问题。

8.2.3 函数的多次调用与递归调用

读者通过多次调用同一个函数，可以重复执行相同的操作，而递归调用则能够处理一些可以分解成子问题的任务，如阶乘计算、斐波那契数列等。在这部分内容中，将利用这两种方法提升代码的效率与可读性。

1. 多次调用

函数定义一次后，可以在程序的不同地方多次调用。这是函数的一个重要特点。通过多次调用同一个函数，我们可以重复执行相同的操作，而无须重复编写代码。

读者可以尝试多次调用同一个函数计算两个不同的数的和。

```
print(add_numbers(1, 2))     # 输出 3
print(add_numbers(10, 20))   # 输出 30
print(add_numbers(-5, 8))    # 输出 3
```

在这个例子中，多次调用 add_numbers()函数，分别计算了 1+2、10+20 和−5+8 的结果。

2. 递归调用

递归是指一个函数在定义过程中调用自身。递归调用通常用于解决一些可以分解成子问题的问题，比如阶乘计算、斐波那契数列等。递归调用需要设定终止条件，否则会无限循环，最终引发栈溢出错误（recursion error）。

递归的基本语法格式如下。

```
def 函数名(参数):
    if 终止条件:
        return 结果
    else:
        return 函数名(新的参数)
```

举个递归的例子，计算一个整数的阶乘（n!），即 n! = n * (n−1) * … * 1。此类问题适合用递归来解决。

```
def factorial(n):
    """计算 n 的阶乘"""
    if n == 0:  # 递归的终止条件
        return 1
    else:
        return n * factorial(n - 1)
print(factorial(5))
```

在这个例子中，factorial()函数调用自身来计算阶乘，直到 n == 0 时停止递归并返回结果。调用 factorial(5) 的过程如图 8.2 所示。

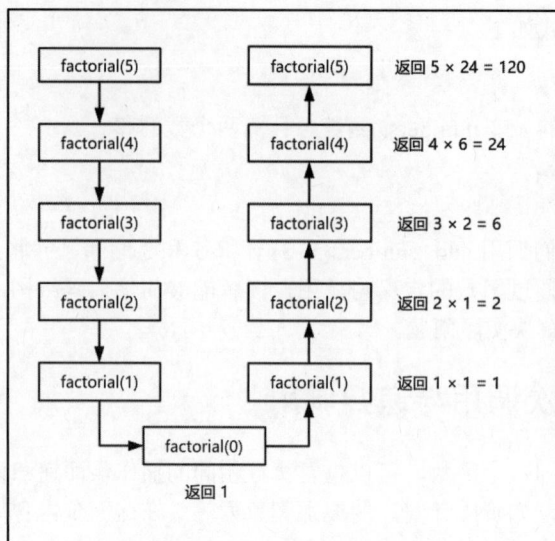

图 8.2　调用 factorial(5) 的过程

每个函数调用都会等待它的子调用返回结果，最终将结果返回上一层，直到最初的调用 factorial(5)完成并返回最终的结果。

在递归过程中，函数不断调用自身，直到满足终止条件 n == 0，然后将结果返回每一层调用，从最深的递归层逐层返回。

小结

（1）多次调用：读者可以多次调用同一个函数，减少代码冗余，提高代码的可维护性。

（2）递归调用：递归调用适合解决具有重复子结构的问题，但需要确保有明确的终止条件，避免无限递归。

【例 8.1】递归与循环的对比——计算斐波那契数列（实例位置：资源包\Python\S08\Examples\01.py）。

斐波那契数列的定义如下。

$$F(0) = 0,\ F(1) = 1$$
$$F(n) = F(n-1) + F(n-2)\ (n \geqslant 2)$$

请读者分别使用递归和循环两种方式编写 Python 函数，计算第 n 个斐波那契数，并比较它们的执行效率。

```
n = 10                          #输入样例
递归法计算F(10) = 55            #输出样例
循环法计算F(10) = 55
```

具体要求。

（1）编写递归函数 fibonacci_recursive(n)计算第 n 个斐波那契数。

（2）编写循环函数 fibonacci_iterative(n)计算第 n 个斐波那契数。

（3）比较两种方法的运行时间（可使用 time 模块）。

运行参考示例如下。

```
import time
```

```
# 采用递归方法计算斐波那契数列
def fibonacci_recursive(n):
    """使用递归计算斐波那契数"""
    if n <= 0:
        return 0
    elif n == 1:
        return 1
    else:
        return fibonacci_recursive(n - 1) + fibonacci_recursive(n - 2)

# 采用循环方法计算斐波那契数列
def fibonacci_iterative(n):
    """使用循环计算斐波那契数"""
    if n <= 0:
        return 0
    elif n == 1:
        return 1

    a, b = 0, 1
    for _ in range(2, n + 1):
        a, b = b, a + b
    return b
n = 40                      # 测试数值

# 测试递归方法
start_time = time.time()
result_recursive = fibonacci_recursive(n)
end_time = time.time()
print(f"递归法计算 F({n}) = {result_recursive}，用时: {end_time - start_time:.6f} 秒")

start_time = time.time()  # 测试循环方法
result_iterative = fibonacci_iterative(n)
end_time = time.time()
print(f"循环法计算 F({n}) = {result_iterative}，用时: {end_time - start_time:.6f} 秒")
```

执行上述代码，结果如下。

```
递归法计算 F(40) = 102334155，用时: 21.611431 秒
循环法计算 F(40) = 102334155，用时: 0.000000 秒
```

使用通义灵码的智能问答功能，输入提示词“将两种计算方法耗费时间，用可视化的方法表示出来”，可视化结果如图 8.3 所示。

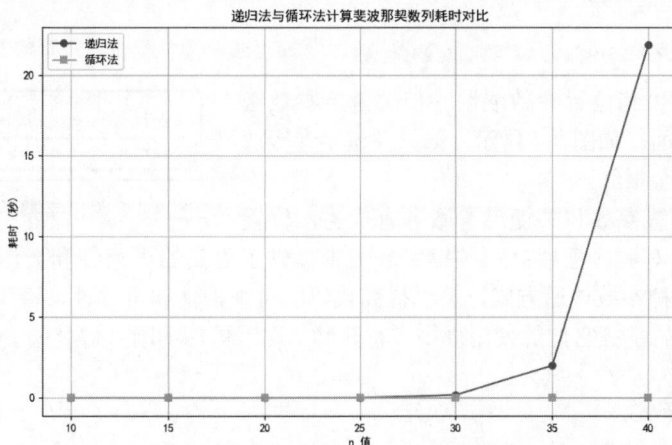

图 8.3　递归法与循环法计算斐波那契数列的耗时对比

由图 8.3 可以看出，递归方法通过自身调用计算斐波那契数，但存在大量重复计算，时间

复杂度为 $O(2^n)$，效率较低。循环方法采用迭代方式，避免重复计算，时间复杂度为 $O(n)$，适用于 n 较大的情况。性能测试表明，递归方法在 n 较大时运行缓慢，循环方法更高效。

8.3　函数的参数

Python 提供了多种方式传递参数，使函数更加灵活和通用。本节将介绍 Python 中的位置参数、关键字参数、默认参数、可变参数，以及参数传递方式。

8.3.1　位置参数与关键字参数

1. 位置参数

位置参数是最常见的参数传递方式，调用函数时按照参数定义的顺序传递值。

```python
def greet(name, age):
    print(f"你好，{name}！你 {age} 岁了。")

greet("小明", 18)
greet(18, "小明")  # （参数顺序错误）
```

输出结果如下。

```
你好，小明！你18岁了。
你好，18！你 小明 岁了。
```

![注意图标]**注意**

参数顺序必须匹配，否则可能导致错误的输出结果。

2. 关键字参数

关键字参数允许在调用函数时显式指定参数名，可以调整参数顺序，提高代码可读性。

```python
greet(age=20, name="小红")。
```

输出结果如下。

```
你好，小红！你20岁了
```

关键字参数可以和位置参数混用，但关键字参数必须放在位置参数后面，如图 8.4 所示，如果关键字参数放在位置参数前面就会报红。

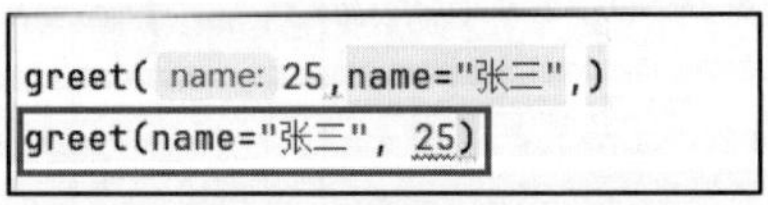

```
greet( name: 25,name="张三",)
greet(name="张三", 25)
```

图 8.4　关键字参数与位置参数混用

总的来说，位置参数和关键字参数各有优劣，位置参数简洁直观，但对顺序敏感；而关键字参数则提供了更高的可读性和灵活性。在实际编程中，合理使用这两种参数传递方式，可以提高代码的可维护性和可读性，避免因参数顺序错误而导致的意外情况。掌握它们的使用规则，将有助于编写更加清晰、健壮的 Python 代码。

8.3.2　默认参数

Python 函数的默认参数是指在定义函数时为参数提供的默认值，调用函数时若未传递该参数，则使用默认值。

```
def greet(name, age=18):
    print(f"你好, {name}! 你 {age} 岁了。")

greet("小明")              # （使用默认值）
greet("小红", 20)          # （覆盖默认值）
```

输出结果如下。

```
你好, 小明! 你 18 岁了。
你好, 小红! 你 20 岁了。
```

默认参数的注意事项

默认参数必须放在非默认参数之后，否则会引发错误。

```
# ✗ 错误示例
def greet(age=18, name):  # 语法错误
    print(f"你好, {name}! 你 {age} 岁了。")
```

合理使用默认参数可以提高函数的灵活性和可读性，但需要注意默认参数的位置要求，以避免语法错误。

8.3.3　可变参数

可变参数用于处理不确定数量的参数，包括两种：args（可变位置参数）传递任意数量的位置参数，函数内部以元组的形式接收；kwargs（可变关键字参数）传递任意数量的关键字参数，函数内部以字典的形式接收。

*args 处理多个位置参数的示例代码如下。

```
def add_numbers(*args):
    total = sum(args)
    print(f"总和: {total}")

add_numbers(1, 2, 3, 4, 5)
add_numbers(10, 20)
```

输出结果如下。

```
总和: 15
总和: 30
```

*args 允许传递多个参数，函数内部将它们存储为元组 (1, 2, 3, 4, 5)。

**kwargs 处理多个关键字参数的示例代码如下。

```
def print_info(**kwargs):
    for key, value in kwargs.items():
        print(f"{key}: {value}")

print_info(name="小明", age=18, city="北京")
```

输出结果如下。

```
name: 小明
age: 18
city: 北京
```

**kwargs 允许传递多个键值对，函数内部以字典{"name": "小明", "age": 18, "city": "北京"}形式接收。

*args 和 **kwargs 结合使用的示例代码如下。

```
def demo_function(a, b, *args, **kwargs):
    print(f"a: {a}, b: {b}")
    print(f"可变位置参数: {args}")
    print(f"可变关键字参数: {kwargs}")
demo_function(1, 2, 3, 4, name="小明", age=18)
```

输出结果如下。

```
a: 1, b: 2
可变位置参数: (3, 4)
可变关键字参数: {'name': '小明', 'age': 18}
```

*args 收集所有额外的位置参数，如(3, 4)。**kwargs 收集所有额外的关键字参数，如 {"name": "小明", "age": 18}。可变参数让函数更具灵活性，*args 处理任意数量的位置参数，**kwargs 处理任意数量的关键字参数，两者结合使用可适应更复杂的参数传递需求。

8.3.4 参数传递的方式

Python 采用"传对象引用"的方式进行参数传递，但可以分为可变对象和不可变对象两种情况。

（1）不可变对象（数值、字符串、元组）的修改不会影响原变量。

```
def modify(x):
    x = 10   # 重新赋值，不影响外部变量
    print("函数内部:", x)

a = 5
modify(a)
print("函数外部:", a)
```

输出结果如下。

```
函数内部: 10
函数外部: 5
```

上述代码中的 x = 10 只是修改了函数内部 x 的值，不会影响外部 a 的值。

（2）可变对象（列表、字典）的修改会影响原变量。

```
def modify_list(lst):
    lst.append(4)   # 修改了原列表
    print("函数内部:", lst)

my_list = [1, 2, 3]
modify_list(my_list)
print("函数外部:", my_list)
```

输出结果如下。

```
函数内部: [1, 2, 3, 4]
函数外部: [1, 2, 3, 4]
```

上述代码中的 lst.append(4) 直接修改了原列表，影响了外部 my_list 的值。

（3）避免可变参数的意外修改。如果不希望修改原数据，可以使用 copy() 进行复制。

```
def modify_list_safe(lst):
    lst = lst.copy()   # 复制列表，避免修改原对象
    lst.append(4)
    print("函数内部:", lst)
```

```
my_list = [1, 2, 3]
modify_list_safe(my_list)
print("函数外部:", my_list)
```

输出结果如下。

```
函数内部: [1, 2, 3, 4]
函数外部: [1, 2, 3]
```

上述代码中的 copy() 生成新列表，防止修改原 my_list，故成功避免了可变参数的意外修改。

Python 采用"传对象引用"的方式进行参数传递，对不可变对象的修改不会影响原变量，而对可变对象的修改可能会影响外部数据。因此，在处理可变对象时，建议使用 copy()进行复制，以避免意外修改，从而提高代码的安全性和可维护性。

【例 8.2】设计一个在线书店用户注册与订购系统。（实例位置：资源包\Python\S08\Examples\02.py）

小明正在开发一个在线书店的用户注册与订购系统。在系统中，用户可以创建账户、选择书籍、填写收货信息等。读者将通过以下函数设计处理用户的注册信息、书籍订单及附加选项（例如赠品、配送方式等）。

要求：

（1）创建一个 register_user()函数，接收以下参数。

☑ name（用户姓名）：位置参数。

☑ age（用户年龄）：默认参数，默认为 18。

☑ email（用户电子邮件）：关键字参数。

☑ address（用户收货地址）：可变位置参数，接收多个地址（例如：家庭住址、公司地址）。

☑ extra_info（附加信息，如是否需要赠品、首选配送方式等）：可变关键字参数，接收多个键值对。

（2）创建一个 order_books()函数，接收以下参数。

☑ user_name（用户名）：位置参数。

☑ book_list（用户选择的书籍列表）：可变位置参数，接收多个书名。

☑ payment_method（支付方式）：关键字参数，默认为"信用卡"。

☑ gift（是否选择赠品）：可选参数，默认为 False。

读者需要设计一个流程，首先注册用户信息，然后用户可以根据个人需求订购书籍。

```
def register_user(name, age=18, email=None, *address, **extra_info):
    print(f"用户注册信息: ")
    print(f"姓名: {name}")
    print(f"年龄: {age}")
    print(f"电子邮件: {email}")

    if address:
        print("收货地址:")
        for addr in address:
            print(f" - {addr}")

    if extra_info:
        print("附加信息:")
        for key, value in extra_info.items():
            print(f"{key}: {value}")

def order_books(user_name, *book_list, payment_method="信用卡", gift=False):
```

```
    print(f"\n用户 {user_name} 的订单信息: ")
    print(f"选择的书籍: {', '.join(book_list)}")
    print(f"支付方式: {payment_method}")
    if gift:
        print("赠品: 是")
    else:
        print("赠品: 否")
# 测试案例
register_user("小李", "北京市海淀区", email="xiaoli@example.com", phone="123456789", prefers_gift=True)
order_books("小李", "Python 编程", "数据科学", payment_method="支付宝", gift=True)
```

上述代码较为晦涩难懂，核心解析如下。

（1）在 register_user()函数中，*address 用于接收用户可能有的多个地址（例如家庭和公司地址），**extra_info 用于接收如电话、是否需要赠品等其他信息。

（2）在 order_books()函数中，*book_list 用于接收多个书名，payment_method 和 gift 作为关键字参数，提供默认值并允许灵活选择。

执行上述代码示例，执行结果如图 8.5 所示。

```
用户注册信息:
姓名: 小李
年龄: 北京市海淀区
电子邮件: xiaoli@example.com
附加信息:
phone: 123456789
prefers_gift: True

用户 小李 的订单信息:
选择的书籍: Python编程，数据科学
支付方式: 支付宝
赠品: 是
```

图 8.5　在线书店用户注册与订购系统的执行结果

这个案例展示了如何将生活中的实际需求（如注册和订单系统）与函数的参数传递方式结合，利用位置参数、关键字参数和可变参数提供更灵活的功能设计。

通义灵码批量生成测试样例

读者在尝试构建上述代码的过程中，需要编写大量测试样例，在这个过程中，读者可以充分利用通义灵码的智能生成功能，快速批量生成测试样例。如图 8.6 所示，通义灵码的代码生成功能可以高效地自动化这一过程，从而大大节省手动编写样例的时间和精力。

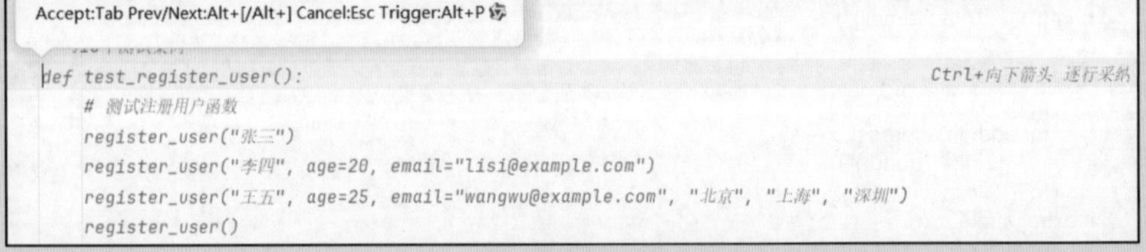

```
Accept:Tab Prev/Next:Alt+[/Alt+] Cancel:Esc Trigger:Alt+P
def test_register_user():
    # 测试注册用户函数                                    Ctrl+向下箭头 逐行采纳
    register_user("张三")
    register_user("李四", age=20, email="lisi@example.com")
    register_user("王五", age=25, email="wangwu@example.com", "北京", "上海", "深圳")
    register_user()
```

图 8.6　通义灵码批量生成测试样例

通过利用通义灵码的智能生成功能，可以高效地批量生成测试样例，显著提高测试过程的自动化和效率。

8.4　函数的返回值

在 Python 中，函数通过 return 语句返回值。函数的返回值可以是单一值、多个值，甚至是一个函数本身。通过 return 语句，读者能够将计算结果或处理数据返回给调用者，从而实现更复杂的功能。

8.4.1　返回值

函数的返回值是其输出结果，可以是单个值或多个值，这些返回值可以用于后续的计算或进一步处理。根据需要，函数可以返回不同类型的数据结构，使函数更具灵活性和实用性。

1. 返回单个值

函数通常返回一个值，这个值可以是任何数据类型，如整数、字符串、列表等。以下是一个返回单一值的简单示例。

```
def add(a, b):
    return a + b
result = add(3, 5) print(result)   # 输出: 8
```

在这个例子中，add()函数返回了两个参数的和。当调用 add(3, 5) 时，返回的单一值 8 被存储在变量 result 中。

2. 返回多个值

Python 函数可以返回多个值，实际上，返回的多个值会被自动打包成一个元组。读者可以通过返回多个值将计算结果传递给调用者。

```
def min_max(numbers):
    return min(numbers), max(numbers)
values = min_max([10, 2, 5, 8, 12]) print(values)   # 输出: (2, 12)
```

在这个例子中，min_max()函数返回了一个元组，其中包含最小值和最大值。调用者可以轻松地访问这些值。如果希望单独获取元组中的元素，也可以使用多个变量接收返回的多个值。

```
minimum, maximum = min_max([10, 2, 5, 8, 12])
print("最小值:", minimum)      # 输出: 最小值: 2
print("最大值:", maximum)      # 输出: 最大值: 12
```

通过理解和掌握函数的返回值机制，读者能够更高效地组织代码，提升函数的复用性和灵活性。

无论是返回单个值还是多个值，函数的返回值都提供了强大的数据传递能力，使得程序的结构更加清晰、逻辑更加严谨。掌握这些基础概念，将为读者之后的深入学习打下坚实的基础。

8.4.2　返回函数

在 Python 中，函数不仅可以返回数据，还可以返回另一个函数。这种特性使得函数更加灵活和强大，尤其在实现闭包（closure）和高阶函数（higher-order function）时非常有用。

闭包是指一个函数返回另一个函数，而返回的函数可以访问外部函数的变量。也就是说，返回的函数不仅仅是执行简单的计算，而是能"记住"它的环境中的变量。通过这种方式，读者可以在函数中动态地创建和配置相关操作。

例如，读者可以编写一个工厂函数，它能根据不同的参数生成不同的操作函数。

```python
def multiply_by(n):
    def multiply(x):
        return x * n
    return multiply

multiply_by_2 = multiply_by(2)   # 创建一个乘以2的函数
print(multiply_by_2(5))          # 输出: 10

multiply_by_3 = multiply_by(3)   # 创建一个乘以3的函数
print(multiply_by_3(5))          # 输出: 15
```

在这个示例中，multiply_by()函数返回了一个新的函数 multiply()，该函数会将输入值乘以一个由外部函数提供的 n 值。当调用 multiply_by_2(5)时，实际调用的是一个已经"记住"了 n=2 的 multiply()函数，因此返回值为 10。同样，调用 multiply_by_3(5)后的返回值为 15。这种结构让读者能够生成自定义的函数，这些函数根据外部传入的参数执行不同的行为。

高阶函数是指接收函数作为参数或返回一个函数的函数。在 Python 中，高阶函数非常常见，它们可以使代码更加简洁、灵活且易于扩展。常见的高阶函数包括 map()、filter()和 reduce()。

通过返回函数，读者可以实现一些更复杂的逻辑，代码如下。

```python
def make_adder(n):
    def adder(x):
        return x + n
    return adder

add_5 = make_adder(5)       # 创建一个加5的函数
print(add_5(10))            # 输出: 15

add_10 = make_adder(10)     # 创建一个加10的函数
print(add_10(10))          # 输出: 20
```

在这个例子中，make_adder()函数接收一个数字 n，并返回一个将该数字加到其输入上的函数。通过这种方式，我们可以根据需要生成加不同数字的函数。

闭包和高阶函数可以结合使用，形成更强大的功能。例如，下面的代码展示了如何通过高阶函数返回闭包来构建动态行为。

```python
def make_multiplier(factor):
    def multiplier(x):
        return x * factor
    return multiplier

def apply_function(func, value):
    return func(value)

multiplier_4 = make_multiplier(4)      # 创建一个乘以4的函数

# 使用 apply_function()传递一个函数和一个值
result = apply_function(multiplier_4, 5)
print(result)                          # 输出: 20
```

在此示例中，make_multiplier()返回了一个乘以指定因子的函数，而 apply_function()是一个高阶函数，它接收一个函数作为参数并将其应用到传入的值上。通过这种方式，我们实现了函数的组合和复用。

通过返回函数，Python 允许读者编写灵活且功能强大的代码。这种技术广泛应用于实现闭包、高阶函数、函数工厂等模式，使得代码更加模块化、可重用和易于扩展。掌握这一技巧不仅能提高代码的可维护性，还能帮助读者在处理复杂逻辑时提供更多解决方案。

8.4.3　无返回值与 None

如果函数没有显式使用 return 语句返回任何值，那么 Python 默认返回 None。这意味着函数没有返回任何值，或者它的功能仅仅是执行一些操作，而不产生可返回的结果。

1. 没有返回值的函数

当一个函数没有 return 语句时，它的作用通常是执行一些操作，而不需要返回任何信息。函数的执行结果仅体现在副作用上，如打印输出、修改变量或其他外部状态等。函数执行后，Python 自动将 None 作为返回值。

```
def print_hello():
    print("Hello, world!")

result = print_hello()          # 输出: Hello, world!
print(result)                   # 输出: None
```

在这个例子中，print_hello()函数没有显式返回任何值，它只是打印了"Hello, world!"。执行 print_hello()后，result 变量将接收默认的 None 值，因为函数没有 return 语句。

这种类型的函数通常用于那些不需要返回值的操作，比如打印信息、修改对象状态、执行某些计算等。

2. 显式返回 None

有时读者也可能在函数中显式地返回 None，这通常用来表示某些操作没有产生结果，或者某个条件不满足时，返回值为空。显式地返回 None 常常用于指示函数在执行过程中没有找到期望的结果，或出现某些错误。

```
def find_item(items, target):
    if target in items:
        return target
    return None

result = find_item([1, 2, 3], 4)
print(result)  # 输出: None
```

在这个例子中，find_item()函数试图在 items 列表中查找目标值 target。如果目标值存在，则函数返回目标值；如果目标值不存在，则函数显式返回 None，以表示没有找到目标。这里的 None 可以用来做后续的错误处理，检查函数是否执行成功。

3. 函数的行为与错误处理

显式返回 None 是一种常见的错误处理方式，尤其在函数中没有找到所需的结果或执行失败时。例如，以下代码展示了在列表中查找一个元素时，未找到目标的情况。

```
def find_item(items, target):
    if target in items:
        return target
    return None

items = [10, 20, 30]
```

```
print(find_item(items, 40))   # 输出: None
```

这里，find_item()函数通过返回 None 表示没有找到目标值 40。我们可以根据返回值 None 决定下一步的处理逻辑。例如，可以在调用函数后检查返回值并采取相应的措施。

```
result = find_item(items, 40)
if result is None:
    print("未找到目标元素")
else:
    print(f"找到目标元素: {result}")
```

此时，程序会打印"未找到目标元素"。这种做法使得错误处理和异常管理变得更加灵活。

4. None 作为默认值的用途

None 作为返回值还常常用作默认值，特别是在函数中没有其他显式返回值时。例如，在函数定义中使用 None 作为默认参数，或者通过返回 None 指示某个值的缺失。这种方式可以帮助开发者更清晰地理解函数的执行结果。

```
def process_data(data=None):
    if data is None:
        print("没有提供数据，使用默认数据进行处理")
        data = [1, 2, 3]   # 默认数据
    # 数据处理逻辑
    print(f"处理的数据: {data}")

process_data()            # 输出: 没有提供数据，使用默认数据进行处理。处理的数据: [1, 2, 3]
process_data([4, 5, 6])   # 输出: 处理的数据: [4, 5, 6]
```

在这个示例中，data 参数的默认值是 None。当调用 process_data() 时，如果没有传入 data，函数会认为没有提供数据，并使用默认的数据[1, 2, 3]进行处理。通过返回 None 或将其作为默认值，代码更具灵活性和可读性。

5. None 与空值

在 Python 中，None 和空值（如空字符串 ""、空列表[]或空字典{}）是不同的。None 表示没有任何值，通常用于表示缺失、未定义或无返回值；而空值表示某种类型的存在，但没有实际的数据，代码如下。

```
def get_name(name=None):
    if name is None:
        return "未知"
    return name

print(get_name())      # 输出: 未知
print(get_name(""))    # 输出:
```

在这个例子中，如果 name 参数为 None，则函数返回默认值"未知"；如果 name 是空字符串，则返回空字符串。这展示了 None 和空值的不同使用场景。

在 Python 中，函数可以没有返回值，默认为 None。返回 None 通常用来表示函数没有返回有效的结果，或者执行失败。通过显式返回 None，我们可以有效地处理错误和缺失的数据，增强程序的健壮性。理解和使用 None 的概念，对于编写高效、灵活的 Python 代码至关重要。

【例 8.3】Python 函数返回值与 None 的应用。（实例位置：资源包\Python\S08\Examples\03.py）

编写一个 Python 程序，要求实现以下功能。

（1）创建一个函数 get_even_odd_sum(nums)，该函数接收一个数字列表 nums，并返回列表中所有偶数的和以及所有奇数的和。

（2）创建一个函数 create_multiplier(factor)，它返回一个新的函数，该函数能够将传入的数字乘以 factor 的值。

（3）编写一个函数 find_item_index(items, target)，用于查找 target 在列表 items 中的索引。如果找到，则返回该索引；否则返回 None。

要求如下。

（1）通过返回多个值处理偶数和奇数的和。

（2）使用返回函数创建乘法器。

（3）使用 None 处理列表中未找到元素的情况。

实现代码如下。

```python
# 创建一个函数get_even_odd_sum(nums)，该函数接收一个数字列表nums，并返回列表中
# 所有偶数的和及所有奇数的和。
def get_even_odd_sum(nums):
    even_sum = 0
    odd_sum = 0
    for num in nums:
        if num % 2 == 0:
            even_sum += num
        else:
            odd_sum += num
    return even_sum, odd_sum

# 创建一个函数create_multiplier(factor)，它返回一个新的函数，该函数能够将传入的
# 数字乘以factor的值。
def create_multiplier(factor):
    def multiplier(num):
        return num * factor
    return multiplier

# 编写一个函数find_item_index(items, target)，用于查找target在列表items
# 中的索引。如果找到，返回该索引；否则返回None。
def find_item_index(items, target):
    for i, item in enumerate(items):
        if item == target:
            return i
    return None
# 通过返回多个值处理偶数和奇数的和。
# 使用返回函数创建乘法器。
# 使用None处理列表中未找到元素的情况。
if __name__ == "__main__":
    # 测试get_even_odd_sum()函数
    nums = [1, 2, 3, 4, 5, 6, 7, 8, 9, 10]
    even_sum, odd_sum = get_even_odd_sum(nums)
    print(f"Even sum: {even_sum}, Odd sum: {odd_sum}")
    # 测试create_multiplier()函数
    multiplier_by_2= create_multiplier(2)
```

上述代码运行结果如下。

```
Even sum: 30, Odd sum: 25
```

本题目要求明确，可以采用通义灵码辅助编程，读者只需在 IDE 中添加注释，将函数要求写到注释中，按下 Ctrl+↓组合键即可采纳通义灵码的解题代码，如图 8.7 所示。

```
# ① 创建一个函数 get_even_odd_sum(nums)，该函数接收一个数字列表 nums，并返回列表中所有偶数的和以及所有奇数的和。
1 usage
悠 ∨
def get_even_odd_sum(nums):
    even_sum = 0
    odd_sum = 0
    for num in nums:
        if num % 2 == 0:
            even_sum += num
        else:
            odd_sum += num
    return even_sum, odd_sum
```

图 8.7　通义灵码解题代码

8.5　习　　题

1. 以下哪项是函数的主要作用？（　　　）

A. 提高代码的执行效率　　　　　　　　B. 使代码更易于维护和复用

C. 增加程序的复杂性　　　　　　　　　D. 减少程序的功能性

习题答案

2. 在 Python 中，调用函数时，若没有传递值给某个带有默认值的参数，默认值会被使用。以下函数定义正确的是（　　　）。

A. def func(x=5, y):　　　　　　　　　B. def func(x, y=10):

C. def func(x=5, y=10=20):　　　　　　D. def func(x, y=10, z):

3. 函数的返回值既可以是单一值，也可以是多个值。当返回多个值时，Python 会将它们作为＿＿＿＿＿＿类型返回。

4. 在 Python 中，若函数没有显式地使用 return 语句，或者 return 后没有返回值，则该函数的默认返回值是＿＿＿＿＿＿。

5. 编写一个函数 calculate_area()，该函数接收两个参数 length 和 width，并返回它们的乘积（即矩形的面积）。如果没有传入参数，则默认值为 length=5 和 width=10。编写代码并调用该函数进行测试。

示例代码如下：

```
def calculate_area(length=5, width=10):
    return length * width
# 测试
print(calculate_area())          # 默认参数
print(calculate_area(7))         # 只传入 length
print(calculate_area(7, 4))      # 传入 length 和 width
```

期望输出如下：

```
50
70
28
```

第9章　面向对象编程

本章将介绍面向对象编程（OOP）的基本概念和应用，重点讲解类、对象、继承、多态、封装与抽象等核心特性。读者将学会如何定义和使用类，理解 OOP 的优势并掌握模块化编程技巧。通过本章的学习，可以提升读者的代码结构设计能力，增强代码的可扩展性和可维护性。

9.1　面向对象编程概述

面向对象编程（object-oriented programming，OOP）是一种编程范式，它通过将数据和操作这些数据的方法封装在一个对象中来组织代码。这种方式有助于提高代码的重用性、可扩展性和可维护性。尤其在处理复杂问题时，面向对象的设计理念能够使代码结构更加清晰，便于管理和扩展。

9.1.1　面向对象的基本概念

OOP 的基本思想是将现实世界中的实体（如汽车、学生、银行账户等）抽象成"对象"，每个对象都具有属性（数据）和方法（操作）。通过对象之间的交互实现系统的功能。OOP 的核心概念如图 9.1 所示，其中具体的概念解析如下。

图 9.1　OOP 的核心概念

（1）类（class）是对象的模板或蓝图，它定义了对象的属性和方法。类并不直接占用内存空间，而是一个用于创建对象的模板。

（2）对象（object）是类的实例，它是具体的、存在于内存中的数据实体。每个对象都有自己的属性值，并可以执行与类相关的操作（方法）。

（3）封装（encapsulation）是面向对象编程的一个重要特性，它通过将数据和操作数据的方法组合在一起，隐藏对象内部的实现细节，只暴露必要的接口给外部。这种做法有助于减少系统的复杂性，提升代码的安全性和可维护性。

（4）继承（inheritance）是面向对象的一个重要特性，它允许一个类（子类）继承另一个类（父类）的属性和方法，从而实现代码的重用。通过继承，子类可以扩展或修改父类的功能。

（5）多态（polymorphism）指的是不同对象在面对相同消息时，能够表现出不同的行为。在 OOP 中，多态性通过方法重写（override）实现，使得父类和子类对象可以通过相同的接口表现出不同的行为。

9.1.2　面向对象编程的优势

OOP 相比传统的过程化编程，在代码重用、可维护性和程序结构设计方面具有显著优势。通过类与继承机制，程序员可以构建模块化、可复用的代码，新类能够继承已有类的逻辑，从而减少冗余、提高开发效率。

OOP 的封装特性提升了系统的稳定性和可维护性。对象隐藏了内部实现细节，仅通过接口与外部交互，使得代码更清晰，逻辑更易理解，也降低了修改带来的连锁影响。

在程序结构上，OOP 更贴近现实世界的建模思维。类与对象的设计使问题的表达更加直观，提升了代码的可读性与团队协作效率。同时，OOP 支持模块化开发，便于系统扩展与维护，能够更好地应对需求的变化。

OOP 通过抽象和封装，有效地将复杂问题分解为更小、更易管理的部分。结合继承和多态特性，程序逻辑能够更加灵活，使得代码更具适应性，能够在复杂的应用场景中更加高效地运行。

9.2　类的定义与使用

在 OOP 中，类是对象的模板或蓝图，而对象是类的具体实例。通过类的定义，我们可以创建多个具有相同属性和行为的对象，从而提高代码的可复用性和可维护性。

9.2.1　类的基本定义

在 Python 中，使用 class 关键字定义一个类。类通常包含属性（变量）和方法（函数），用于定义对象的特征和行为。定义一个简单的类的实现代码如下。

```python
class Person:
    # 类的属性（类变量）
    species = "Human"

    # 构造方法（初始化对象）
    def __init__(self, name, age):
        self.name = name      # 实例属性
        self.age = age        # 实例属性

    # 方法：打印个人信息
    def introduce(self):
        print(f"大家好，我是 {self.name}，今年 {self.age} 岁。")
#打印个人信息
person = Person("Alice", 25)
person.introduce()
```

在这个示例中，Person 类定义了一个 species 类变量，表示所有 Person 对象都属于 "Human" 物种。__init__()方法是构造方法，用于初始化对象的属性（name 和 age）。introduce() 方法用于打印个人信息。

9.2.2　类的实例化

在 Python 中，类本身只是一个模板，不能直接使用。要使用类定义的属性和方法，必须先实例化类，即创建类的对象。类的实例化过程就是调用类的构造方法__init__()，初始化对象的属性，使其成为一个具体的实体。

（1）实例化类。实例化一个类时，需要使用类名加上括号 ()，并传入构造方法__init__()需要的参数，示例代码如下。

```
# 创建 Person 类的实例
p1 = Person("张三", 25)
p2 = Person("李四", 30)
```

这里，作者创建了两个 Person 类的实例：p1 代表名为"张三"、年龄为 25 岁的对象；p2 代表名为"李四"、年龄为 30 岁的对象。

每次创建对象时，Python 都会调用 Person 类的 __init__()方法，自动初始化 name 和 age 这两个实例属性。

（2）访问对象的属性和方法。创建对象后，可以使用点号（.）访问对象的属性和方法。

```
# 访问实例属性
print(p1.name)      # 输出：张三
print(p2.age)       # 输出：30

# 调用实例方法
p1.introduce()      # 输出：大家好，我是 张三，今年25岁。
p2.introduce()      # 输出：大家好，我是 李四，今年30岁。
```

上述代码中，分别采用了两种方法来访问对象的属性和方法。

①通过 p1.name 和 p2.age 直接访问对象的 name 和 age 属性。

②通过 p1.introduce() 和 p2.introduce() 调用 introduce()方法，不同对象会使用各自的属性值执行方法。

（3）多个对象的独立性。每个对象都是独立的，即使它们是由同一个类创建的，也不会互相影响。

```
p1.age = 26         # 只修改 p1 的年龄
print(p1.age)       # 输出：26
print(p2.age)       # 输出：30（p2 的年龄没有变化）
```

这里，p1.age 被修改为 26，但 p2.age 仍然是 30，说明对象的实例属性是相互独立的。

类的实例化是将类作为模板并创建具体对象的过程。实例化后，可以访问对象的属性和方法，每个对象都拥有自己的独立数据，不会相互影响。

9.2.3　类的实例属性与方法

在 Python 面向对象编程中，每个对象都有自己独立的数据和行为。实例属性（instance attribute）用于存储对象的特定数据，而实例方法（instance method）允许对象执行特定的操作。

1. 实例属性

实例属性是属于每个对象的独立变量，通常在 __init__()方法中使用 self 进行初始化。

```
class Car:
    def __init__(self, brand, model, year):
        self.brand = brand      # 车品牌
        self.model = model      # 车型
        self.year = year        # 生产年份
```

上述代码中的 self.brand、self.model 和 self.year 是 Car 类的实例属性。每次创建 Car 类的

对象时，都会拥有独立的 brand、model 和 year 值。

2. 访问实例属性

实例属性可以通过"对象.属性名"的方式访问。每个对象的实例属性都是独立的，即使多个对象来自同一个类，它们的属性值也可能不同。

```
my_car = Car("Toyota", "Camry", 2020)      # 创建 Car 类的实例

# 访问实例属性
print(my_car.brand)                        # 输出：Toyota
print(my_car.model)                        # 输出：Camry
print(my_car.year)                         # 输出：2020
```

3. 实例方法

实例方法是定义在类中的函数，第一个参数通常是 self，用于访问实例属性。

```
class Car:
    def __init__(self, brand, model, year):
        self.brand = brand
        self.model = model
        self.year = year

    # 显示车辆信息
    def display_info(self):
        print(f"这是一辆 {self.year} 年的 {self.brand} {self.model}。")

    # 修改车辆年份
    def update_year(self, new_year):
        self.year = new_year
        print(f"车辆年份已更新为 {self.year} 年。")

my_car = Car("Toyota", "Camry", 2020)      # 创建对象并调用方法
my_car.display_info()                      # 输出：这是一辆2020年的 Toyota Camry

# 修改实例属性
my_car.update_year(2025)                   # 输出：车辆年份已更新为2025年
```

上述代码中的 display_info() 方法用于输出车辆信息，方法内部通过 self.year、self.brand 等访问实例属性。而 update_year(new_year) 方法修改 year 属性的值，并输出更新后的年份。

4. 通过实例修改属性

除了通过方法修改实例属性，还可以直接访问和修改对象的属性。

```
my_car.year = 2025
print(my_car.year)                         # 输出：2025
```

不过这里还是推荐使用类的方法修改属性，这样可以最大限度地保证数据完整性和安全性。

小结

（1）实例属性是属于每个对象的独立变量，通常在__init__()方法中定义，并通过"self.属性名"访问。

（2）实例方法是类中的函数，第一个参数 self 用于访问实例属性，允许对象执行特定操作。

（3）通过"实例.属性名"访问和修改属性，但推荐使用方法来管理数据的变化。

【例9.1】学生类的定义与使用。（实例位置：资源包\Python\S09\Examples\01.py）

定义一个学生类 Student，包含以下功能。

（1）类变量 school_name，值为"XX大学"，表示所有学生所属的学校。

（2）实例属性：name（姓名）、age（年龄）、score（成绩）。

（3）构造方法 __init__()，初始化实例属性。

（4）实例方法 display_info()，输出学生的姓名、年龄、成绩及学校信息。

（5）实例方法 update_score(new_score)，更新学生成绩，并确保新成绩在 0~100 分之间。

（6）创建两个学生对象，演示方法的调用、属性的修改及实例的独立性。

参考实现代码如下。

```python
class Student:
    # 类变量：所有学生的学校名称
    school_name = "西北大学"

    # 构造方法：初始化实例属性
    def __init__(self, name, age, score):
        self.name = name
        self.age = age
        self.score = score

    # 实例方法：显示学生信息
    def display_info(self):
        print(f"姓名：{self.name}，年龄：{self.age}，成绩：{self.score}，学校：{Student.school_name}")

    # 实例方法：更新成绩（带参数校验）
    def update_score(self, new_score):
        if 0 <= new_score <= 100:
            self.score = new_score
            print(f"{self.name}的成绩已更新为{new_score}。")
        else:
            print("错误：成绩必须在0到100之间。")

# 实例化两个学生对象
stu1 = Student("张三", 20, 85)
stu2 = Student("李四", 22, 90)

print("初始信息：")                      # 调用方法显示初始信息
stu1.display_info()
stu2.display_info()

print("\n修改张三的成绩为95：")          # 通过方法修改成绩（合法值）
stu1.update_score(95)

print("\n尝试修改李四的成绩为105：")      # 通过方法修改成绩（非法值）
stu2.update_score(105)

# 直接修改属性（不推荐，但演示用法）
print("\n直接修改张三的成绩为100：")
stu1.score = 100                         # 直接访问实例属性
print(f"{stu1.name}的成绩被直接修改为100。")

# 再次显示信息，验证修改结果
print("\n修改后的信息：")
stu1.display_info()
stu2.display_info()
```

运行上述代码，输出结果如图 9.2 所示。

通过此例题，读者可以掌握类的定义、实例化、属性与方法的访问，以及面向对象编程中数据封装的核心思想。

```
初始信息：
姓名：张三，年龄：20，成绩：85，学校：西北大学
姓名：李四，年龄：22，成绩：90，学校：西北大学

修改张三的成绩为95：
张三的成绩已更新为95。

尝试修改李四的成绩为105：
错误：成绩必须在0到100之间。

直接修改张三的成绩为100：
张三的成绩被直接修改为100。

修改后的信息：
姓名：张三，年龄：20，成绩：100，学校：西北大学
姓名：李四，年龄：22，成绩：90，学校：西北大学
```

图 9.2　学生类的定义与使用

通义灵码优化代码

　　读者阅读案例 9.1 的解题代码可以发现，在显示学生信息的实例方法中，并没有考虑到用户输入非法字符的情况，这样会直接造成程序报错。为了解决这个问题，读者可以使用通义灵码中的优化代码功能（如图 9.3 所示），可以看到，在右侧通义灵码的窗口中优化后的代码已经解决了非法字符输入导致重新报错的问题。

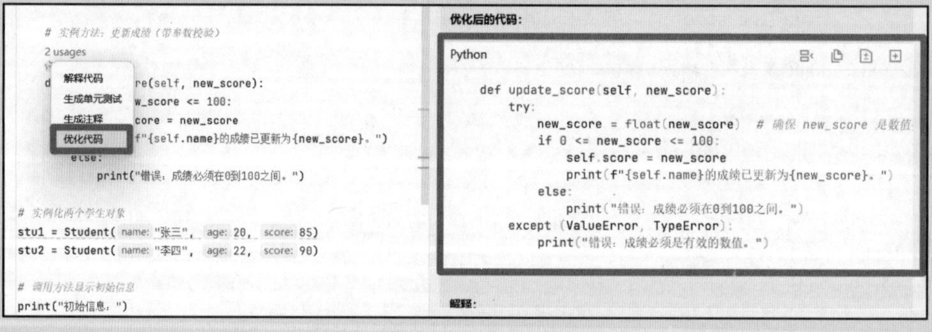

图 9.3　通义灵码的优化代码功能

9.3　类的继承与多态

　　在 OOP 中，继承和多态是两个非常重要的概念，它们有助于提升代码的复用性、扩展性和灵活性。

9.3.1　继承的基本概念

　　继承是面向对象编程的一个基本特性，允许我们通过创建一个新的类继承（获取）一个已经存在类的属性和方法。继承的目的是重用代码和实现类之间的层次关系。

在 Python 中，使用 class 关键字来定义类，继承是通过在子类定义时，将父类作为参数传递给子类实现的。子类会继承父类的所有属性和方法，既可以直接使用，也可以在子类中重写（覆写）父类的方法。

关于继承的使用示例如下。

```
class Animal: # 父类：动物
    def __init__(self, name):
        self.name = name

    def speak(self):
        print(f"{self.name} makes a sound")

class Dog(Animal):        # 子类：狗，继承自 Animal 类
    def speak(self):
        print(f"{self.name} barks")

class Cat(Animal):        # 子类：猫，继承自 Animal 类
    def speak(self):
        print(f"{self.name} meows")

dog = Dog("Buddy")        # 创建对象
cat = Cat("Whiskers")

dog.speak()               # 调用父类和子类的方法
cat.speak()
```

输出代码如下。

```
Buddy barks
Whiskers meows
```

在这个例子中，Animal 是父类，包含 name 属性和一个 speak()方法。Dog 和 Cat 是子类，它们继承了 Animal 类的属性和方法，但通过重写 speak()方法实现各自特定的行为。

总的来说，继承是面向对象编程中的机制，允许子类通过继承父类的属性和方法实现代码复用和扩展功能。子类可以在继承父类的基础上重写方法，从而实现特定的行为。

9.3.2 重写与方法重载

1. 重写（方法重写）

重写（override）是指在子类中重新定义父类的方法。当子类中定义的方法与父类方法同名时，子类的方法会覆盖父类的实现。

```
class Vehicle:
    def start(self):
        print("Vehicle is starting")

class Car(Vehicle):
    def start(self):
        print("Car is starting")

car = Car()        # 创建对象
car.start()        # 输出：Car is starting
```

在这个例子中，Car 类重写了 Vehicle 类中的 start()方法，因此在调用 car.start() 时，执行的是 Car 类中的 start()方法。

2. 方法重载

方法重载（method overloading）是指在同一个类中，定义多个同名的方法，但方法的参数

不同。Python 本身不支持传统意义上的方法重载（即通过方法名相同但参数不同来区分方法）。不过，我们可以通过默认参数或可变参数实现类似的功能。

```python
class Math:
    def add(self, *args):
        return sum(args)

math = Math()    # 创建对象

# 使用不同数量的参数
print(math.add(1, 2))
print(math.add(1, 2, 3))
print(math.add(1, 2, 3, 4))
```

输出结果如下。

```
3
6
10
```

上述代码中的 add() 方法使用了可变参数 *args，它可以接收任意数量的参数，达到类似方法重载的效果。

总的来说，重写是指子类重新定义父类的方法，从而覆盖父类的实现。方法重载在 Python 中通过可变参数或默认参数实现，允许在同一方法名下处理不同数量的参数。

9.3.3　多态的实现

多态（polymorphism）是指同一个方法或操作作用于不同的对象时，产生不同的表现形式。在面向对象编程中，多态通常是通过方法的重写实现的。多态使得我们可以通过父类的引用来调用子类的方法，从而实现灵活的功能扩展。

```python
class Animal:
    def speak(self):
        print("Animal makes a sound")

class Dog(Animal):
    def speak(self):
        print("Dog barks")

class Cat(Animal):
    def speak(self):
        print("Cat meows")

animals = [Dog(), Cat()]    # 创建对象

# 多态：通过同一个接口调用不同子类的方法
for animal in animals:
    animal.speak()
```

上述代码的运行结果如下。

```
Dog barks
Cat meows
```

在这个例子中，animals 列表包含了 Dog 和 Cat 类型的对象。虽然我们只通过 speak() 方法来调用，但根据不同的对象类型，speak() 方法的实现会有所不同，这就是多态的表现。

小结

（1）继承：通过继承，子类能够继承父类的属性和方法，并可以进行扩展和修改。

（2）重写：子类通过重写父类的方法，改变或扩展父类方法的行为。

（3）多态：同一操作作用于不同对象时，表现出不同的行为，通过父类引用调用子类方法，使代码更加灵活且扩展性更强。

这些类的相关概念在面向对象编程中非常重要，可以帮助读者构建更加灵活、可维护的代码。

【例 9.2】形状类的继承与多态。（实例位置：资源包\Python\S09\Examples\02.py）

（1）定义一个父类 Shape，包含方法 calculate_area()，返回面积（默认返回 0 或抛出 NotImplementedError）。

（2）定义子类 Circle 和 Rectangle，继承自 Shape。Circle 类需添加实例属性 radius（半径），并重写 calculate_area()方法计算圆面积（公式：πr^2）；Rectangle 类需添加实例属性 length（长）和 width（宽），并重写 calculate_area()方法计算矩形面积（公式：长×宽）。

（3）使用多态特性，遍历包含不同形状对象的列表，统一调用 calculate_area()方法。

（4）创建对象并验证结果。

参考代码如下。

```python
import math

class Shape:  # 父类：形状
    def calculate_area(self):
        raise NotImplementedError("子类必须实现此方法")

class Circle(Shape):  # 子类：圆形
    def __init__(self, radius):
        self.radius = radius

    def calculate_area(self):
        return math.pi * self.radius ** 2

class Rectangle(Shape):  # 子类：矩形
    def __init__(self, length, width):
        self.length = length
        self.width = width

    def calculate_area(self):
        return self.length * self.width

shapes = [        # 多态演示：统一处理不同形状
    Circle(3),                         # 半径为3的圆
    Rectangle(4, 5),                   # 长为4宽为5的矩形
    Circle(5)                          # 半径为5的圆
]

for idx, shape in enumerate(shapes, 1):    # 遍历列表计算面积
    area = shape.calculate_area()
    print(f"形状{idx}的面积：{area:.2f}")       # 保留两位小数
```

运行上述代码，输出结果如下。

```
形状1的面积：28.27
形状2的面积：20.00
形状3的面积：78.54
```

上述代码通过继承和多态，子类可以实现父类方法的具体功能，从而根据不同对象的类型执行不同的行为。多态使得代码能够在统一接口下处理不同类型的对象，提高代码的灵活性和可扩展性。

通过此例题，读者可以掌握继承、方法重写、多态的核心思想，理解面向对象编程中代码复用与灵活扩展的优势。

通义灵码优化代码结构

读者阅读上文案例代码，可能会发现代码可维护性较低，使用通义灵码的 AI 程序员功能，对其发出指令"现在的代码可维护性较低，请优化代码"，读者可以在右侧看到修改说明，左侧实时同步修改详情，此时可以单击接受，如图 9.4 所示。

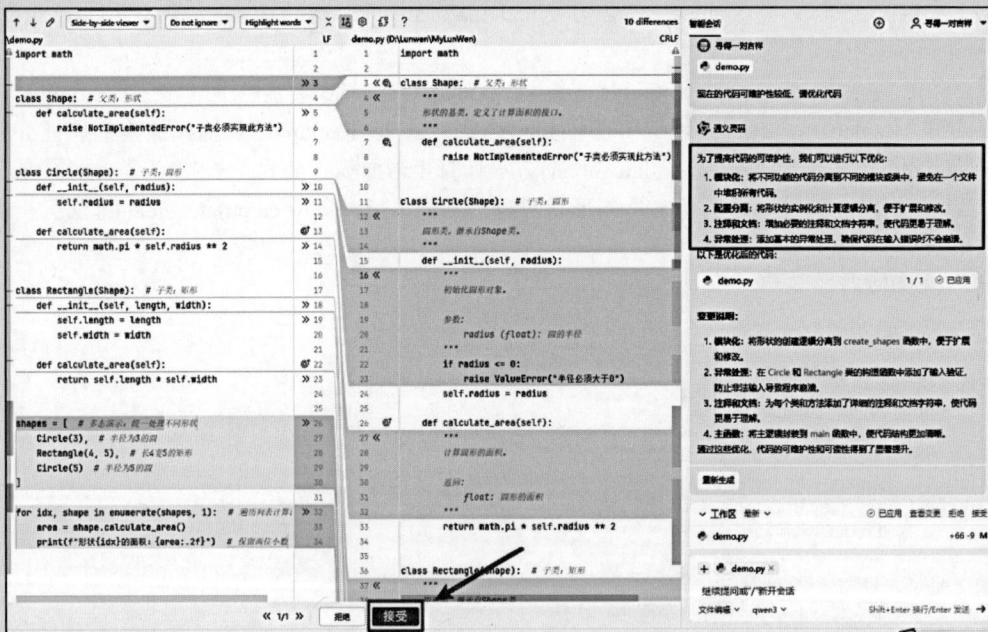

图 9.4　通义灵码优化代码结构

优化后的代码如下。

```python
import math
class Shape:                              # 父类：形状
    """
    形状的基类，定义了计算面积的接口。
    """
    def calculate_area(self):
        raise NotImplementedError("子类必须实现此方法")
class Circle(Shape):                      # 子类：圆形
    """
    圆形类，继承自 Shape 类。
    """
    def __init__(self, radius):
        """
        初始化圆形对象。
        参数:
            radius (float): 圆的半径
        """
```

```
        if radius <= 0:
            raise ValueError("半径必须大于0")
        self.radius = radius
    def calculate_area(self):
        """
        计算圆形的面积。
        返回:
            float: 圆形的面积
        """
        return math.pi * self.radius ** 2
class Rectangle(Shape):                          # 子类: 矩形
    """
    矩形类, 继承自 Shape 类。
    """
    def __init__(self, length, width):
        """
        初始化矩形对象。
        参数:
            length (float): 矩形的长度
            width (float): 矩形的宽度
        """
        if length <= 0 or width <= 0:
            raise ValueError("长度和宽度必须大于0")
        self.length = length
        self.width = width
    def calculate_area(self):
        """
        计算矩形的面积。
        返回:
            float: 矩形的面积
        """
        return self.length * self.width
def create_shapes():
    """
    创建形状对象的列表。
    返回:
        list: 包含不同形状对象的列表
    """
    return [
        Circle(3),                               # 半径为3的圆
        Rectangle(4, 5),                         # 长4宽5的矩形
        Circle(5)                                # 半径为5的圆
    ]
def main():
    """
    主函数, 遍历形状列表并计算每个形状的面积。
    """
    shapes = create_shapes()
    for idx, shape in enumerate(shapes, 1):      # 遍历列表计算面积
        try:
            area = shape.calculate_area()
            print(f"形状{idx}的面积: {area:.2f}")   # 保留两位小数
        except Exception as e:
            print(f"计算形状{idx}的面积时出错: {e}")
if __name__ == "__main__":
    main()
```

优化后的代码通过将形状创建逻辑分离到 create_shapes() 函数中, 增强了代码的模块化和可维护性。在 Circle 和 Rectangle 类的构造函数中添加了输入验证, 提高了代码的健壮性。此外, 为每个类和方法添加了详细的文档字符串, 提升了代码的可读性。通过引入异常捕获机制, 确保单个形状计算错误不会影响整体程序运行。这些优化措施共同提升了代码的整体质量。

9.4　类的封装与抽象

在 OOP 中，封装和抽象是两个非常重要的概念。它们可以帮助读者管理复杂的系统，保护对象的内部数据，并提供更简单的接口与更清晰的代码结构。

9.4.1　封装的概念与实现

封装是面向对象编程的一项基本特性，它指的是将对象的属性（数据）和方法（行为）打包成一个整体，并对外界隐藏对象的内部实现。封装的目的是保护对象的状态不被随意改变，同时暴露必要的接口供外部操作。封装有以下两个主要特征。

（1）隐藏数据：类的内部数据通过访问控制进行隐藏，外部无法直接访问和修改。

（2）暴露接口：通过方法提供访问对象数据和操作对象的方法。

在 Python 中，用户通过将属性设为私有（以双下画线__开头）实现数据隐藏。通过公共方法（通常称为 getter()和 setter()方法）提供访问和修改私有属性的接口。

封装实现的示例代码如下。

```python
class Account:
    def __init__(self, owner, balance=0):
        self.owner = owner
        self.__balance = balance      # 私有属性

    def get_balance(self):            # getter()方法，获取余额
        return self.__balance

    # setter()方法，更新余额
    def deposit(self, amount):
        if amount > 0:
            self.__balance += amount
        else:
            print("存款金额必须大于零")

    # 取款方法
    def withdraw(self, amount):
        if amount > 0 and amount <= self.__balance:
            self.__balance -= amount
        else:
            print("取款金额不合法")

account = Account("Alice", 1000)      # 创建账户对象

# 访问公共方法
print(account.get_balance())          # 输出: 1000
account.deposit(500)                  # 存款 500
account.withdraw(200)                 # 取款 200
print(account.get_balance())          # 输出: 1300
```

在这个例子中，__balance 是一个私有属性，外部无法直接访问或修改它。通过 deposit()和 withdraw()方法提供对余额的操作，确保了余额的合理性和一致性。

封装的优点

（1）数据保护：可以保护数据不被外部代码随意修改。

（2）接口简化：用户可以通过简单的方法接口与对象交互，而不需要了解对象内部的复杂实现。

（3）增强代码的可维护性：通过封装，我们能够控制数据的访问和修改方式，避免错误或不一致的操作。

封装通过隐藏对象的内部实现，提供安全的接口来控制数据访问和修改，从而保护对象的状态。它提高了代码的可维护性、可扩展性，并简化了外部与对象的交互。

9.4.2　抽象类与抽象方法

抽象是指在编程中仅定义类的接口而不提供具体的实现。抽象类是不能实例化的类，它只能被继承，用来提供子类的共同接口和部分实现。抽象类通常包含一个或多个抽象方法，这些方法没有具体实现，并由子类实现。

在 Python 中，抽象类通过 abc 模块来定义，ABC 类是抽象类的基类，abstractmethod 装饰器用于标记抽象方法。抽象类与抽象方法的示例代码如下。

```python
from abc import ABC, abstractmethod

class Animal(ABC):
    @abstractmethod
    def speak(self):
        pass

class Dog(Animal):
    def speak(self):
        print("Woof!")

class Cat(Animal):
    def speak(self):
        print("Meow!")

dog = Dog()# 创建对象
cat = Cat()

dog.speak()
cat.speak()
```

运行上述代码，输出结果如下。

```
Woof!
Meow!
```

在这个例子中，Animal 是一个抽象类，其中包含一个抽象方法 speak()，该方法没有具体的实现。Dog 和 Cat 类继承自 Animal，并实现了 speak()方法。

抽象类的特点

（1）不能直接实例化，必须由子类实现抽象方法。

（2）可以包含已实现的方法，但至少有一个抽象方法。

9.4.3 封装与抽象的实践

封装和抽象常常一起使用，以构建高效、可扩展且易于维护的代码结构。封装侧重于保护和隐藏对象的内部数据，而抽象则提供了统一的接口和行为规范。

假设读者正在开发一个图形绘制系统，其中需要管理不同类型的形状（如圆、矩形等），现在可以通过封装保护形状的属性，使用抽象类提供统一的接口。结合封装与抽象的示例代码如下。

```python
from abc import ABC, abstractmethod

# 抽象基类：形状
class Shape(ABC):
    @abstractmethod
    def area(self):
        pass

    @abstractmethod
    def perimeter(self):
        pass

# 子类：圆
class Circle(Shape):
    def __init__(self, radius):
        self.__radius = radius          # 封装半径属性

    def area(self):
        return 3.14 * self.__radius * self.__radius

    def perimeter(self):
        return 2 * 3.14 * self.__radius

class Rectangle(Shape):                 # 子类：矩形
    def __init__(self, width, height):
        self.__width = width            # 封装宽度属性
        self.__height = height          # 封装高度属性

    def area(self):
        return self.__width * self.__height

    def perimeter(self):
        return 2 * (self.__width + self.__height)

circle = Circle(5)                      # 创建对象
rectangle = Rectangle(4, 6)

print(f"Circle Area: {circle.area()}")      # 调用方法
print(f"Rectangle Area: {rectangle.area()}")
```

上述代码的运行结果如下。

```
Circle Area: 78.5
Rectangle Area: 24
```

在这个例子中，Shape 是一个抽象类，定义了所有形状都必须实现的 area() 和 perimeter() 方法。Circle 和 Rectangle 是子类，实现了这些抽象方法，并且通过封装隐藏了半径、宽度和高度等属性。area() 和 perimeter() 方法提供了计算面积和周长的接口。

通过封装和抽象的结合，我们实现了一个灵活且可扩展的图形系统。如果读者需要新增其他形状，只需创建新的子类并实现 area() 和 perimeter() 方法，而不需要修改现有的代码。

小结

（1）封装：通过隐藏对象的内部实现保护数据，并通过方法暴露必要的接口，确保数据的完整性和安全性。

（2）抽象：定义统一的接口（抽象类），并通过抽象方法强制要求子类提供具体的实现，从而规范子类的行为。

（3）封装与抽象结合使用：可以为系统提供更好的扩展性、维护性和灵活性，减少复杂性和耦合度。

通过封装和抽象，我们可以设计出结构清晰、易于扩展和维护的面向对象系统。

【例9.3】为平台开发支付系统。（实例位置：资源包\Python\S09\Examples\03.py）

小华正在为一家在线购物平台开发支付系统。该平台支持多种支付方式，包括信用卡支付和支付宝支付。读者需要设计一个支付系统，并要求如下。

（1）定义一个抽象基类Payment，包含两个抽象方法：process_payment(amount)（处理支付）和get_payment_info()（获取支付方式信息）。

（2）根据需求，创建如下两个子类。

①CreditCardPayment：表示信用卡支付，需要包含私有属性card_number（卡号）和security_code（安全码），实现process_payment()和get_payment_info()方法。process_payment()方法输出支付成功的提示，并只显示卡号的后四位。

②AlipayPayment：表示支付宝支付，包含私有属性account（支付宝账号），实现process_payment()和get_payment_info()方法。

（3）支付系统的多态处理：系统能够处理多种支付方式。设计一个函数process_all_payments(payments)，接收一个支付方式列表并对每个支付对象调用process_payment()和get_payment_info()方法，模拟支付操作。

（4）验证封装性。尝试直接访问CreditCardPayment类的私有属性，看看是否会报错。

参考解题代码如下。

```python
from abc import ABC, abstractmethod

class Payment(ABC):                              # 抽象基类：支付方式
    @abstractmethod
    def process_payment(self, amount):
        pass

    @abstractmethod
    def get_payment_info(self):
        pass

class CreditCardPayment(Payment):                # 子类：信用卡支付
    def __init__(self, card_number, security_code):
        self.__card_number = card_number         # 私有属性：卡号
        self.__security_code = security_code     # 私有属性：安全码

    def process_payment(self, amount):
        print(f"信用卡支付：扣款{amount}元（卡号尾号：{self.__card_number[-4:]}）")

    def get_payment_info(self):
        return f"信用卡：****-****-****-{self.__card_number[-4:]}"

class AlipayPayment(Payment):                    # 子类：支付宝支付
    def __init__(self, account):
```

```
            self.__account = account                # 私有属性：支付宝账号

        def process_payment(self, amount):
            print(f"支付宝支付：扣款{amount}元（账号：{self.__account}）")

        def get_payment_info(self):
            return f"支付宝账号：{self.__account}"

# 多态演示：统一处理不同支付方式
payments = [
    CreditCardPayment("1234567812345678", "123"),
    AlipayPayment("alice@example.com")
]

# 遍历处理支付请求
for payment in payments:
    payment.process_payment(100)                    # 支付100元
    print("支付方式信息：", payment.get_payment_info())

# 验证封装：尝试直接访问私有属性（会报错）
try:
    card_payment = CreditCardPayment("1111222233334444", "456")
    print(card_payment.__card_number)               # 错误访问
except AttributeError as e:
    print("\n错误信息：", e)
```

运行上述代码，运行结果如图 9.5 所示。

```
信用卡支付：扣款100元（卡号尾号：5678）
支付方式信息： 信用卡：****-****-****-5678
支付宝支付：扣款100元（账号：alice@example.com）
支付方式信息： 支付宝账号：alice@example.com

错误信息： 'CreditCardPayment' object has no attribute '__card_number'
```

图 9.5　平台支付系统运行结果

读者通过该支付系统的抽象基类和多态处理了不同支付方式的统一操作，使得代码更具灵活性和可扩展性。其中，封装性得到了验证，并通过私有属性限制了直接访问，确保了数据的安全性和一致性。

通义灵码解决报错

如图 9.5 所示，最后有错误信息，其原因是代码中直接访问私有属性。现在将代码中的 try…except 删除并运行代码，让通义灵码解决此类问题。

```
card_payment = CreditCardPayment("1111222233334444", "456")
print(card_payment.__card_number)  # 错误访问
```

在 AI 程序员对话框中写入"运行代码，解决报错"，通义灵码的解决方案如图 9.6 所示，可以观察到其添加了公共方法来访问私有属性。

通义灵码的解决思路为："代码中尝试直接访问私有属性__card_number，这会导致 AttributeError。为了解决这个问题，我们需要通过公共方法来访问这些私有属性。"

因为源代码中直接访问类中的私有属性会导致 AttributeError，这违反了面向对象编程中的封装原则。为了解决这一问题，应该通过定义公共方法访问私有属性，从而保护数据不被外部直接修改或泄露。通过这种方式，不仅能避免代码运行时出现错误，还能提高数据访问的安全性与代码的可维护性，从修改的代码来看，通义灵码的表现十分优秀，读者可以勤加练习使用，从而高效提升对代码的纠错效率。

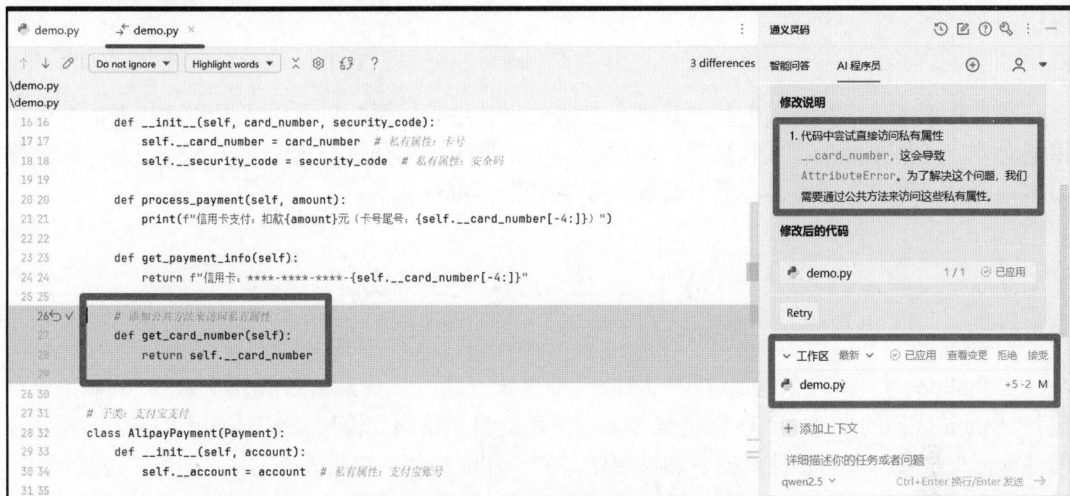

图9.6　通义灵码解决报错

9.5　习　　题

习题答案

1. 面向对象编程（OOP）中，以下哪个概念是指将数据与方法封装在一起，使其成为一个独立的单位？（　　　）

A. 继承　　　　　　　B. 多态　　　　　　　C. 封装　　　　　　　　D. 抽象

2. 在面向对象编程中，方法重载的主要目的是？（　　　）

A. 在同一类中使用相同的方法名，但具有不同的参数

B. 在不同类中重写父类的方法

C. 将方法转化为构造函数

D. 自动管理内存分配

3. 面向对象编程中的"三大特性"是_____。

4. 在 Python 中，创建一个类的实例时，调用类的构造方法"__init__()"，该方法的第一个参数通常是_____，它代表类的实例本身。

5. 请简述面向对象编程中继承和多态的概念，并通过代码示例说明如何使用继承创建一个子类，并在子类中重写父类的方法以实现多态。

本章涵盖了模块和包的创建与管理、异常处理的进阶应用，以及生成器和迭代器的高效使用。此外，还将介绍上下文管理器的概念与实现，展示如何通过自定义解决实际问题。通过学习本章内容，读者将能够编写更加高效、可维护的 Python 代码。

10.1 模 块 与 包

在 Python 中，模块和包是组织代码的两种重要方式（其关系如图 10.1 所示）。模块是一个包含 Python 代码的文件，而包则是包含多个模块的目录结构。模块和包不仅可以提高代码的复用性和可维护性，还可以使代码更加模块化，便于团队协作和项目管理。

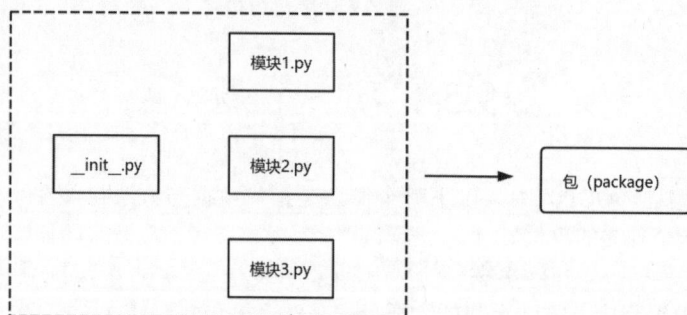

图 10.1 模块与包的关系

10.1.1 模块的概念与创建

模块是一个包含 Python 代码的文件，文件名以.py 结尾。一个模块可以包含变量、函数、类和运行的代码。模块化编程有助于提高代码的复用性、可读性和可维护性。

1. 模块的创建

在 Python 中，任何一个包含 Python 代码的文件都可以称为模块。读者可以创建一个简单的模块，通过将代码保存为.py 文件，即可在其他代码中引用。

例如，创建一个模块 math_operations.py，该模块包含两个函数：加法和减法。

```
# math_operations.py

def add(a, b):
    return a + b

def subtract(a, b):
    return a - b
```

上述代码定义了一个简单的模块 math_operations.py，其中包含了两个函数：add()和 subtract()，这些函数分别实现了加法和减法运算。

2. 使用模块

在 Python 中，可使用 import 语句导入模块并使用其中的函数、变量和类。例如，读者可以在另一个 Python 文件中使用上面创建的 math_operations 模块。

```
# main.py
import math_operations

result_add = math_operations.add(5, 3)
result_subtract = math_operations.subtract(5, 3)

print(f"加法结果：{result_add}")
print(f"减法结果：{result_subtract}")
```

运行上述代码，结果如下。

```
加法结果：8
减法结果：2
```

3. 从模块中导入特定的函数

读者如果只需要从模块中导入某个特定的函数，可以使用 from…import…语法。

```
# main.py

from math_operations import add

result = add(5, 3)
print(f"加法结果：{result}")
```

模块的命名规则

Python 中的模块文件名通常是小写字母，多个单词可以使用下画线（_）分隔。尽量避免使用 Python 的关键字、内置函数名或模块名作为模块名称。

10.1.2 包的概念与创建

包是一个包含多个模块的目录。每个包的目录下至少有一个 __init__.py 文件，这个文件可以为空，但它标志着该目录是一个包，可以被 Python 导入和使用。

1. 包的创建

创建一个包很简单，只需要按照以下步骤操作即可。

（1）创建一个目录。

（2）在该目录下添加多个 Python 模块文件。

（3）在该目录下创建一个 __init__.py 文件。

例如，读者可以创建一个名为 shapes 的包，该包包含两个模块：circle.py 和 square.py。

```
shapes/
    __init__.py
    circle.py
    square.py
```

circle.py 模块内容如下。

```
# shapes/circle.py
import math
```

```
def area(radius):
    return math.pi * radius ** 2

def perimeter(radius):
    return 2 * math.pi * radius
```

square.py 模块内容如下。

```
# shapes/square.py
def area(side):
    return side ** 2

def perimeter(side):
    return 4 * side
```

__init__.py 文件如下。

```
# shapes/__init__.py
# 通过该文件将模块初始化
```

完成创建后，当前的 shapes 包结构如图 10.2 所示。

2. 包的使用

在创建好包之后，接下来就是如何使用这个包。包的使用通常通过导入包中的模块或者特定的函数实现。Python 提供了非常方便的导入机制，支持从包中导入单个模块、多个模块或整个包。

（1）导入并使用整个模块以及使用两个模块中的函数。示例代码如下。

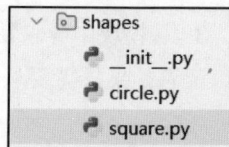

图 10.2　shapes 包结构

```
# 导入包中的模块
import shapes.circle
import shapes.square

# 调用 circle 模块中的函数
print(shapes.circle.area(5))
print(shapes.circle.perimeter(5))

# 调用 square 模块中的函数
print(shapes.square.area(4))
print(shapes.square.perimeter(4))
```

运行上述代码，输出结果如下。

```
78.53981633974483
31.41592653589793
16
16
```

在这个例子中，导入了 shapes.circle 和 shapes.square 模块，并通过模块名称调用其中的函数。为了避免命名冲突，通常会使用完整的模块路径。

（2）导入包中的特定函数。如果只需要使用包中的某个模块的特定函数，可以通过 from…import…语法导入特定的函数。这种方式更简洁，且代码更加清晰。

```
# 从 circle 模块中导入 area() 和 perimeter() 函数
from shapes.circle import area, perimeter

# 直接使用导入的函数
print(area(5))
print(perimeter(5))
```

运行上述代码，输出结果如下。

```
78.53981633974483
31.41592653589793
```

这种方式将 shapes.circle 模块中的 area() 和 perimeter() 函数直接导入到当前命名空间中，可以直接调用函数而不需要使用模块名作为前缀。

在上述创建和使用包的操作中，可以看出，Python 提供了更加模块化和结构化的编程方式，以帮助读者更好地组织代码。包的使用不仅能提高代码的可读性，还能增强其可维护性和复用性。掌握包的概念和应用，将使开发过程更加高效和灵活。

【例 10.1】自定义包实现温度转换的计算。（实例位置：资源包\Python\S10\Examples\01）

本题要求用户创建一个包 temperature，该包包含两个模块：celsius.py 和 fahrenheit.py。

（1）在 celsius.py 中，定义两个函数：to_fahrenheit(celsius) 将摄氏温度转换为华氏温度，to_kelvin(celsius) 将摄氏温度转换为开尔文温度。

（2）在 fahrenheit.py 中，定义两个函数：to_celsius(fahrenheit) 将华氏温度转换为摄氏温度，to_kelvin(fahrenheit) 将华氏温度转换为开尔文温度。

（3）在主程序 main.py 中，导入 temperature 包，使用 celsius.py 和 fahrenheit.py 中的函数进行温度转换并输出结果。

参考实现代码如下。

第一步，新建包文件 temperature，在文件 temperature 下新建文件 __init__.py、celsius.py、fahrenheit.py。在文件 temperature 外新建主程序 main.py。

当前目录如下。

```
temperature/
    __init__.py
    celsius.py
    fahrenheit.py
main.py
```

celsius.py 文件代码如下。

```
# celsius.py
def to_fahrenheit(celsius):
    """将摄氏温度转换为华氏温度"""
    return (celsius * 9/5) + 32

def to_kelvin(celsius):
    """将摄氏温度转换为开尔文温度"""
    return celsius + 273.15
```

fahrenheit.py 文件代码如下。

```
# fahrenheit.py
def to_celsius(fahrenheit):
    """将华氏温度转换为摄氏温度"""
    return (fahrenheit - 32) * 5/9

def to_kelvin(fahrenheit):
    """将华氏温度转换为开尔文温度"""
    return (fahrenheit - 32) * 5/9 + 273.15
```

__init__.py 文件可以为空，用于标识这是一个包。

主程序 main.py 的代码如下。

```
# main.py

# 导入包中的模块
import temperature.celsius
import temperature.fahrenheit
```

```
# 使用celsius模块进行温度转换
celsius_value = 0  # 摄氏温度
fahrenheit_from_celsius = temperature.celsius.to_fahrenheit(celsius_value)
kelvin_from_celsius = temperature.celsius.to_kelvin(celsius_value)

# 使用fahrenheit模块进行温度转换
fahrenheit_value = 32  # 华氏温度
celsius_from_fahrenheit = temperature.fahrenheit.to_celsius(fahrenheit_value)
kelvin_from_fahrenheit = temperature.fahrenheit.to_kelvin(fahrenheit_value)

# 输出结果
print(f"{celsius_value} 摄氏度转换为华氏度：{fahrenheit_from_celsius}")
print(f"{celsius_value} 摄氏度转换为开尔文：{kelvin_from_celsius}")
print(f"{fahrenheit_value} 华氏度转换为摄氏度：{celsius_from_fahrenheit}")
print(f"{fahrenheit_value} 华氏度转换为开尔文：{kelvin_from_fahrenheit}")
```

运行上述代码，输出结果如下。

```
0摄氏度转换为华氏度：32.0
0摄氏度转换为开尔文：273.15
32华氏度转换为摄氏度：0.0
32华氏度转换为开尔文：273.15
```

解释

（1）temperature/celsius.py 模块提供了将摄氏温度转换为华氏温度和开尔文温度的函数。

（2）temperature/fahrenheit.py 模块提供了将华氏温度转换为摄氏度和开尔文温度的函数。

（3）main.py 中导入了这两个模块并使用它们进行温度转换，最后打印转换结果。

通过这个例子，读者可以学习如何创建包和模块，并在主程序中使用它们来完成任务。

10.2　异　常　处　理

在编程过程中，程序会遇到一些不可预见的错误，这些错误会导致程序终止执行。为了确保程序在出现错误时能够做出合适的处理，Python 提供了异常处理机制。异常处理机制可以帮助程序捕获错误并进行相应的处理，从而保证程序的健壮性和稳定性。

10.2.1　异常处理的基本概念

异常（exception）是指程序在执行过程中遇到的错误。Python 通过 try、except、else 和 finally 语句块处理异常。

1. try 语句

try 语句用来包装可能发生异常的代码。当 try 代码块中的代码执行出错时，Python 会跳转到 except 代码块进行异常处理。

```
try:
    # 可能发生错误的代码
    x = 1 / 0  # 这里会引发ZeroDivisionError
except ZeroDivisionError:
    print("除零错误！")
```

输出结果如下。

除零错误!

2. except 语句

except 用于捕获在 try 代码块中发生的异常,并指定如何处理这些异常。既可以通过指定异常类型(如 ZeroDivisionError)捕获特定的异常,也可以使用通配符 except:捕获所有类型的异常。

```
try:
    # 可能发生错误的代码
    x = 1 / 0
except ZeroDivisionError as e:
    print(f"错误类型: {type(e)} - 除零错误! ")
```

输出结果如下。

错误类型: <class 'ZeroDivisionError'> - 除零错误!

3. else 语句

else 语句在 try 代码块没有发生异常时执行。如果 try 代码块执行成功,则会跳过 except,执行 else 代码块中的内容。

```
try:
    x = 5 / 2
except ZeroDivisionError:
    print("除零错误! ")
else:
    print("没有发生异常,结果是: ", x)
```

输出如下。

没有发生异常,结果是: 2.5

4. finally 语句

无论是否发生异常,finally 语句都会被执行。finally 语句通常用于释放资源或执行一些清理工作,如关闭文件、数据库连接等。

```
try:
    x = 1 / 2
except ZeroDivisionError:
    print("除零错误! ")
finally:
    print("无论如何都会执行的代码。")
```

输出结果如下。

无论如何都会执行的代码。

5. 异常链

当发生异常时,Python 会生成一个异常对象,它包含了异常的类型、描述和栈信息。异常对象可以通过 as 关键字获取,并进行处理或记录。

```
try:
    x = int("abc")  # 将字符串转为整数会抛出 ValueError
except ValueError as e:
    print(f"错误发生: {e}")
```

输出结果如下。

错误发生: invalid literal for int() with base 10: 'abc'

总的来说，Python 的异常处理通过 try、except、else 和 finally 语句实现错误捕获与处理。try 块中可能出现错误的代码会被捕获，except 块进行相应的异常处理，else 块则在没有异常时执行。finally 块无论是否发生异常都会执行，通常用于资源清理。

10.2.2　自定义异常

除了 Python 内置的异常类型，读者还可以根据具体需要创建自定义异常。自定义异常通常用于程序特定的错误场景，以便能够提供更清晰的错误信息和处理机制。

1. 创建自定义异常类

自定义异常类需要继承自 Python 的内置异常类 Exception。可以根据需要为自定义异常类添加额外的功能，比如错误码或详细的错误信息。下面定义一个名为 CustomError 的异常类，该类继承了 Exception，并可以接收一个错误信息。示例代码如下。

```python
class CustomError(Exception):
    def __init__(self, message):
        super().__init__(message)
        self.message = message
```

2. 引发自定义异常

通过 raise 语句可以手动引发自定义异常。

```python
def divide(a, b):
    if b == 0:
        raise CustomError("除数不能为零！")
    return a / b

try:
    result = divide(10, 0)
except CustomError as e:
    print(f"发生了自定义异常：{e}")
```

输出结果如下。

```
发生了自定义异常：除数不能为零！
```

3. 自定义异常的扩展

自定义异常类还可以包含更多的信息，比如错误代码或错误时间等。

```python
class DetailedError(Exception):
    def __init__(self, message, code):
        super().__init__(message)
        self.message = message
        self.code = code

    def __str__(self):
        return f"[{self.code}] {self.message}"

try:
    raise DetailedError("某些参数无效", 400)
except DetailedError as e:
    print(f"发生错误：{e}")
```

运行上述代码，输入结果如下。

```
发生错误：[400]某些参数无效
```

小结

（1）异常是程序在执行过程中发生的错误。Python 提供了 try、except、else 和 finally 语句处理异常。

（2）try 块中放置可能引发异常的代码，except 块用来捕获和处理异常，else 块在没有异常时执行，finally 块用于执行清理操作。

（3）自定义异常可以通过继承 Exception 类来创建，并通过 raise 语句引发自定义异常。自定义异常可以携带更多的错误信息，以便更好地处理程序中的特定错误。

【例 10.2】文件读取和异常处理。（实例位置：资源包\Python\S10\Examples\02）

读者需要编写一个程序，读取一个名为 data.txt 的文件，该文件包含多行数字，程序需要计算数字的总和。如果文件中包含非数字内容或者文件无法找到，程序应该捕获并处理异常，确保程序不会崩溃。

读者需要先创建一个 data.txt 文件，内容如下。

```
10
20
30
invalid_data
40
```

编写程序处理文件读取、计算总和操作，并捕获以下异常：

（1）文件未找到（FileNotFoundError）。

（2）非数字数据（ValueError）。

（3）自定义异常：无效数据（InvalidDataError）。

要求读者使用 try-except 捕获异常，并且使用 finally 确保文件操作结束后输出提示信息。实现代码如下。

```python
class InvalidDataError(Exception):
    """自定义异常：用于处理无效数据的错误"""
    pass

def read_and_sum(filename):
    try:
        with open(filename, 'r') as file:
            total = 0
            for line in file:
                line = line.strip()
                try:
                    total += int(line)
                except ValueError:
                    raise InvalidDataError(f"无效数据：{line}")
            return total
    except FileNotFoundError:
        print(f"错误：文件 {filename} 未找到！")
    except InvalidDataError as e:
        print(f"错误：{e}")
    except Exception as e:
        print(f"未知错误：{e}")
    finally:
        print("文件读取操作完成！")

filename = "data.txt"
result = read_and_sum(filename)
if result is not None:
    print(f"文件中数字的总和是：{result}")
```

执行上述代码，运行结果如下。

```
错误：无效数据：invalid_data
文件读取操作完成！
```

读者可以尝试使用通义灵码对代码生成单元测试，在代码区单击通义灵码的图标，然后选择"生成单元测试"命令，如图 10.3 所示。

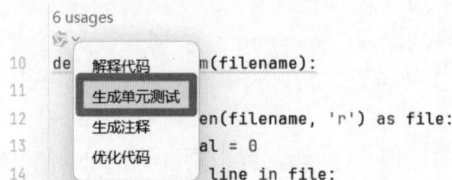

```
            6 usages
    10  de  解释代码      m(filename):
    11      生成单元测试
    12      生成注释      en(filename, 'r') as file:
    13      优化代码       al = 0
    14               line in file:
```

图 10.3　通义灵码生成单元测试

生成的单元测试代码如下。

```python
import unittest
from unittest.mock import mock_open, patch
from main import read_and_sum

class TestReadAndSum(unittest.TestCase):

    def test_normal_case(self):
        """测试正常情况：文件存在且所有数据都是有效的整数"""
        mock_file_content = "1\n2\n3\n4\n5"
        with patch('builtins.open', mock_open(read_data=mock_file_content)):
            result = read_and_sum('dummy_file.txt')
            self.assertEqual(result, 15)

    def test_file_not_found(self):
        """测试文件不存在的情况"""
        with patch('builtins.open', side_effect=FileNotFoundError):
            read_and_sum('nonexistent_file.txt')
            # 由于函数内部已经处理了异常并打印了信息，这里只需要确保没有异常抛出即可

    def test_invalid_data(self):
        """测试文件包含无效数据的情况"""
        mock_file_content = "1\na\n3"
        with patch('builtins.open', mock_open(read_data=mock_file_content)):
            read_and_sum('dummy_file.txt')
            # 由于函数内部已经处理了异常并打印了信息，这里只需要确保没有异常抛出即可

    def test_other_exception(self):
        """测试其他异常情况"""
        with patch('builtins.open', side_effect=Exception("Unknown error")):
            read_and_sum('dummy_file.txt')
            # 由于函数内部已经处理了异常并打印了信息，这里只需要确保没有异常抛出即可

if __name__ == '__main__':
    unittest.main()
```

运行上述测试代码，结果如下。

```
错误：无效数据：invalid_data
文件读取操作完成！
错误：文件 nonexistent_file.txt 未找到！
文件读取操作完成！
错误：无效数据：a
文件读取操作完成！

Ran 4 tests in 0.015s
```

```
OK
文件读取操作完成!
未知错误：Unknown error
文件读取操作完成!
```

测试用例分析如下。

（1）正常情况：文件存在且所有数据都是有效的整数。

（2）文件不存在：文件路径错误或文件不存在。

（3）文件包含无效数据：文件中包含无法转换为整数的数据。

（4）其他异常：模拟其他未知异常的发生。

通过以上测试用例，可以全面覆盖 read_and_sum()函数的各个分支和异常处理逻辑。

单元测试的作用

单元测试的作用主要体现在验证代码功能的正确性、提高代码质量和可维护性。通过对软件的最小可测试单元进行独立测试，开发人员可以及时发现潜在的错误或问题，从而避免在后期开发中出现更复杂的故障。

单元测试有助于确保每个函数或方法按照预期工作，且在对代码进行修改或重构时，可以避免破坏已有的功能。

总的来说，单元测试能够提升开发效率，增强代码的稳定性和可维护性，是现代软件开发中不可或缺的一部分内容。

10.3　生成器与迭代器

生成器和迭代器是 Python 中非常重要的特性，它们使得在处理大量数据时可以更加高效、优雅地管理内存。本节将详细介绍迭代器与生成器的概念、使用方法以及生成器的应用与性能优化。

10.3.1　迭代器的概念与使用

迭代器（iterator）是一个可以遍历集合的数据结构。迭代器提供了以下两个核心方法。

（1）__iter__()方法返回迭代器对象本身，通常在定义类时实现该方法，使得该类可以被迭代。

（2）__next__()方法返回集合的下一个元素。如果集合中没有更多元素，则抛出 StopIteration 异常。

Python 的 for 循环会自动调用迭代器的__next__()方法获取元素。

1. 迭代器的创建

迭代器可以是 Python 内置的类型，比如列表、元组、字典等，或者自定义类。下面是一个手动实现迭代器的例子。

```
class MyIterator:
    def __init__(self, start, end):
        self.current = start
        self.end = end
```

```
    def __iter__(self):
        return self                    # 返回迭代器对象本身

    def __next__(self):
        if self.current >= self.end:
            raise StopIteration        # 当遍历完元素时，抛出 StopIteration 异常
        self.current += 1
        return self.current - 1

# 使用迭代器
my_iter = MyIterator(0, 5)
for num in my_iter:
    print(num)
```

上述代码的运行结果如下。

```
0
1
2
3
4
```

在上面的例子中，定义了一个简单的迭代器 MyIterator，它从 start 开始遍历，直到 end 为止。

2. 迭代器的内存优势

与传统的列表相比，迭代器具有显著的内存优势。因为迭代器是惰性求值的，它不会一次性把所有元素加载到内存中，而是每次需要时才计算下一个值。因此，在处理大量数据时，使用迭代器可以节省内存。

```
# 示例：通过迭代器处理大型数据集
def large_range(n):
    for i in range(n):
        yield i                        # 通过 yield 生成元素而不是一次性返回所有元素

# 使用迭代器
for num in large_range(1000000):
    if num == 100:                     # 仅打印到 100
        print(num)
        break
```

迭代器是一个可遍历的对象，通过实现__iter__()和__next__()方法支持迭代。与传统的列表不同，迭代器采用惰性求值策略，只有在需要时才计算下一个元素，从而大大节省了内存。通过示例，读者可以学习如何自定义迭代器，并了解利用迭代器处理大型数据集的优势。

10.3.2　生成器的概念与实现

生成器（generator）是通过 yield 语句生成的特殊类型的迭代器。与常规的迭代器相比，生成器的优势在于，它可以动态生成数据，而不需要一次性将所有数据加载到内存中。生成器函数可以包含一个或多个 yield 语句，每次调用 next()方法时，都会返回一个 yield 的结果。

1. 生成器的定义与使用

生成器函数通过 def 关键字定义，但与普通函数不同，生成器函数会使用 yield 生成一个值，并暂停函数的执行，直到下次调用 next()时继续执行。

```
def countdown(n):
    while n > 0:
        yield n
        n -= 1
```

```
# 使用生成器
gen = countdown(5)
for num in gen:
    print(num)
```

上述代码运行结果如下。

```
5
4
3
2
1
```

在这个例子中，countdown()是一个生成器函数，每次调用 yield 都会返回一个数字，并暂停函数执行，直到下次调用继续执行。

2. 生成器与常规函数的区别

常规函数会一次性计算并返回结果，而生成器函数则是惰性求值，它返回的是一个生成器对象，该对象可以在需要时生成值。

```
# 常规函数
def simple_function():
    return [1, 2, 3]

# 生成器函数
def simple_generator():
    yield 1
    yield 2
    yield 3

# 使用常规函数
result = simple_function()
print(result)

# 使用生成器
gen = simple_generator()
print(next(gen))
print(next(gen))
print(next(gen))
```

上述代码运行结果如下。

```
[1, 2, 3]
1
2
3
```

总的来说，生成器是通过 yield 语句定义的特殊类型的迭代器，它可以动态生成数据并惰性求值，避免一次性加载所有数据到内存中。与常规函数一次性返回结果不同，生成器函数每次调用 next()方法时会返回一个值并暂停，直到下次调用继续执行。

10.3.3　生成器的应用与性能优化

生成器在许多应用场景中都非常有用，尤其是在处理大数据集时，可以大大节省内存并提高性能。

1. 生成器的常见应用场景

（1）文件处理：生成器可以用来处理大文件，逐行读取文件而不是一次性将文件内容加载到内存中。

（2）流式数据处理：生成器非常适合处理流式数据（如网络请求、传感器数据），可以实时读取数据并进行处理，而不需要将整个数据集加载到内存中。

```python
def read_large_file(file_name):          # 文件处理示例
    with open(file_name, 'r') as file:
        for line in file:
            yield line.strip()           # 逐行读取

for line in read_large_file('large_file.txt'):
    print(line)                          # 使用生成器读取文件
```

2. 生成器的性能优化

生成器的优势之一是节省内存，同时，它也能带来一定的性能优化，尤其是在处理大量数据时，以下是一些优化技巧。

（1）延迟计算：生成器只有在请求时才生成下一个值，这意味着它不会浪费计算资源。

（2）避免内存溢出：对于非常大的数据集，生成器可以有效避免将整个数据集加载到内存中，从而减少内存使用。

```python
# 例子：处理大量数字的性能优化
def optimized_range(n):
    for i in range(n):
        if i % 100 == 0:  # 只处理符合条件的数据
            yield i

# 使用生成器处理大量数据
for num in optimized_range(1000000):
    if num == 10000:
        print("找到目标数字：", num)
        break
```

小结

迭代器是用于遍历集合的数据结构，它可以逐个访问集合中的元素，避免了将所有数据加载到内存中的问题。

生成器是通过 yield 关键字实现的特殊迭代器，它支持惰性求值，可以高效地处理大量数据。

生成器的应用广泛，尤其适合处理大数据集、流式数据和逐行文件读取。

在性能优化方面，生成器通过延迟计算和减少内存消耗，尤其是在需要处理大规模数据时，可以显著提高程序的性能。

【例 10.3】文件读取与处理。（实例位置：资源包\Python\S10\Examples\03）

读者需要编写一个生成器函数 read_large_file()，用于逐行读取一个大型文本文件，每次返回一行数据。在主程序中使用该生成器读取文件并打印每一行内容，直到读取文件结束。

实现代码如下。

```python
import psutil
import os

def get_memory_usage():
    """获取当前进程的内存使用情况（单位：MB）"""
    process = psutil.Process(os.getpid())        # 获取当前进程
    memory_info = process.memory_info()          # 获取内存信息
    return memory_info.rss / (1024 * 1024)       # 返回内存使用量（单位：MB）

def read_large_file(file_name):
```

```
    try:
        with open(file_name, 'r') as file:
            for line_number, line in enumerate(file, start=1):
                # 在每次读取一行前，记录当前内存占用
                memory_usage = get_memory_usage()
                print(f"当前内存使用: {memory_usage:.2f} MB")
                # 使用 yield 逐行返回，并加上行号作为标识
                yield f"行号 {line_number}: {line.strip()}"
    except FileNotFoundError:
        print(f"文件 '{file_name}' 未找到！")
    except Exception as e:
        print(f"发生错误: {e}")

# 主程序: 使用生成器逐行读取文件
file_name = 'large_file.txt'
for line in read_large_file(file_name):
    # 输出每行数据
    print(line)
```

考虑到本地没有大型数据文件，推荐读者使用通义灵码编写批量生成数据的脚本代码，如图 10.4 所示。

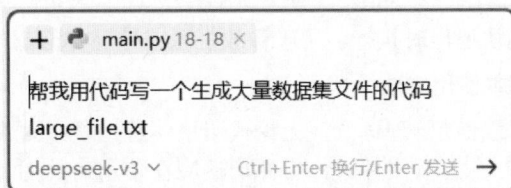

图 10.4　使用通义灵码批量生成数据

生成大量数据文件的代码如下。

```
def generate_large_file(file_name, num_lines):
    try:
        with open(file_name, 'w') as file:
            for i in range(num_lines):
                # 这里可以根据需要更改数据的内容，生成一些模拟数据
                file.write(f"这是第{i+1}行数据，内容模拟生成\n")
        print(f"成功生成 {file_name}，包含 {num_lines} 行数据")
    except Exception as e:
        print(f"生成文件时出错: {e}")

# 调用生成函数，生成一个包含1000000行的文件
generate_large_file('large_file.txt', 1000000)
```

执行上述代码会生成如图 10.5 所示的包含 100 万行的数据文件 large_file.txt。

执行上述"主程序: 使用生成器逐行读取文件"，生成效果如图 10.6 所示。

图 10.5　100 万行的数据文件

图 10.6　生成器逐行读取文件

159

该例题通过自定义一个生成器逐行读取大型文件并进行处理。生成器非常适合用于处理大文件，因为它可以一次读取一行数据，而不是将整个文件加载到内存中，从而节省大量的内存。

10.4　上下文管理器

上下文管理器（context manager）是 Python 中的一种特殊对象，用于管理资源的获取与释放。它通常用于需要在代码块开始时初始化某些资源，并在代码块结束时清理这些资源的场景。最常见的应用是 with 语句，并利用上下文管理器自动处理资源管理任务。

10.4.1　上下文管理器的概念

上下文管理器是一种实现了__enter__()和__exit__()方法的对象，这两个方法分别在进入和退出 with 语句块时自动调用。__enter__()方法在进入 with 语句时执行，用于获取资源；__exit__()方法在 with 语句块退出时执行，用于释放资源或处理异常。

1. 上下文管理器的基本使用方法

with 语句的主要优势是自动管理资源，无论代码块执行过程中是否出现异常，都能够保证资源被正确地释放。例如，在打开文件时，文件句柄应在使用后关闭，使用上下文管理器可以确保这一点。

```
# 使用上下文管理器打开文件
with open('example.txt', 'r') as file:
    content = file.read()
    print(content)
# 文件会在 with 语句结束时自动关闭，不需要手动调用 file.close()
```

在上面的代码中，open()函数返回一个上下文管理器对象，__enter__()方法会在 with 语句开始时打开文件，而__exit__()方法会在 with 语句块结束时自动关闭文件。

2. 上下文管理器的工作流程

（1）执行__enter__()方法，通常是资源的初始化操作。

（2）执行 with 语句块中的代码。

（3）无论 with 语句块中是否发生异常，都会执行__exit__()方法，用于清理资源。

```
class MyContextManager:
    def __enter__(self):
        print("Entering the context.")
        return self  # 可以返回需要管理的资源对象

    def __exit__(self, exc_type, exc_val, exc_tb):
        print("Exiting the context.")
        if exc_type:
            print(f"An exception occurred: {exc_type}")
        # 返回 True 时，抑制异常；返回 False 时，异常会被传播
        return False

# 使用自定义的上下文管理器
with MyContextManager() as cm:
    print("Inside the context.")
    # 触发异常
    raise ValueError("Something went wrong!")
```

运行上述代码，输出如下。

```
Entering the context.
Inside the context.
Exiting the context.
An exception occurred: <class 'ValueError'>
```

在上面的例子中，我们定义了一个简单的上下文管理器，进入和退出上下文时会打印相关信息。即使发生了异常，__exit__()方法也会被调用。

10.4.2 自定义上下文管理器

Python 允许用户根据需要自定义上下文管理器。自定义上下文管理器通常需要实现以下两个方法。

（1）__enter__(self)：在进入 with 语句时执行，用于获取资源。

（2）__exit__(self, exc_type, exc_val, exc_tb)：在退出 with 语句时执行，用于清理资源。

1. 自定义上下文管理器的实现

下面是一个示例，演示了如何使用自定义上下文管理器管理数据库连接。

```python
class DatabaseConnection:
    def __enter__(self):
        print("Opening database connection...")
        # 假设返回一个数据库连接对象
        self.conn = "Database Connection Object"
        return self.conn

    def __exit__(self, exc_type, exc_val, exc_tb):
        print("Closing database connection...")
        # 假设关闭数据库连接
        self.conn = None
        if exc_type:
            print(f"An error occurred: {exc_type}")
        # 返回 False 表示异常不会被抑制
        return False

# 使用自定义的数据库连接上下文管理器
with DatabaseConnection() as db_conn:
    print(f"Using {db_conn}")
    # 模拟数据库操作，触发异常
    raise ValueError("Database operation failed!")
```

运行上述代码，输出如下。

```
Opening database connection...
Using Database Connection Object
Closing database connection...
An error occurred: <class 'ValueError'>
```

在这个例子中，我们定义了一个管理数据库连接的上下文管理器。在__enter__()方法中，模拟打开数据库连接，并返回连接对象；在__exit__()方法中，模拟关闭数据库连接，并处理可能发生的异常。

2. 上下文管理器的异常处理

__exit__()方法接收 4 个参数。

（1）self：上下文管理器的实例。

（2）exc_type：异常的类型，如果没有异常发生，这个值为 None。

（3）exc_val：异常的值（即异常实例），如果没有异常发生，这个值为 None。

（4）exc_tb：异常的追踪信息，通常是一个 traceback 对象，如果没有异常发生，这个值为 None。

如果读者希望在异常发生时对其进行处理，可以在 __exit__()方法中进行捕获并处理。相应地，返回 True 表示抑制异常，返回 False 则表示会将异常传播出去。

10.4.3　上下文管理器的应用场景

上下文管理器在很多场景中都非常有用，特别是在资源管理、异常处理、文件操作和网络连接等方面。以下是一些常见的应用场景。

1. 文件操作

文件操作是最常见的上下文管理器应用场景，使用上下文管理器可以确保文件操作结束后，文件会被自动关闭，即使在操作过程中发生异常。

```python
with open('log.txt', 'w') as file:
    file.write("This is a log entry.")
```

2. 数据库连接

数据库连接通常需要在操作开始时打开连接，并在操作结束时关闭连接。上下文管理器可以帮助读者简化这些资源的管理，避免因忘记关闭连接而导致的资源泄露。

```python
class DatabaseConnection:
    def __enter__(self):
        # 假设返回数据库连接对象
        self.conn = "Database Connection Object"
        return self.conn

    def __exit__(self, exc_type, exc_val, exc_tb):
        # 关闭连接
        self.conn = None

with DatabaseConnection() as db:
    # 执行数据库操作
    print("Performing database operations.")
```

3. 网络连接

在网络编程中，读者也可以使用上下文管理器管理网络连接，确保在网络请求完成后自动关闭连接，避免连接泄露。

```python
import socket

class NetworkConnection:
    def __enter__(self):
        self.sock = socket.socket(socket.AF_INET, socket.SOCK_STREAM)
        self.sock.connect(('example.com', 80))
        return self.sock

    def __exit__(self, exc_type, exc_val, exc_tb):
        self.sock.close()

with NetworkConnection() as sock:
    sock.sendall(b"GET / HTTP/1.1\r\nHost: example.com\r\n\r\n")
```

4. 多线程与锁

在多线程编程中，可以使用上下文管理器自动管理锁的获取与释放，避免死锁的发生。

```python
from threading import Lock
```

```
lock = Lock()

with lock:
    # 在这个代码块中，锁会被自动获取，并在退出时释放
    print("Critical section")
```

通过上下文管理器，Python 程序可以更加简洁、优雅地管理资源，确保资源得到正确清理，避免内存泄漏或资源占用。

小结

（1）上下文管理器通过 __enter__()和 __exit__()方法管理资源的获取与释放。
（2）自定义上下文管理器可以帮助读者简化资源管理，自动处理资源的初始化与清理。
（3）上下文管理器的应用场景包括文件操作、数据库连接、网络连接，以及多线程中的锁管理等。

【例 10.4】文件读取与处理。（实例位置：资源包\Python\S10\Examples\04）
请读者实现一个自定义的上下文管理器 DatabaseConnection，用于模拟数据库连接。要求如下。
（1）实现上下文管理器类 DatabaseConnection。
（2）通过 with 语句块执行模拟查询，可能抛出异常。
以下是实现 DatabaseConnection 上下文管理器的代码。

```
class DatabaseConnection:
    def __enter__(self):
        print("Opening database connection...")
        # 模拟数据库连接对象
        self.conn = "Database Connection Object"
        return self.conn

    def __exit__(self, exc_type, exc_val, exc_tb):
        print("Closing database connection...")
        # 模拟关闭数据库连接
        self.conn = None
        if exc_type:
            print(f"An error occurred: {exc_type}")
        # 返回 False 表示异常不会被抑制
        return False

# 使用自定义的数据库连接上下文管理器
with DatabaseConnection() as db:
    print(f"Using {db}")
    # 模拟数据库操作，触发异常
    raise ValueError("Database operation failed!")
```

运行上述代码后报错如下。

```
Traceback (most recent call last):
  File "D:\Lunwen\MyLunWen\Mybook\04\main.py", line 21, in <module>
    raise ValueError("Database operation failed!")
ValueError: Database operation failed!
```

读者可以尝试使用通义灵码中的 AI 程序员对代码进行错误检测及修改，如图 10.7 所示。
通义灵码给出的报错原因：当在 with 块内触发异常时，异常信息会被打印出来，但程序仍然会抛出该异常，导致终端输出报错。为了处理这个异常并避免程序崩溃，可以在 __exit__()方法中返回 True 来抑制异常。
变更点：在 __exit__()方法中，将返回值从 False 修改为 True，以抑制异常。
如上述解决方案所示，将返回值从 False 修改为 True 即可正常运行，如图 10.8 所示。

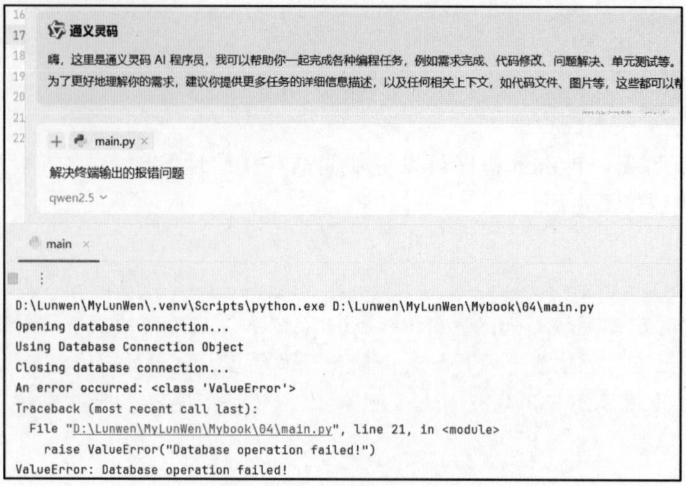

图 10.7　错误检测及修改

```
Opening database connection...
Using Database Connection Object
Closing database connection...
An error occurred: <class 'ValueError'>
```

图 10.8　程序运行结果

　　该例题通过实现一个自定义的上下文管理器 DatabaseConnection，模拟数据库连接的管理。通过__enter__()和__exit__()方法，实现了数据库连接的打开与关闭，同时处理可能发生的异常。为了避免异常导致程序崩溃，可使用通义灵码的 AI 程序员功能在__exit__()方法中返回 True，从而抑制异常并保证程序的正常运行。

10.5　习　　题

习题答案

　　1. 以下哪个选项用于创建一个模块？（　　　）

A. def module_name:　　　　　　　　　　　B. import module_name

C. module module_name:　　　　　　　　　　D. s 创建一个.py 文件并保存为模块名。

　　2. 在 Python 中，__exit__()方法的主要作用是什么？（　　　）

A. 用于捕获异常　　　　　　　　　　　　B. 用于进入上下文管理器

C. 用于清理资源并处理异常　　　　　　　D. 用于创建文件句柄

　　3. 在自定义上下文管理器中，__enter__()方法通常用于_____资源，而__exit__()方法则用于_____资源。

　　4. 当使用 with 语句时，__exit__()方法接收的 4 个参数分别是：self、exc_type、exc_val 和_____。

　　5. 请实现一个自定义的上下文管理器 FileManager，用于模拟文件读取操作。要求：

（1）在__enter__()方法中打开文件并返回文件对象。

（2）在__exit__()方法中关闭文件。

（3）使用 with 语句块模拟文件读取操作，并处理文件读取过程中可能抛出的异常。

第 11 章　并发与并行

本章介绍在 Python 中实现并发和并行编程的基础知识。通过对比并发与并行的概念，本章探讨了多线程、多进程和异步编程的核心技术。读者将学习如何使用 threading 和 multiprocessing 模块进行线程与进程的管理与通信，并深入了解 asyncio 模块如何处理异步任务。

11.1　并发与并行编程基础

在现代计算中，并发编程是提高程序性能、优化资源利用率的关键技术之一。Python 提供了多种方式实现并发和并行，例如使用多线程、多进程以及异步编程等。

11.1.1　并发与并行的区别

并发和并行是计算机科学中两个常见的概念，尤其在处理多任务时，它们的区别尤为重要。

1. 并发

如图 11.1 所示，第一部分显示了一台咖啡机和两个等待队列。当有多个顾客（代表任务）等待使用咖啡机时，咖啡机会按顺序服务每个顾客，虽然在某个时刻只有一个顾客正在使用咖啡机，但它们在时间上是交替进行的，看起来像是并行的。这种方式并没有同时处理所有任务，而是轮流处理多个任务，适合 I/O 密集型任务。

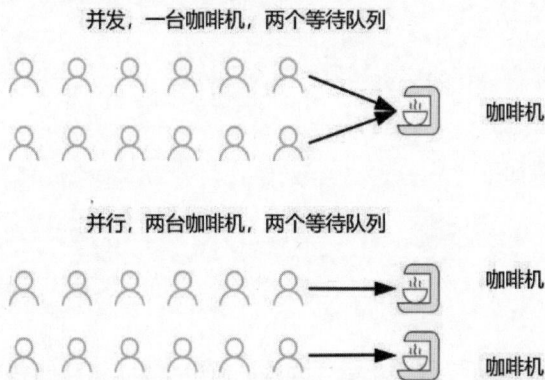

图 11.1　并发和并行

2. 并行

图 11.1 第二部分显示了两台咖啡机和两个等待队列。在这个模型中，两个顾客可以同时被两台咖啡机服务，每台咖啡机独立工作，两个任务可以真正地同时进行。这种方式适用于需要大量计算资源的 CPU 密集型任务。

简而言之，并发侧重于任务管理与调度，即使在同一时刻只能处理一个任务，也能通过切换执行任务实现看似同时进行；而并行则要求多个任务能够真正同时执行，通常需要多核或多台设备支持。

11.1.2　多线程与多进程

在 Python 中，多线程和多进程是实现并发和并行计算的两种常见方式。理解它们的区别及适用场景，对编写高效的并发程序至关重要。

1. 多线程（multithreading）

线程是操作系统能够调度的最小执行单元。Python 的 threading 模块提供了对多线程编程的支持。

多线程特点如下。

（1）适用于 I/O 密集型任务，如文件读写、网络请求等。

（2）由于 Python 的全局解释器锁（global interpreter lock，GIL）限制，多线程不能同时执行多个 CPU 计算任务，因此对 CPU 密集型任务效果不佳。

（3）线程共享同一个进程的资源，开销较小，但需要考虑线程安全（如使用 threading.Lock 互斥锁）。

示例：使用多线程执行多个 I/O 任务。

```python
import threading
import time

def task(name):
    print(f"线程 {name} 开始执行")
    time.sleep(2)
    print(f"线程 {name} 执行完毕")

# 创建两个线程
thread1 = threading.Thread(target=task, args=("A",))
thread2 = threading.Thread(target=task, args=("B",))

thread1.start()
thread2.start()# 启动线程

thread1.join()
thread2.join()# 等待线程完成

print("所有线程执行完毕")
```

运行上述代码，结果如下。

```
线程A开始执行
线程B开始执行
线程B执行完毕
线程A执行完毕
所有线程执行完毕
```

在该示例中，两个线程同时启动并运行 task，但由于 sleep(2) 的存在，任务会交替执行，看起来是并发的。

2. 多进程（multiprocessing）

进程是程序运行时的独立实例，具有自己的内存空间、数据和资源。Python 的 multiprocessing 模块允许创建多个进程，每个进程运行在独立的 Python 解释器中，因此不会受 GIL 影响，可以充分利用多核 CPU 进行真正的并行计算。

多进程特点如下。

（1）适用于 CPU 密集型任务，如图像处理、数据计算等。

（2）进程间不共享内存，因此数据传递需要借助队列（queue）或管道（pipe），相较于多线程，通信成本较高。

（3）由于每个进程都有独立的内存空间，不需要考虑 GIL 的限制，适合多核 CPU 并行执行。

示例：使用多进程执行多个 CPU 计算任务。

```python
import multiprocessing
import time

def task(name):
    print(f"进程 {name} 开始执行")
    time.sleep(2)
    print(f"进程 {name} 执行完毕")

if __name__ == "__main__":
    # 创建两个进程
    process1 = multiprocessing.Process(target=task, args=("A",))
    process2 = multiprocessing.Process(target=task, args=("B",))

    process1.start()
    process2.start()      # 启动进程

    process1.join()
    process2.join()       # 等待进程完成

    print("所有进程执行完毕")
```

运行上述代码，结果如下。

```
进程 A 开始执行
进程 B 开始执行
进程 A 执行完毕
进程 B 执行完毕
所有进程执行完毕
```

在该示例中，两个进程独立执行 task，不会互相干扰，且真正并行执行，适用于计算密集型任务。

3. 多线程与多进程

多线程与多进程在并发编程中扮演着不同的角色，各自具有独特的优势和适用场景。表 11.1 详细比较了两者的特点，帮助读者更清晰地理解它们在资源管理、执行效率和适用任务上的差异。

表 11.1　多线程与多进程的对比

对比项	多线程	多进程
适用任务类型	I/O 密集型任务（文件读写、网络请求）	CPU 密集型任务（计算、图像处理）
资源开销	共享进程资源，开销较小	每个进程独立运行，内存开销较大
GIL 影响	受 GIL 限制，不能真正并行	不受 GIL 限制，可多核并行
数据共享	共享内存，需加锁保证线程安全	进程间通信较复杂，不共享数据

一般来说，如果任务涉及大量的 I/O 操作（如网络请求、文件读写），建议使用多线程；如果任务是 CPU 密集型计算（如大规模数学计算、深度学习），则使用多进程更优。

11.2　线程与多线程编程

在 Python 中，threading 模块提供了多线程编程的支持，使得程序可以并发执行多个任务。

多线程技术广泛应用于 I/O 密集型任务，如文件读写、网络请求等，以提高程序的执行效率。然而，由于全局解释器锁（GIL, Global Interpreter Lock）的限制，Python 的多线程并不能真正并行执行 CPU 密集型任务，而更适用于 I/O 密集型应用。

11.2.1　threading 模块简介

Python 的 threading 模块是标准库的一部分，提供了创建和管理线程的方法。常见的核心功能包括：

（1）threading.Thread：用于创建新线程。

（2）threading.Lock：互斥锁（mutex），用于线程同步，防止资源竞争。

（3）threading.RLock：可重入锁（reentrant lock），允许同一线程多次获取锁。

（4）threading.Event：线程间通信的信号机制。

（5）threading.Semaphore：信号量（semaphore），用于控制并发线程的数量。

（6）threading.Timer：定时器线程，在指定时间后执行某个任务。

示例：获取当前线程信息。

```
import threading

# 获取当前线程
current_thread = threading.current_thread()
print(f"当前线程：{current_thread.name}")
```

运行上述代码，输出如下。

```
输出：MainThread
```

在 Python 中，默认情况下，程序的主线程是 MainThread，这是解释器启动时自动创建的主执行线程。

11.2.2　线程同步与线程安全

当多个线程同时访问共享资源时，可能会发生竞态条件（race condition），导致数据不一致或程序异常。Python 提供了锁（lock）和同步机制保证线程安全。

1. 竞态条件示例（线程不安全）

在多线程程序中，当多个线程同时访问和修改同一个共享资源而没有适当的同步机制时，就会出现"竞态条件"。竞态条件会导致程序行为不可预测，尤其在涉及计数、资源分配等场景时可能造成严重错误。

在下面这个示例代码中，创建了 5 个线程，每个线程尝试将全局变量 counter 自增 1000000 次。理论上，最终的 counter 值应该是 5000000。但 counter += 1 这一操作在多线程环境下并非原子操作（即它由读取、修改、写入三个步骤组成），多个线程之间会发生冲突，最终导致计数结果小于预期。

```
import threading

counter = 0                         # 共享资源

def increment():
    global counter
    for _ in range(1000000):
        counter += 1                #多个线程同时修改，可能导致数据错误
```

```
threads = []
for _ in range(5):                          #创建5个线程
    thread = threading.Thread(target=increment)
    thread.start()
    threads.append(thread)

for thread in threads:
    thread.join()

print("最终计数器值：", counter)          # 可能小于5000000
```

由于多个线程并发修改 counter，可能导致最终结果不准确（小于 5000000），因为 counter += 1 不是一个原子操作。

2. 使用锁解决线程安全问题

为了解决前面示例中的竞态条件，读者可以引入线程同步机制，最常用的就是 Python 标准库中的 threading.Lock()，也叫互斥锁（mutex）。

互斥锁的作用是：在任意时刻，只允许一个线程访问共享资源。当一个线程获得锁之后，其他线程只能等待，直到该线程释放锁。这样可以有效避免多个线程同时修改 counter，从而保证操作的原子性和数据的正确性。

在下面的代码中，使用 with lock:自动获取和释放锁，保护对 counter 的修改操作。

```
import threading

counter = 0
lock = threading.Lock()                     # 创建互斥锁

def increment():
    global counter
    for _ in range(1000000):
        with lock:                          # 确保只有一个线程能修改 counter
            counter += 1

threads = []
for _ in range(5):
    thread = threading.Thread(target=increment)
    thread.start()
    threads.append(thread)

for thread in threads:
    thread.join()

print("最终计数器值：", counter)          # 5000000，保证线程安全
```

如上述代码所示，其中的 lock = threading.Lock() 的作用是创建互斥锁。with lock 语句块内的代码会被锁保护，同时只有一个线程能修改 counter，从而保证数据的一致性。

3. RLock（可重入锁）

可重入锁允许同一线程多次获取锁，否则会发生死锁。

```
import threading

lock = threading.RLock()

def task():
    with lock:
        print(f"{threading.current_thread().name} 获取了锁")
        with lock:  # 同一线程可以再次获取锁
```

```
        print(f"{threading.current_thread().name} 重新获取了锁")

thread = threading.Thread(target=task)
thread.start()
thread.join()
```

运行上述代码，结果如下。

```
Thread-1 (task) 获取了锁
Thread-1 (task) 重新获取了锁
```

4. semaphore（信号量）

信号量 semaphore 控制多个线程同时访问共享资源的数量。例如，限制同一时间内最多有两个线程执行。

```python
import threading
import time

semaphore = threading.Semaphore(2)   # 限制最多有两个线程访问

def task(name):
    with semaphore:
        print(f"线程 {name} 开始执行")
        time.sleep(2)
        print(f"线程 {name} 执行完毕")

threads = []
for i in range(5):
    thread = threading.Thread(target=task, args=(i,))
    thread.start()
    threads.append(thread)

for thread in threads:
    thread.join()
```

运行上述代码，结果如下。

```
线程 0 开始执行
线程 1 开始执行
线程 0 执行完毕
线程 2 开始执行
线程 1 执行完毕
线程 3 开始执行
线程 3 执行完毕
线程 4 开始执行线程 2 执行完毕

线程 4 执行完毕
```

综上所述，信号量用于控制并发线程的数量，确保在同一时间内最多有指定数量的线程访问共享资源。通过 with semaphore 机制，可以有效管理线程的执行顺序，防止资源争用导致的竞争问题。

11.3 进程与多进程编程

在 Python 中，由于全局解释器锁的存在，threading 线程并不能真正实现并行计算，尤其是在 CPU 密集型任务（如大规模数学运算、图像处理）中，多线程无法有效利用多核 CPU。

为了解决这个问题，Python 提供了 multiprocessing 模块，它能够创建多个独立的进程，每个进程拥有独立的内存空间，可以真正并行运行，适用于 CPU 密集型任务。

11.3.1 multiprocessing 模块简介

multiprocessing 模块提供了类似 threading 的 API，但它能充分利用多核 CPU，实现真正的并行计算。该模块常见的核心功能包括以下 5 种。

（1）multiprocessing.Process：创建和管理进程。

（2）multiprocessing.Queue：用于进程间通信（IPC）。

（3）multiprocessing.Pipe：管道通信。

（4）multiprocessing.Lock：进程锁，防止多个进程同时修改共享资源。

（5）multiprocessing.Pool：进程池，管理多个进程，提高任务调度效率。

11.3.2 进程的创建与通信

在多进程编程中，multiprocessing 模块提供了 Process 类，使读者能够创建和管理独立的进程。与多线程不同，进程具有独立的内存空间，因此可以充分利用多核 CPU，提高计算密集型任务的执行效率。

1. 使用 Process 创建进程

multiprocessing 模块提供了对多进程的支持，它允许读者充分利用多核 CPU 的计算能力，绕过解释器（GIL）的限制，实现真正的并行执行。下面是一个使用 multiprocessing.Process 创建并启动子进程的基本示例。

```python
import multiprocessing
import time

def worker(name):
    print(f"子进程 {name} 启动")
    time.sleep(2)
    print(f"子进程 {name} 结束")

if __name__ == "__main__":
    process1 = multiprocessing.Process(target=worker, args=("A",))
    process2 = multiprocessing.Process(target=worker, args=("B",))

    process1.start()
    process2.start()

    process1.join()
    process2.join()

    print("所有进程执行完毕")
```

运行上述代码，结果如下。

```
子进程A启动
子进程B启动
子进程A结束
子进程B结束
所有进程执行完毕
```

上述代码中，multiprocessing.Process(target=worker, args=("A",))的作用是创建一个子进程。start() 用于启动进程，join() 等待进程结束。if __name__ == "__main__"确保在 Windows 平台上不会产生无限递归问题。

2. 进程间通信

不同进程之间不能直接共享全局变量，但可以使用队列（queue）进行数据传输。

```
import multiprocessing

def worker(q):
    q.put("Hello from child process")          # 向队列中放入数据

if __name__ == "__main__":
    q = multiprocessing.Queue()                # 创建队列
    process = multiprocessing.Process(target=worker, args=(q,))

    process.start()
    process.join()

    print("主进程接收到数据: ", q.get())          # 读取队列中的数据
```

运行上述代码，结果如下。

```
主进程接收到数据:  Hello from child process
```

在上述代码中，multiprocessing.Queue() 用于创建一个队列。q.put("Hello") 将数据 "Hello" 存入队列，由子进程执行。q.get()则是主进程从队列中读取数据，从而实现进程间的通信。

11.3.3 进程池与任务分配

进程池（pool）允许在多个进程间管理任务以提高性能，适用于大量任务的并行执行。
（1）使用进程池处理并行任务的示例代码如下。

```
import multiprocessing
import time

def worker(n):
    time.sleep(1)
    return n * n

if __name__ == "__main__":
    with multiprocessing.Pool(processes=4) as pool:   # 4 个进程
        results = pool.map(worker, [1, 2, 3, 4, 5])    # 并行计算

    print("计算结果: ", results)
```

运行上述代码，结果如下。

```
计算结果:  [1, 4, 9, 16, 25]
```

代码中的 Pool (processes=4) 创建了一个包含 4 个进程的进程池，而 pool.map (worker, [1, 2, 3, 4, 5]) 则会将任务 worker(n) 分配给 4 个进程，每个进程处理不同的任务，直到所有任务完成。
（2）使用 apply_async() 进行异步任务提交的示例代码如下。

```
import multiprocessing
import time

def worker(n):
    time.sleep(1)
    print(f"任务 {n} 处理完毕")

if __name__ == "__main__":
    with multiprocessing.Pool(processes=3) as pool:
        results = [pool.apply_async(worker, args=(i,)) for i in range(5)]

        for result in results:
            result.wait()   # 等待所有任务完成
```

运行上述代码，结果如下。

```
任务0处理完毕
任务2处理完毕
任务1处理完毕
任务3处理完毕
任务4处理完毕
```

在上述代码中，pool.map()以同步方式处理任务，它会等待所有任务执行完毕后才返回结果；而 apply_async()以异步方式提交任务，它不会阻塞主进程，可以用于并行任务调度，允许主进程继续执行其他操作。

【例 11.1】多进程并行计算任务（实例位置：资源包\Python\S11\Examples\01）

小花有一组数字，任务是计算这些数字的平方，并将结果按顺序返回。为了提高计算效率，将使用 Python 的 multiprocessing 模块并行计算这些平方值。

问题描述：

（1）编写一个 Python 程序，使用 multiprocessing 模块创建 4 个进程，并让它们分别计算数字列表[1, 2, 3, 4, 5, 6, 7, 8, 9, 10]中每个数字的平方。

（2）使用 Pool 进程池将任务分配到多个进程上。

（3）程序输出每个数字的平方，最后返回一个包含所有计算结果的列表。

提示：

（1）使用 Pool 创建一个进程池，并通过 map()或 apply_async()方法将任务分配到不同的进程。

（2）使用 join 等待进程结束，并确保主进程在所有子进程完成后继续执行。

参考代码实现如下。

```python
import multiprocessing
import time

def calculate_square(n):
    time.sleep(1)                        # 模拟计算延迟
    return n * n

if __name__ == "__main__":
    numbers = [1, 2, 3, 4, 5, 6, 7, 8, 9, 10]  # 需要计算的数字列表

    # 使用进程池执行任务
    with multiprocessing.Pool(processes=4) as pool:
        # 使用map方法将任务分配给进程池中的4个进程
        results = pool.map(calculate_square, numbers)

    print("计算结果：", results)
```

运行上述代码，结果如下。

```
计算结果： [1, 4, 9, 16, 25, 36, 49, 64, 81, 100]
```

使用通义灵码的 AI 程序员优化代码性能，如图 11.2 所示。

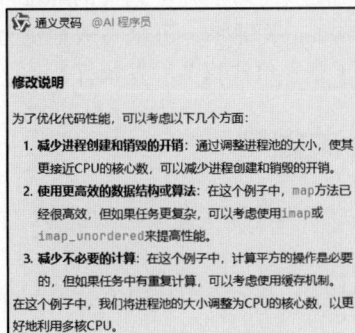

图 11.2　优化代码性能

优化后的代码如下。

```python
import multiprocessing
import time

def calculate_square(n):
    time.sleep(1)                          # 模拟计算延迟
    return n * n

if __name__ == "__main__":
    numbers = [1, 2, 3, 4, 5, 6, 7, 8, 9, 10]  # 需要计算的数字列表

    # 使用进程池执行任务，将进程数设置为CPU的核心数
    with multiprocessing.Pool(processes=multiprocessing.cpu_count()) as pool:
        # 使用map()方法将任务分配给进程池中的进程
        results = pool.map(calculate_square, numbers)

    print("计算结果：", results)
```

通过使用 Python 的 multiprocessing 模块，可以并行计算一组数字的平方，从而显著提高计算效率。利用 Pool 进程池和 map()方法，任务被有效地分配到多个进程中进行处理。优化后的代码通过动态设置进程数为 CPU 核心数，使得程序更加高效。

11.4 异步编程与协程

异步编程是一种通过非阻塞的方式提高程序效率的技术，特别适用于 I/O 密集型的任务，例如网络请求、文件读写、数据库操作等。Python 的异步编程模型基于协程，通过 asyncio 模块实现并发任务的调度与管理。

11.4.1 asyncio 模块介绍

asyncio 是 Python 的标准库之一，它提供了异步编程的基础功能，包括协程的支持、事件循环、任务管理等。通过 asyncio，你可以使用单线程进行并发处理，而不是依赖于多线程或多进程，从而减少资源开销。该模块的核心功能如下。

（1）协程：通过 async def 定义的函数，支持异步调用。

（2）事件循环：负责管理和调度协程任务的执行。

（3）任务：asyncio 中的 Task 对象表示一个异步任务，管理协程的调度。

（4）协程调度：asyncio 提供了 run() 等方法启动事件循环，调度协程的执行。

总的来说，asyncio 是 Python 提供的用于异步编程的标准库，支持协程、事件循环和任务管理等功能。通过使用 async 和 await 关键字，可以高效地进行并发处理，减少资源开销。该库通过事件循环调度任务，实现了基于单线程的并发执行。

11.4.2 async 和 await 关键字

在异步编程中，async 和 await 是两个至关重要的关键字，它们使得异步编程更加简洁且兼具可读性。

async 关键字用于定义协程函数，表示该函数内部会有异步操作，返回的是一个协程对象而不是常规的函数结果。

```
import asyncio
async def my_coroutine():
    print("开始执行")
    await asyncio.sleep(1)  # 模拟异步操作
    print("结束执行")
```

await 关键字只能在 async 定义的函数中使用，它用于等待另一个协程执行完成。await 使得函数在执行到该点时挂起（即非阻塞），等待其他任务执行完后再继续执行。

```
import asyncio
async def main():
    print("任务开始")
    await asyncio.sleep(2)  # 等待2秒
    print("任务结束")

asyncio.run(main())        # 启动并执行main协程
```

async与await的关系

（1）async 用于定义协程函数，表示函数的内部会执行异步任务。

（2）await 用于等待异步任务的结果，使协程能在等待时让出执行权，允许其他任务并行执行。

11.4.3　事件循环与任务管理

1. 事件循环（event loop）

事件循环是异步编程的核心，它负责调度任务并保持程序运行。事件循环会不断检查协程任务是否完成，并执行相应的操作。通常我们会使用 asyncio.run() 启动一个事件循环，并将协程任务提交给事件循环执行。

```
import asyncio

async def task_1():
    print("任务 1 开始")
    await asyncio.sleep(1)
    print("任务 1 结束")

async def task_2():
    print("任务 2 开始")
    await asyncio.sleep(2)
    print("任务 2 结束")

async def main():
    # 将任务提交给事件循环并执行
    await asyncio.gather(task_1(), task_2())

if __name__ == "__main__":
    asyncio.run(main())  # 启动事件循环
```

运行上述代码，结果如下。

```
任务 1 开始
任务 2 开始
任务 1 结束
任务 2 结束
```

在上述代码中，asyncio.gather() 用于并发调度多个协程任务，并在所有任务完成后返回结果。

2. 协程任务管理（Task 对象）

在 asyncio 中，每个协程任务可以通过 asyncio.create_task() 提交给事件循环，从而创建一个 Task 对象。任务会被调度执行，并且可以通过 Task 对象查询其状态。

```python
import asyncio

async def sample_task():
    print("任务开始")
    await asyncio.sleep(2)
    print("任务结束")

async def main():
    task = asyncio.create_task(sample_task())    # 创建任务并加入事件循环
    await task                                    # 等待任务执行完成

asyncio.run(main())                              # 启动事件循环
```

运行上述代码，结果如下。

```
任务开始
任务结束
```

在上述代码中，create_task() 将协程对象封装为一个 Task 对象，并提交事件循环进行调度和管理。读者可以通过 await 等待任务的执行结果，确保任务完成后再继续执行后续操作。

3. 控制任务的执行顺序

使用 asyncio.gather() 和 asyncio.wait() 可以控制多个异步任务的执行顺序，gather() 会并行运行任务，而 wait() 可以提供更多的控制选项。

```python
import asyncio

async def task_1():
    print("任务 1")
    await asyncio.sleep(1)

async def task_2():
    print("任务 2")
    await asyncio.sleep(2)

async def main():
    tasks = [task_1(), task_2()]
    await asyncio.gather(*tasks)  # 并行执行任务

asyncio.run(main())
```

运行上述代码，结果如下。

```
任务1
任务2
```

在上述代码中，asyncio.gather() 用于并行执行 task_1() 和 task_2()。虽然 task_1() 的 sleep() 时间比 task_2() 短，但它们会同时开始执行，而 gather() 会等待所有任务执行完毕后再返回。在这种情况下，task_1() 和 task_2() 的输出会交替显示，先输出"任务 1"，然后输出"任务 2"。

【例 11.2】异步任务管理。（实例位置：资源包\Python\S11\Examples\02）

请使用 asyncio 模块创建一个异步任务管理系统，该系统包含 3 个异步任务：

（1）task_A()：启动后立即输出"任务 A 开始"，然后等待 3 秒，最后输出"任务 A 结束"。

（2）task_B()：启动后立即输出"任务 B 开始"，然后等待 1 秒，最后输出"任务 B 结束"。

（3）task_C()：启动后立即输出"任务 C 开始"，然后等待 2 秒，最后输出"任务 C 结束"。

要求使用 asyncio.create_task() 将任务提交到事件循环，并行执行这 3 个任务。使用 asyncio.gather() 使所有任务完成后再结束程序。

参考代码如下。

```python
import asyncio

async def task_A():
    print("任务 A 开始")
    await asyncio.sleep(3)
    print("任务 A 结束")

async def task_B():
    print("任务 B 开始")
    await asyncio.sleep(1)
    print("任务 B 结束")

async def task_C():
    print("任务 C 开始")
    await asyncio.sleep(2)
    print("任务 C 结束")

async def main():
    # 使用 create_task() 创建任务并提交到事件循环
    task1 = asyncio.create_task(task_A())
    task2 = asyncio.create_task(task_B())
    task3 = asyncio.create_task(task_C())

    # 使用 gather() 并行执行所有任务，并等待它们完成
    await asyncio.gather(task1, task2, task3)

asyncio.run(main())# 运行事件循环
```

运行上述代码，结果如下。

```
任务 A 开始
任务 B 开始
任务 C 开始
任务 B 结束
任务 C 结束
任务 A 结束
```

由于 task_B() 只需 1 秒，task_C() 需 2 秒，task_A() 需 3 秒，所以任务 B 结束最早出现，然后任务 C() 结束，最后任务 A() 结束。

通过本节内容，读者可以学习 Python asyncio 模块的事件循环机制，以及如何使用 asyncio. create_task() 和 asyncio.gather() 进行高效的异步任务管理。合理运用这些工具，可以显著提升程序的并发性能，使多个任务能够协同运行，从而提高整体执行效率。

11.5 习 题

习题答案

1. 关于并发与并行的描述，下列选项正确的是（　　）。

A. 并发是指多个任务在同一时间段内交替执行，并行是指多个任务在同一时间内真正同时运行

B. 只有多进程才能实现并行，而多线程只能实现并发

C. Python 的 GIL（全局解释器锁）完全禁止了多线程的并发执行

D. asyncio 适用于 CPU 密集型任务

2. 关于 Python 的 asyncio 模块，下列选项正确的是（　　）。

A. asyncio.run() 用于创建新的事件循环并运行主协程

B. asyncio.create_task() 会立即运行协程，而 asyncio.gather() 只是用于任务调度

C. await 只能用于异步函数内部，不能用于普通同步函数

D. asyncio.sleep(1) 表示让出 CPU 1 秒时间，其他任务可以继续执行

3. Python 的 threading 模块主要用于＿＿＿＿编程，而 multiprocessing 模块主要用于＿＿＿＿编程。

4. 在 asyncio 中，使用 asyncio.gather() 可以让多个异步任务＿＿＿＿＿＿＿，而 asyncio.create_task() 可以将协程封装为＿＿＿＿＿＿对象并提交给事件循环调度。

5. 使用 asyncio 模块编写一个异步任务管理程序，包含以下 3 个任务。

task_X()：启动后立即输出"任务 X 开始"，然后等待 2 秒，最后输出"任务 X 结束"。

task_Y()：启动后立即输出"任务 Y 开始"，然后等待 3 秒，最后输出"任务 Y 结束"。

task_Z()：启动后立即输出"任务 Z 开始"，然后等待 1 秒，最后输出"任务 Z 结束"。

要求：使用 asyncio.create_task() 并行执行这 3 个任务，并确保所有任务执行完毕后程序才结束。

第 12 章　网络编程

本章将介绍网络编程的基础知识，包括文件处理、套接字通信及 HTTP 协议等内容。通过本章学习，读者将掌握文件的读写操作、网络通信的基本原理，以及 TCP/IP 和 UDP 协议的实现方法，为后续深入理解网络编程奠定基础。

12.1　文件处理基础

在网络编程中，文件处理是数据传输与存储的基础，如服务器提供文件下载、客户端上传数据或日志记录等。掌握文件的读取、写入和格式化存储，有助于高效管理网络数据，为后续的通信与交互打下坚实基础。

12.1.1　文件的概念与文件系统

文件是计算机中用于存储数据的基本单位，它通常存储在磁盘、SSD 或其他存储介质中。文件由文件名和文件内容组成，每个文件都具有一定的格式（如文本文件、二进制文件等）。

文件系统是操作系统用于管理文件的方式，它规定了文件如何存储、组织和访问。常见的文件系统包括下面三种。

（1）FAT32（file allocation table 32）：早期 Windows 使用的一种文件系统，支持较小文件和分区。

（2）NTFS（new technology file system）：Windows 主要使用的文件系统，支持权限管理、大文件存储等。

（3）ext4（fourth extended file system）：Linux 主要使用的文件系统，提供更高的性能和稳定性。

每种文件都有一些基本属性，具体说明如下。

（1）文件路径（path）：文件在存储设备中的位置，示例代码如下。

```
绝对路径：C:\Users\Python\example.txt（Windows）
绝对路径：/home/user/example.txt（Linux/macOS）
相对路径：example.txt（相对于当前目录）
```

（2）文件类型（type）：包括文本文件（.txt、.csv、.json 等）和二进制文件（.jpg、.exe、.mp3 等）。

（3）文件权限（permissions）：读（r）、写（w）、执行（x）。

12.1.2　文件的打开与关闭

在 Python 中，处理文件的第一步是打开文件，然后在操作结束后关闭文件。在 Python 中，读者可以使用 open()函数实现这一操作。

1. 打开文件

在 Python 中使用 open()函数打开文件，其基本语法如下：

```
file = open("example.txt", mode="r", encoding="utf-8")
```

上述代码中的 "example.txt" 是文件名，可以是绝对路径或相对路径。Mode 是文件打开模式，常见的模式如表 12.1 所示。

表 12.1　文件打开模式表

模式	说明
"r"	只读模式（默认），文件必须存在
"w"	只写模式，文件存在则清空，不存在则创建
"a"	追加模式，文件存在时内容追加，不存在则创建
"x"	独占创建模式，文件不存在时创建，存在时报错
"rb"	以二进制模式读取文件
"wb"	以二进制模式写入文件
"ab"	以二进制模式追加内容
"r+"	读写模式，文件必须存在
"w+"	读写模式，文件存在时清空内容
"a+"	读写模式，文件存在时追加内容

代码中的 encoding 用于指定文件的字符编码，例如 "utf-8"、"gbk" 等。

2. 关闭文件

文件在使用完毕后，需要关闭以释放资源，读者使用 close() 方法即可完成。

```
file.close()
```

如果在未关闭的情况下程序异常终止，可能会导致文件资源未正确释放，因此推荐使用 with 语句。

3. 使用 with 语句自动管理文件

Python 提供 with 语句自动管理文件，它能确保文件正确关闭，即使发生异常也不会影响资源释放。

```
with open("example.txt", "r", encoding="utf-8") as file:
    content = file.read()
    print(content)
```

4. 处理文件打开异常

如果文件不存在，open() 可能会抛出 FileNotFoundError，读者可以使用 try-except 结构捕获异常。

```
try:
    with open("non_existent.txt", "r", encoding="utf-8") as file:
        content = file.read()
        print(content)
except FileNotFoundError:
    print("文件未找到，请检查文件路径！")
```

总的来说，在 Python 中，文件操作主要通过 open() 函数完成，常见的模式包括只读、写入、追加、二进制等，操作完成后需要使用 close() 释放资源。推荐使用 with 语句自动管理文件，确保即使发生异常也能正确关闭文件。此外，为避免文件不存在导致程序崩溃，可以使用 try-except 结构捕获 FileNotFoundError 异常，从而提高程序的健壮性。

12.1.3 文件的读取与写入操作

在 Python 中，文件的读取与写入是文件处理的核心操作。Python 提供了多种方法读取文件内容并将数据写入文件，包括 read()、readline()、readlines() 以及 write()、writelines() 方法。

读取文件时，最常用的方法是 read()，它可以一次性读取整个文件内容，适用于小型文件。例如，读取并打印文件内容的代码如下。

```
with open("example.txt", "r", encoding="utf-8") as file:
    content = file.read()
    print(content)
```

如果文件较大，使用 read() 可能会占用过多内存，因此可以使用 readline() 逐行读取文件。例如，以下代码逐行读取并打印文件内容。

```
with open("example.txt", "r", encoding="utf-8") as file:
    line = file.readline()
    while line:
        print(line.strip())   # 去掉换行符
        line = file.readline()
```

readline() 方法每次只读取一行，而 readlines() 方法则一次性读取所有行，并返回一个列表。可以使用 readlines() 方法读取所有行并逐行处理。

```
with open("example.txt", "r", encoding="utf-8") as file:
    lines = file.readlines()
    for line in lines:
        print(line.strip())
```

相比 read() 方法，readlines() 方法适用于中小型文件，但如果文件过大，仍可能消耗较多内存。

除了读取文件，Python 还支持文件写入操作。使用 write() 方法可以将字符串写入文件，如下列代码所示。

```
with open("output.txt", "w", encoding="utf-8") as file:
    file.write("Hello, Python!\n")
    file.write("This is a new line.\n")
```

write() 方法不会自动换行，因此需要手动添加 \n。如果要写入多行文本，可以使用 writelines() 方法，它接收一个字符串列表，并将其写入文件。

```
lines = ["First line\n", "Second line\n", "Third line\n"]
with open("output.txt", "w", encoding="utf-8") as file:
    file.writelines(lines)
```

如果文件已存在，"w" 模式会清空文件内容。若要在文件末尾追加内容，可以使用 "a" 模式。例如，向 output.txt 文件追加一行内容的代码如下。

```
with open("output.txt", "a", encoding="utf-8") as file:
    file.write("This is an appended line.\n")
```

对于二进制文件（如图片、音频等），可以使用 "rb" 或 "wb" 模式进行读取或写入。例如，读取二进制文件并写入新文件的代码如下。

```
with open("image.jpg", "rb") as src_file:
    data = src_file.read()

with open("copy.jpg", "wb") as dst_file:
    dst_file.write(data)
```

在进行文件操作时，建议使用 with 语句，以确保文件在操作完成后自动关闭，防止资源泄露。无论是读取还是写入，都应根据文件大小和用途选择合适的方法，以提高程序的性能和稳定性。

【例 12.1】统计文件中的单词数量。（实例位置：资源包\Python\S12\Examples\01）

小花需要编写一个 Python 程序，读取一个文本文件 example.txt，统计其中的单词总数，并将统计结果写入 word_count.txt 文件中。

示例输入（example.txt 文件内容）如下。

What is a File?
A file is a fundamental unit of data storage in a computer, typically stored on a disk, SSD, or other storage media. A file consists of a filename and file content, and each file has a specific format (such as text files or binary files).
What is a File System?
A file system is the way an operating system manages files, defining how files are stored, organized, and accessed. Common file systems include the following:
① FAT32 (File Allocation Table 32): An early file system used by Windows, supporting smaller files and partitions.
② NTFS (New Technology File System): The primary file system used by Windows, supporting permission management, large file storage, and more.
③ ext4 (Fourth Extended Filesystem): The main file system used by Linux, providing higher performance and stability.

读取 example.txt 文件内容，输出单词数量。参考实现代码如下。

```python
# 读取 example.txt 文件并统计单词数量
with open("example.txt", "r", encoding="utf-8") as file:
    content = file.read()
    words = content.split()        # 按空格拆分单词
    word_count = len(words)        # 计算单词总数

# 将统计结果写入 word_count.txt 文件
with open("word_count.txt", "w", encoding="utf-8") as file:
    file.write(f"The total number of words: {word_count}\n")

print("单词统计完成，结果已写入 word_count.txt。")
```

运行上述代码，输出文本 word_count.txt，文本内容如下。

The total number of words: 135

读者可以尝试使用通义灵码的 AI 程序员功能，让其优化代码，实现词云统计的功能，如图 12.1 所示。

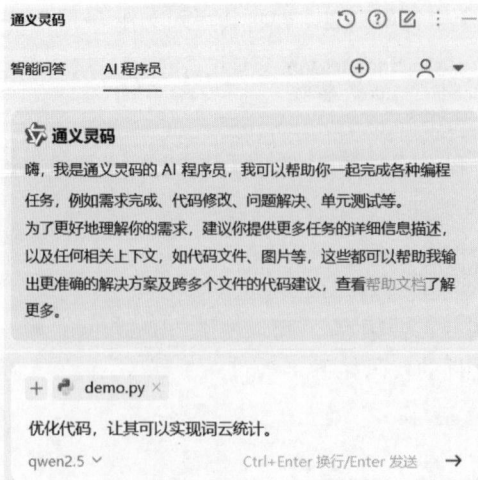

图 12.1　实现词云统计

优化后的代码如下。

```
from wordcloud import WordCloud
import matplotlib.pyplot as plt

# 读取 example.txt 文件并统计单词数量
with open("example.txt", "r", encoding="utf-8") as file:
    content = file.read()
    words = content.split()                                              # 按空格拆分单词
    word_count = len(words)                                              # 计算单词总数

wordcloud = WordCloud(width=800, height=400, background_color='white').generate(content) # 生成词云

wordcloud.to_file('wordcloud.png')                                       # 保存词云图片


plt.figure(figsize=(10, 5))                                              # 显示词云图片
plt.imshow(wordcloud, interpolation='bilinear')
plt.axis('off')
plt.show()

# 将统计结果写入 word_count.txt 文件
with open("word_count.txt", "w", encoding="utf-8") as file:
    file.write(f"The total number of words: {word_count}\n")

print("单词统计完成，结果已写入 word_count.txt。")
print("词云已生成并保存为 wordcloud.png。")
```

运行上述代码，词云图效果如图 12.2 所示。

图 12.2　词云图

通过本例，读者不仅成功统计了文件中的单词数量，还生成了美观的词云图，为文本分析提供了可视化支持。读者也可以在此基础上继续扩展，实现更丰富的文本处理功能。

12.2　网络编程基础

计算机网络使得不同设备能够通过网络互相通信，而网络编程则可利用编程语言实现数据的发送和接收。在现代软件开发中，网络编程广泛应用于 Web 开发、在线聊天、远程控制、物联网（IoT）等领域。Python 提供了 socket 模块，使开发者可以轻松地进行网络通信，如构建 Web 服务器、网络爬虫、远程终端等。

12.2.1　网络编程的概念

网络编程的核心是数据通信，计算机通过网络协议进行数据交换。常见的网络协议包括

TCP（transmission control protocol，传输控制协议）和 UDP（user datagram protocol，用户数据报协议）。

TCP 是一种面向连接的协议，通信前需要建立连接，并保证数据按顺序、无丢失地传输，适用于文件传输、网页访问等场景；而 UDP 是一种无连接协议，数据包独立发送，不保证顺序和可靠性，常用于视频直播、在线游戏等实时性要求较高的应用。

在网络通信中，通常采用客户端-服务器（client-server）模型，服务器负责监听客户端请求并返回相应数据。例如，在访问网页时，浏览器（客户端）向网站服务器发送请求，服务器返回网页内容给浏览器进行展示。

12.2.2　套接字与连接管理

Python 的 socket 模块提供了创建、绑定、监听、连接和传输数据的功能，核心组件是套接字（socket），它是网络通信的基本单元。

套接字是网络编程中的一个通信端点，它用于在不同计算机或同一计算机的不同进程之间进行数据传输。套接字提供了一个标准化的接口，使程序能够通过网络发送和接收数据。它通常与 IP 地址和端口号绑定，用于标识通信的源和目标。在网络编程中，常见的套接字类型包括 TCP 套接字（面向连接，可靠传输）和 UDP 套接字（无连接，快速传输）。

1. 创建 TCP 服务器

以下示例展示了如何创建一个简单的 TCP 服务器，它监听客户端的连接，并在收到数据后返回响应。

```python
import socket

server = socket.socket(socket.AF_INET, socket.SOCK_STREAM)   #创建 TCP 套接字
server.bind(("127.0.0.1", 8080))                             # 绑定 IP 和端口
server.listen(5)                                             # 最多监听 5 个连接

print("服务器已启动，等待客户端连接...")

conn, addr = server.accept()                                 # 接受客户端连接
print(f"客户端 {addr} 已连接")

data = conn.recv(1024)                                       # 接收数据
print("收到数据:", data.decode("utf-8"))

conn.sendall(b"Hello, Client!")                              # 发送响应

conn.close()                                                 # 关闭连接
server.close()                                               # 关闭服务器
```

2. 创建 TCP 客户端

客户端可以使用 connect() 连接服务器并发送数据。

```python
import socket

client = socket.socket(socket.AF_INET, socket.SOCK_STREAM)   #创建 TCP 套接字
client.connect(("127.0.0.1", 8080))                          # 连接服务器

client.sendall(b"Hello, Server!")                            # 发送数据

response = client.recv(1024)                                 # 接收服务器响应
print("服务器响应:", response.decode("utf-8"))

client.close()                                               # 关闭客户端连接
```

读者需要创建两个 Python 文件，分别为 TCPserver.py（存放之前创建 TCP 服务器的代码）、TCPclient（存放 TCP 客户端的代码）。当运行 TCPserver.py 后，服务器会在 127.0.0.1:8080 监听客户端的连接，输出如下。

服务器已启动，等待客户端连接...

此时，服务器正等待客户端请求。接着运行 TCPclient.py，客户端会连接服务器并发送 "Hello, Server!"，服务器接收到数据后得到如图 12.3 所示结果。

```
服务器已启动，等待客户端连接...
客户端 ('127.0.0.1', 54698) 已连接
收到数据: Hello, Server!
```

图 12.3　TCP 数据交互

整个 TCP 服务器和客户端的通信流程至此完成，随后双方的连接均被关闭。

3. UDP 服务器与客户端

UDP 不需要建立连接，可以直接发送和接收数据。UDP 服务器代码示例如下。

```python
import socket

server = socket.socket(socket.AF_INET, socket.SOCK_DGRAM)    # 创建 UDP 套接字
server.bind(("127.0.0.1", 8080))                             # 绑定 IP 和端口

print("UDP 服务器已启动，等待数据...")

data, addr = server.recvfrom(1024)                           # 接收数据
print(f"收到来自 {addr} 的数据:", data.decode("utf-8"))

server.sendto(b"Hello, Client!", addr)                       # 发送响应

server.close()                                               # 关闭服务器
```

UDP 客户端示例代码如下。

```python
import socket

client = socket.socket(socket.AF_INET, socket.SOCK_DGRAM)    # 创建 UDP 套接字
client.sendto(b"Hello, Server!", ("127.0.0.1", 8080))        # 发送数据

data, addr = client.recvfrom(1024)                           # 接收响应
print("服务器响应:", data.decode("utf-8"))

client.close()                                               # 关闭客户端
```

读者需要创建两个 Python 文件，分别为 UDPserver.py（存放之前创建 UDP 服务器的代码）、UDPclient（存放 UDP 客户端的代码）。

当运行 UDPserver.py 后，服务器会在 127.0.0.1:8080 监听 UDP 数据包，输出如下。

UDP 服务器已启动，等待数据...

此时，服务器正等待客户端发送数据。接着运行 UDPclient.py，客户端会向服务器发送 "Hello, Server!"，服务器接收到数据后，输出结果如图 12.4 所示。

```
UDP 服务器已启动，等待数据...
收到来自 ('127.0.0.1', 55463) 的数据: Hello, Server!
```

图 12.4　UDP 数据交互

整个 UDP 服务器和客户端的通信流程至此完成，随后双方的套接字均被关闭。

注意

UDP 是无连接的协议，因此服务器不会调用 accept()方法，而是直接使用 recvfrom()方法接收数据，同时 sendto()方法也不需要建立连接即可发送数据。

12.2.3 异常处理与错误管理

在网络编程中，可能会遇到端口被占用、网络断开、连接等异常情况。Python 提供了 try-except 机制处理这些异常，以确保程序的健壮性。

1. 处理连接异常

在客户端连接服务器时，可能会遇到 ConnectionRefusedError（连接被拒绝）的情况，此时可以进行异常捕获并给出适当的提示。

```
import socket

try:
    client = socket.socket(socket.AF_INET, socket.SOCK_STREAM)
    client.connect(("127.0.0.1", 8080))
    client.sendall(b"Hello, Server!")
    response = client.recv(1024)
    print("服务器响应:", response.decode("utf-8"))
except ConnectionRefusedError:
    print("无法连接到服务器，请检查服务器是否已启动。")
finally:
    client.close()
```

2. 处理超时异常

可以使用 settimeout() 方法设置超时时间，避免程序长时间等待导致卡死。

```
import socket

client = socket.socket(socket.AF_INET, socket.SOCK_STREAM)
client.settimeout(5)   # 设置超时时间 5 秒

try:
    client.connect(("127.0.0.1", 8080))
    client.sendall(b"Hello, Server!")
    response = client.recv(1024)
    print("服务器响应:", response.decode("utf-8"))
except socket.timeout:
    print("连接超时，请检查网络状况。")
except ConnectionRefusedError:
    print("无法连接到服务器。")
finally:
    client.close()
```

3. 处理数据格式错误

当服务器接收到非预期的数据格式时，可能会导致解析错误。例如，服务器期望接收 JSON 数据，但客户端发送了非 JSON 格式的数据。对此，可以使用 try-except 捕获解析错误。

```
import json

data = 'invalid json string'

try:
```

```
parsed_data = json.loads(data)
    print("解析成功:", parsed_data)
except json.JSONDecodeError:
    print("数据格式错误, 无法解析 JSON。")
```

4. 处理端口占用

当服务器绑定端口时, 如果端口已经被其他进程占用, 将会触发 OSError 异常。对此, 可以进行捕获并提示用户。

```python
import socket

try:
    server = socket.socket(socket.AF_INET, socket.SOCK_STREAM)
    server.bind(("127.0.0.1", 8080))  # 绑定端口
    server.listen(5)
    print("服务器启动成功")
except OSError:
    print("端口 8080 已被占用, 请尝试使用其他端口。")
finally:
    server.close()
```

网络编程涉及的内容较多, 除了基本的套接字编程, 还包括多线程服务器、非阻塞 IO、HTTP 请求处理等高级技术。后续章节将深入探讨这些内容, 以帮助读者更好地掌握 Python 的网络编程能力。

【例 12.2】支持自定义消息的 TCP 通信系统。(实例位置: 资源包\Python\S12\Examples\02)

请使用 Python 实现一个简易聊天通信程序, 基于 TCP 实现。要求如下:

(1) 客户端可反复输入自定义消息。

(2) 服务端根据关键词自动回复 (例如含有 "hello"、"time"、"exit")。

(3) 支持多轮交互, 直到用户输入 exit 关闭连接。

(4) 控制台美化输出 (colorama)。

服务端的参考代码 (TCPserver_custom.py) 如下。

```python
# TCPserver_custom.py
import socket
import time
from colorama import Fore, init

init(autoreset=True)

def get_response(msg):
    msg = msg.lower()
    if "hello" in msg:
        return "👋 嗨! 这里是 tcp 服务器, 欢迎你! "
    elif "time" in msg:
        return f"⏰ 当前服务器时间是 {time.strftime('%Y-%m-%d %H:%M:%S')}"
    elif "exit" in msg:
        return "⚫ 连接即将关闭, 再见! "
    else:
        return "🐨 我不太明白你的意思, 可以尝试输入 'hello' 或 'time'。"

server = socket.socket(socket.AF_INET, socket.SOCK_STREAM)
server.bind(("127.0.0.1", 8081))
server.listen(1)

print(Fore.CYAN + "[🖥️] 服务器已启动, 等待客户端连接...")

conn, addr = server.accept()
print(Fore.GREEN + f"[👤] 来自 {addr} 的连接已建立。")
```

```
while True:
    data = conn.recv(1024)
    if not data:
        break
    msg = data.decode("utf-8")
    print(Fore.YELLOW + f"[⏰ {time.strftime('%H:%M:%S')}] 收到消息：{msg}")

    response = get_response(msg)
    conn.sendall(response.encode("utf-8"))

    if "exit" in msg.lower():
        break

conn.close()
server.close()
print(Fore.CYAN + "[🔴] 服务器已关闭连接。")
```

客户端代码的参考代码（TCPclient_custom.py）如下。

```
# TCPclient_custom.py
import socket
from colorama import Fore, init

init(autoreset=True)

client = socket.socket(socket.AF_INET, socket.SOCK_STREAM)

try:
    print(Fore.CYAN + "[🔌] 正在连接服务器...")
    client.connect(("127.0.0.1", 8081))
    print(Fore.GREEN + "[💬] 已连接服务器！请输入消息（输入exit退出）")

    while True:
        msg = input(Fore.LIGHTBLUE_EX + "💬 你说：")
        client.sendall(msg.encode("utf-8"))

        data = client.recv(1024)
        response = data.decode("utf-8")
        print(Fore.LIGHTYELLOW_EX + f"💬 服务器回应：{response}")

        if "exit" in msg.lower():
            break

except Exception as e:
    print(Fore.RED + f"[✖] 出现错误：{e}")
finally:
    client.close()
    print(Fore.CYAN + "[📱] 客户端连接已关闭。")
```

分别运行上述文件代码，并在客户端控制台输入文本语句，随后可以看到服务端的应答消息，如图 12.5 所示。

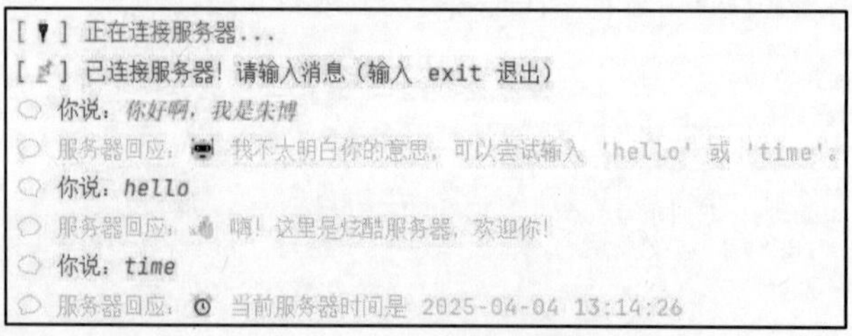

图 12.5　客户端响应结果

服务端控制台输出如图 12.6 所示。

```
[ 🚀 ] 服务器已启动，等待客户端连接 . . .
[ 🔌 ] 来自 ('127.0.0.1', 57440) 的连接已建立。
[ ⏱ ] 13:09:58 收到消息：你好啊，我是朱博
[ ⏱ ] 13:10:02 收到消息：hello
[ ⏱ ] 13:14:26 收到消息：time
```

图 12.6　服务端响应结果

本例题通过 Python 实现了一个基于 TCP 协议的简易聊天通信系统，支持客户端发送自定义消息、多轮交互，并由服务端智能应答。程序结合 colorama 实现了控制台彩色美化，增强了用户体验。该示例有效地演示了 TCP 通信的基本流程与关键词触发式应答机制。

读者通过本例题可以学习 TCP 协议相关的知识，但可能对于 UDP 协议的应用还相对陌生，建议读者使用通义灵码中的 AI 程序员生成 UDP 协议系统代码，如图 12.7 所示。

当读者输入"仿照 TCP 的代码，帮我写一下 UDP 的实现系统代码"的命令后，通义灵码就会生成一个类似 TCP 的系统文件夹，并且会生成服务端和客户端的两个文件，如图 12.8 所示。

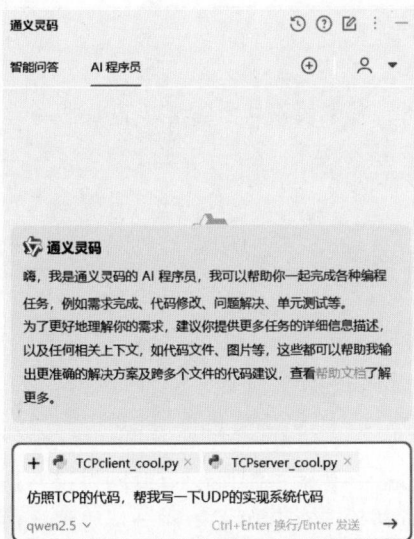

图 12.7　通义灵码 AI 程序员页面

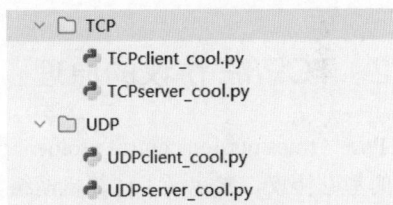

图 12.8　UDP 实现代码

由于测试过程与 TCP 类似，本节不再赘述 UDP 的使用效果。建议读者进一步尝试 UDP 实现，以加深对网络通信协议的理解。

12.3　传输层服务

在计算机网络中，传输层（transport layer）位于网络层之上，主要负责端到端的通信。

12.3.1　传输层协议概述

传输层是计算机网络协议栈的重要组成部分，它的主要任务是提供可靠或非可靠的数据传输，并在通信双方之间建立端到端的逻辑连接。TCP 和 UDP 的区别如表 12.2 所示。

表 12.2 TCP 和 UDP 的区别

选项	TCP	UDP
可靠性	全双工，可靠性较好，传输无差错，不丢失，不重复且按序到达	尽最大努力交付
建立连接	需要建立连接	无须建立连接
数据发送模式	面向字节流	面向报文
传输方式	点对点（不支持广播和多播）	一对一，一对多，多对一，多对多
首部开销	20 字节	8 字节
拥塞机制	有	无
流量控制	有	无
系统资源占用	对系统资源要求较多	对系统资源要求较少
实时性	相对于 UDP 较低	较高，适用于对高速传输和实时性要求较高的通信或广播通信
确认重传机制	TCP 提供超时重发，丢弃重复数据，检验数据	无重传，只是把应用程序传给 IP 层的数据报发送出去，但是并不能保证它们能到达目的地

TCP和UDP常见端口号

TCP 和 UDP 通过端口号（port）区分不同的应用，常见的端口号包括以下几种。

（1）HTTP（80）：用于 Web 浏览。

（2）HTTPS（443）：安全的 Web 访问。

（3）FTP（21）：文件传输协议。

（4）DNS（53）：域名解析服务（UDP）。

（5）SMTP（25）：电子邮件传输协议。

12.3.2 TCP/IP 协议的原理

TCP/IP（transmission control protocol / internet protocol，传输控制协议/互联网协议）是互联网通信的基础协议，它定义了计算机网络如何进行数据传输。TCP/IP 是一种分层协议，由多个协议组成，支持数据的封装、寻址、传输、路由和接收。

1. TCP/IP 的分层架构

TCP/IP 采用的分层架构如图 12.9 所示，通常分为 4 个主要层次：应用层、传输层、网络层和链路层。

应用层负责提供用户与网络的交互接口，如网页浏览（HTTP）、电子邮件（SMTP）和文件传输（FTP）等服务。

传输层的作用是确保端到端的可靠通信，其中 TCP 协议提供可靠的面向连接服务，而 UDP 协议则提供无连接但高效的数据传输。

网络层负责数据包的寻址和路由，使数据能够正确地在不同的设备之间传输，该层的核心协议是 IP（互联网协议），它决定数据包的最终目的地。

链路层则负责数据在具体物理网络上的传输，如以太网、Wi-Fi 和光纤通信等。TCP/IP 采用这种分层架构，使得各层相对独立，便于协议的更新与扩展，提高了网络通信的稳定性和效率。

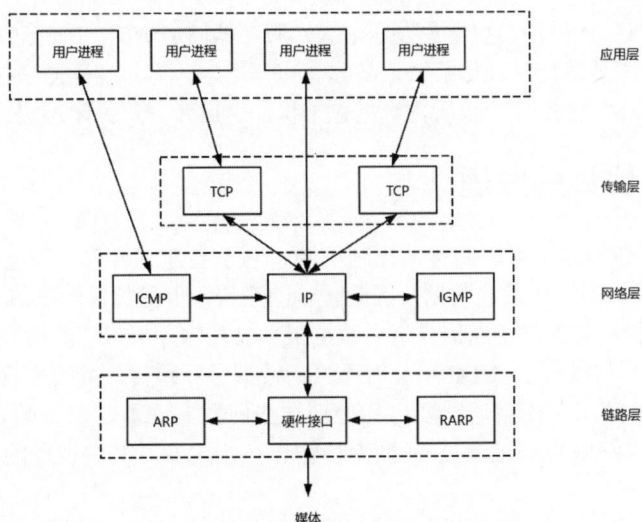

图 12.9　TCP/IP 的分层架构

2. TCP/IP 的数据传输过程

在 TCP/IP 体系结构中，数据在各层之间传输时需要经历封装和解封装过程。

当用户在浏览器中访问网页时，应用层（HTTP）会将请求的数据进行格式化处理，并传递给传输层。传输层（TCP）会将数据拆分成多个段，并为每个段添加端口信息，以确保数据能够正确传输到指定的应用程序。

网络层（IP）接收 TCP 数据段，并为其添加 IP 头部信息，其中包括源 IP 地址和目标 IP 地址，使数据能够在网络中正确寻址。网络接口层负责将这些数据包转换为物理信号，并通过网络设备（如路由器和交换机）传输到目标设备。

当目标设备接收到数据后，会按照相反的顺序进行解封装，最终交付给应用层处理，从而完成数据的传输。

3. TCP 的可靠性机制

TCP 通过三次握手建立连接、四次挥手断开连接，并采用多种机制确保数据的完整性、正确性和有序性。

如图 12.10 所示，TCP 采用三次握手建立连接：客户端发送 SYN 包，服务器回应 SYN-ACK 包，客户端再发送 ACK 包确认，连接即建立。

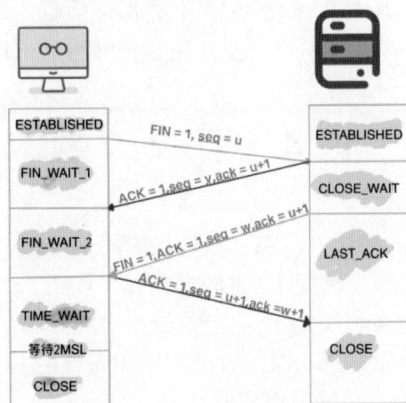

图 12.10　TCP 连接管理

断开连接则用四次挥手：客户端先发送 FIN，服务器回应 ACK（表示收到 FIN，但可能仍有数据要发送）；待服务器处理完毕后，服务器再发送 FIN，客户端回应 ACK 并进入 2MSL 等待，确保服务器已收到 ACK 并防止历史数据包干扰，之后才真正关闭连接。

12.3.3　UDP 协议的原理

UDP 不像 TCP 那样提供可靠的传输控制机制，它不会建立连接、不会进行流量控制，也没有超时重传机制，而是直接发送数据，因此传输速度快，但可靠性较低。

UDP 采用数据报的方式进行通信，每个数据报独立传输，不保证数据到达的顺序，也不确保数据一定能到达目标。因此，UDP 不会对丢失的数据进行重传，接收方收到的数据可能存在丢失、重复或乱序的情况，应用层需要自行处理这些问题。这种设计使得 UDP 适用于一些无须可靠传输的应用，例如 DNS 查询、视频流传输和在线游戏，其中少量的数据丢失不会严重影响用户体验。

在 UDP 传输过程中，数据包由 UDP 首部和数据部分组成。UDP 首部由 4 个字段构成：源端口号、目标端口号、长度和校验和。源端口号和目标端口号用于标识发送方和接收方的端口，长度字段表示整个 UDP 数据包的大小，而校验和用于检测数据是否在传输过程中发生了错误，但并不强制要求校验。

如图 12.11 所示，UDP 头部仅占 8 字节，相比 TCP 至少 20 字节的头部开销更小，因此 UDP 能够更高效地利用网络带宽。

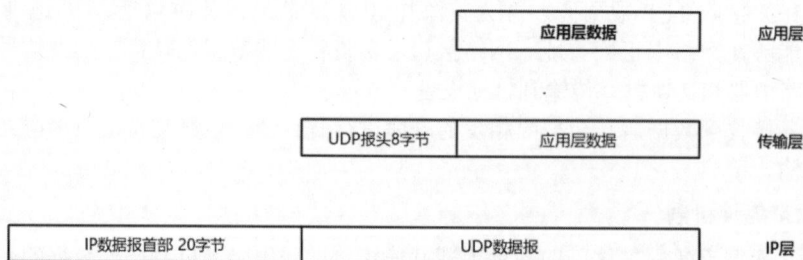

图 12.11　UDP 的首部开销

与 TCP 相比，UDP 具有更快的传输速度，但缺乏可靠性控制，适用于对实时性要求高但可以容忍一定数据丢失的应用场景。虽然 UDP 不能保证数据一定能送达，但应用层可以通过冗余传输、错误校正等技术来弥补其不足，使其在各种网络通信场景中发挥重要作用。

12.4　习　　题

1. 以下关于 TCP/IP 协议的描述中，哪一项是正确的？（　　）

A. TCP 是无连接的传输协议，适用于实时通信

B. UDP 提供可靠的连接服务，适用于大文件传输

C. TCP 提供面向连接的可靠传输，保证数据顺序和完整性

D. UDP 具有拥塞控制机制，传输效率较低

习题答案

2. 在 Python 中，通过 socket 模块可以进行网络编程，其中用于创建基于 IPv4 和 TCP 协议

的套接字的函数调用形式为：socket.socket(_____, _____)。

3. 请编写一个 Python 程序，从指定网址下载网页内容并保存为本地 HTML 文件。具体要求如下。

（1）使用 urllib.request 模块从 http://example.com 获取网页内容。

（2）将网页内容保存为本地文件 downloaded_page.html。

（3）文件编码为 utf-8，保存后打印"网页下载完成！"

第13章 正则表达式

正则表达式是一种强大而灵活的文本处理工具，广泛应用于字符串匹配、提取、替换等场景中，是编程中不可或缺的技能之一。本章将系统介绍正则表达式的基础语法、常用模式与高级技巧，并结合 Python 的 re 模块进行实践操作。通过本章的学习，读者将具备在实际项目中编写高效、可维护正则表达式的能力，为文本数据处理和自动化任务打下坚实基础。

13.1 正则表达式入门

正则表达式（regular expression，简称 regex）是用于描述字符串匹配模式的一种语法规则，常被用于文本搜索、数据验证、信息提取等任务中。在 Python 中，正则表达式由标准库 re 模块支持。

13.1.1 基本概念

正则表达式是一种用于描述字符串结构的规则语言，广泛应用于字符串的匹配、查找、提取和替换等操作中。它可以判断字符串是否符合特定格式，如邮箱地址或手机号是否合法；也可以从文本中提取有用的信息，比如提取 HTML 标签、URL 或关键字段；还可以用于替换或清理字符串中特定的模式，例如敏感词过滤或去除特殊字符。

在实际开发中，正则表达式被广泛应用于表单校验（如验证手机号码、身份证号等格式）、日志分析（提取 IP 地址、时间戳等）、网络爬虫（从网页源码中提取目标数据）以及文本清洗与预处理（如去除多余空格、特殊符号）等多个领域，是处理文本数据不可或缺的重要工具。

13.1.2 常用元字符与匹配规则

正则表达式中使用元字符来定义匹配规则，表 13.1 展示了常见元字符及其作用。

表 13.1 常见元字符及其作用

元字符	含义
.	匹配任意一个字符（除换行符）
^	匹配字符串的开头
$	匹配字符串的结尾
*	匹配前面的字符 0 次或多次
+	匹配前面的字符 1 次或多次
?	匹配前面的字符 0 次或 1 次
{n}	精确匹配 n 次
{n,}	匹配至少 n 次
{n,m}	匹配 n 到 m 次

续表

元字符	含义
[]	匹配字符集中的任一字符，如[abc]匹配 'a'、'b' 或 'c'
[^]	匹配不在字符集中的任一字符，如[^abc]
\d	匹配任意数字，等价于[0-9]
\D	匹配任意非数字字符
\w	匹配字母数字及下画线，等价于[A-Za-z0-9_]
\W	匹配非字母数字及下画线
\s	匹配任意空白字符（空格、制表符、换行等）
\S	匹配任意非空白字符
()	分组匹配，可用于提取子串或应用量词

为了更直观地理解正则表达式的应用，下面通过一个示例演示如何使用正则表达式提取文本中的电话号码。本例使用 re 模块结合模式匹配规则，实现对不同格式电话号码的识别与提取。

```
import re

pattern = r"\d{3}-\d{8}|\d{4}-\d{7}"# 匹配电话号码
text = "请拨打电话：010-12345678 或 021-87654321"
result = re.findall(pattern, text)
print(result)
```

运行上述代码，结果如下。

```
['010-12345678', '021-87654321']
```

通过本节的学习，读者可以了解正则表达式的基本概念、常用元字符及其匹配规则，并通过示例掌握了如何提取特定格式的信息。正则表达式在数据处理和文本分析中具有极高的实用价值。掌握这些基础知识将为后续深入学习正则表达式语法与应用打下坚实基础。

13.2　正则表达式语法详解

随着对正则表达式的深入使用，掌握其语法细节对于完成更复杂的文本处理任务至关重要。本节将重点讲解常用的量词、特殊字符、分组匹配和断言技巧，帮助读者构建更灵活、强大的表达式。

13.2.1　量词

量词在语法中常用于描述匹配的次数、频率或某种特定的数量关系。常见的量词在正则表达式中表示匹配的次数、次数范围等，具体的量词详见表 13.2。

表 13.2　常用量词表

量词	含义描述	示例	匹配结果
*	匹配前一个元素 0 次或多次	ab*	'a'、'ab'、'abbb'
+	匹配前一个元素 1 次或多次	ab+	'ab'、'abbb'

量词	含义描述	示例	匹配结果
?	匹配前一个元素 0 次或 1 次	ab?	'a'、'ab'
{n}	匹配前一个元素 n 次	a{3}	'aaa'
{n,}	匹配至少 n 次	a{2,}	'aa'、'aaa'、...
{n,m}	匹配 n 到 m 次	a{2,4}	'aa'、'aaa'、'aaaa'

注意

默认量词为贪婪模式，会尽可能多地匹配。如需非贪婪匹配，可在量词后加 ?（例如 *?、+?、{1,3}?）。

13.2.2　分组、捕获与断言技巧

正则表达式不仅支持基础的匹配，还提供了更强大的结构控制手段，如分组、捕获与断言。通过合理使用括号，可以提取子模式、重复匹配、命名捕获等；而零宽断言则用于在不消耗字符的情况下进行条件判断。这些技巧可显著增强正则表达式的表达能力和灵活性。

1. 分组与捕获

括号()在正则表达式中用于分组（group），可以实现以下功能。

（1）将多个字符当作一个整体。

（2）提取子匹配内容（捕获组）。

（3）与量词结合使用进行重复匹配。

```python
import re
match = re.match(r"(\d{4})-(\d{2})-(\d{2})", "2025-04-04")
print(match.group(0))  # '2025-04-04'（整体匹配）
print(match.group(1))  # '2025'（第 1 组）
print(match.group(2))  # '04'（第 2 组）
```

运行上述代码，输出如下。

```
2025-04-04
2025
04
```

2. 非捕获分组

使用 (?:...) 表示非捕获组，仅用于结构而不保存匹配内容。

```python
import re
print(re.findall(r"(?:ab)+", "ababab"))
```

运行上述代码，输出如下。

```
['ababab']
```

3. 命名分组

命名分组使用 (?P<name>...)，可以通过组名访问。

```python
m = re.match(r"(?P<year>\d{4})-(?P<month>\d{2})", "2025-04")
print(m.group('year'))    # '2025'
```

运行上述代码，输出如下。

4. 断言技巧（零宽断言）

零宽断言不会消耗字符，只检查字符是否满足某种条件，常用的断言语法如表 13.3 所示。

表 13.3　常用断言语法

类型	语法	含义
正向前瞻	(?=...)	匹配某位置之后是...
负向前瞻	(?!...)	匹配某位置之后不是...
正向回顾	(?<=...)	匹配某位置之前是...
负向回顾	(?<!...)	匹配某位置之前不是...

示例代码如下。

```
import re
# 匹配后面跟有.com 的邮箱用户名
print(re.findall(r"\w+(?=@\w+\.com)", "abc@163.com xyz@abc.net"))
```

运行上述代码，输出如下。

```
['abc']
```

通过掌握分组、捕获和断言等高级用法，正则表达式的匹配能力将变得更加灵活与精准。这些技巧不仅提升了模式表达的清晰度，也为复杂文本处理提供了强大支持。熟练运用它们，将为高效编程打下坚实基础。

13.3　re 模块实用技巧

在 Python 中，re 模块提供了对正则表达式的全面支持。掌握该模块的常用函数与进阶用法，有助于读者更高效地进行文本提取、验证和替换任务。

13.3.1　re 模块常用函数

正则表达式操作主要依赖内置的 re 模块。该模块提供了多种函数，能够满足字符串的匹配、查找、替换与分割等不同需求。熟练掌握这些常用函数，将极大提升文本处理的效率与灵活性，表 13.4 展示了 re 模块中最常用的几个函数及其基本用途。

表 13.4　re 模块常用函数表

函数	说明	示例
re.match()	从字符串开始位置匹配正则	re.match(r'\d+', '123abc')
re.search()	在字符串中查找第一个匹配项	re.search(r'\d+', 'abc123xyz')
re.findall()	查找所有匹配项，返回列表	re.findall(r'\d+', 'a1b22c333')
re.finditer()	查找所有匹配项，返回迭代器	for m in re.finditer(r'\d+', 'a1b22')
re.sub()	替换匹配项	re.sub(r'\d+', '#', 'a1b2')
re.split()	按正则分割字符串	re.split(r'\d+', 'a1b2c3')

下面是一个结合多个函数的综合示例，展示如何提取成绩并对敏感信息进行处理。

```
import re

text = "Tom: 89, Lily: 95, Jerry: 78"

scores = re.findall(r'\d+', text)  # 找出所有成绩
print(scores)

masked = re.sub(r'\w+:', '【姓名】:', text)  # 替换姓名为【姓名】
print(masked)
```

运行上述代码，输出如下。

```
['89', '95', '78']
【姓名】: 89, 【姓名】: 95, 【姓名】: 78
```

通过上述代码，读者可以看到 re.findall() 能快速提取所有数字，而 re.sub() 则可用于对敏感信息进行脱敏处理。不同函数适用于不同场景，合理选用可以让字符串处理更加高效灵活。

13.3.2 匹配对象与编译优化

在使用 re.match()、re.search() 等函数进行正则表达式匹配时，Python 会返回一个匹配对象（match object）。这个对象提供了丰富的方法和属性，让读者可以进一步分析匹配到的内容，比如提取分组结果、定位匹配位置等，非常适用于结构化处理文本数据。

1. 匹配对象的基本用法

以日期字符串匹配为例，示例代码如下。

```
import re

text = "今天的日期是 2025-04-04。"
match = re.search(r'(\d{4})-(\d{2})-(\d{2})', text)
```

上面这段代码使用正则表达式捕获了一个类似"年-月-日"的结构。如果匹配成功，match 对象就可以用来提取具体的信息，比如读者可以尝试如下操作。

（1）match.group() 返回整个正则表达式匹配的内容。

（2）match.group(1)、match.group(2)、match.group(3) 分别对应三个圆括号中定义的子表达式。

（3）match.start() 和 match.end() 分别表示匹配字符串在原始文本中的起始和结束位置。

（4）match.span() 返回起止位置的元组，便于定位。

```
if match:
    print("匹配到的日期:", match.group())
    print("年份:", match.group(1))
    print("月份:", match.group(2))
    print("日:", match.group(3))
    print("匹配位置:", match.span())
```

运行上述代码，输出如下。

```
匹配到的日期: 2025-04-04
年份: 2025
月份: 04
日: 04
匹配位置: (6, 16)
```

通过这些方法，读者可以很方便地从复杂文本中提取所需的信息，无须额外字符串处理逻辑。

2. 使用 re.compile() 提高效率

在很多实际项目中，某一个正则表达式可能会被多次使用，例如在循环中对多个字符串进行模式匹配。此时，建议使用 re.compile() 将正则表达式"编译"为一个正则对象，这样可以避免重复解析表达式，提高运行效率。

```python
import re
pattern = re.compile(r'\d{3}-\d{3,4}-\d{4}')

phones = [
    "请拨打 123-456-7890 联系我。",
    "客服电话是 400-800-1234。",
    "无效号码：12-345-6789"
]

for line in phones:
    match = pattern.search(line)
    if match:
        print("匹配到的电话号码:", match.group())
```

运行上述代码，输出如下。

```
匹配到的电话号码: 123-456-7890
匹配到的电话号码: 400-800-1234
```

通过预编译，程序不仅运行更高效，也让正则表达式逻辑更加清晰独立，增强了代码的可读性和复用性。

3. 编译标志灵活控制行为

re.compile() 还允许添加一些"编译标志"自定义匹配行为，如下所示。

（1）re.IGNORECASE（或 re.I）：忽略大小写。

（2）re.MULTILINE（或 re.M）：使 ^ 和 $ 匹配每一行的开头和结尾。

（3）re.DOTALL（或 re.S）：让点号（.）匹配包括换行符在内的所有字符。

（4）re.VERBOSE（或 re.X）：允许正则表达式中书写注释和空格，增强可读性。

例如下面的邮箱合法检测示例代码。

```python
import re

pattern = re.compile(r'''
    ^                          # 起始位置
    [a-zA-Z0-9_.]+  # 用户名部分
    @                          # @符号
    [a-zA-Z]+\.(com|net|org)$  # 邮箱域名部分
''', re.VERBOSE)

email = "example_user@domain.com"
if pattern.match(email):
    print("邮箱格式合法")
else:
    print("邮箱格式非法")

email2 = "example_userxf%domain.com"
if pattern.match(email2):
    print("邮箱格式合法")
else:
    print("邮箱格式非法")
```

运行上述代码，输出如下。

```
邮箱格式合法
邮箱格式非法
```

通过这些标志，读者可以更灵活地控制正则匹配规则，也可以让复杂的表达式更易读、易维护。

综上所述，匹配对象为读者提供了对匹配结果的高度掌控能力，而使用 re.compile() 则在需要多次匹配时提供了性能与结构上的优势。灵活掌握这些技巧，可以让你在处理文本数据时游刃有余。

【例 13.1】提取订单信息并进行格式验证。（实例位置：资源包\Python\S13\Examples\01）
小红正在处理一个订单系统的日志文件，日志中包含多个订单记录，其格式如下。

```
OrderID: 202504040001, Date: 2025-04-04, Customer: Alice, Email: alice@example.com
OrderID: 202504040002, Date: 2025-04-04, Customer: Bob, Email: bob[at]example.com
```

请完成以下任务：
（1）提取所有合法的邮箱地址（格式如用户名@域名.com）。
（2）使用匹配对象提取订单号、日期、客户名和邮箱地址信息。
（3）使用 re.compile() 提高匹配效率。
将合法订单信息打印成以下格式。

```
订单号: 202504040001, 日期: 2025-04-04, 客户: Alice, 邮箱: alice@example.com
```

参考实现代码如下。

```python
import re

log_data = """
OrderID: 202504040001, Date: 2025-04-04, Customer: Alice, Email: alice@example.com
OrderID: 202504040002, Date: 2025-04-04, Customer: Bob, Email: bob[at]example.com
"""

# 编译正则模式，提取订单各字段
order_pattern = re.compile(
    r'OrderID:\s*(\d+),\s*Date:\s*(\d{4}-\d{2}-\d{2}),\s*Customer:\s*(\w+),\s*Email:\s*([\w@.]+)'
)

# 合法邮箱格式检查（使用@和.com/.net/.org）
email_check = re.compile(r'^[\w.]+@[\w.]+\.(com|net|org)$')

# 遍历每一条匹配结果
for match in order_pattern.finditer(log_data):
    order_id = match.group(1)
    date = match.group(2)
    customer = match.group(3)
    email = match.group(4)

    if email_check.match(email):
        print(f"订单号: {order_id}, 日期: {date}, 客户: {customer}, 邮箱: {email}")
```

运行上述代码，输出如下。

```
订单号: 202504040001, 日期: 2025-04-04, 客户: Alice, 邮箱: alice@example.com
```

通过正则表达式提取日志中的订单信息，可以高效地从文本中提取关键信息。使用 re.compile() 编译正则模式不仅提高了匹配效率，还能确保提取的数据符合特定的格式要求。通过合法性检查，读者能够确保仅处理有效的邮箱地址，从而提升数据的准确性和质量。

13.4　正则表达式最佳实践

正则表达式功能强大，却也容易让人"写得对但难以维护"。为了更好地应用正则表达式，读者应注重可读性、性能与调试能力。

13.4.1 常见模式示例

在日常开发中，许多正则表达式模式是高频使用的。例如，验证邮箱、提取日期、手机号识别等，下面结合实际语法说明这些模式的用途和含义。

1. 邮箱地址验证

邮箱地址验证可以匹配大多数邮箱格式，如 user.name_1@domain.com。它使用了字符类、转义字符与锚点限定位置与格式。

```
pattern = r'^[a-zA-Z0-9._%-]+@[a-zA-Z0-9.-]+\.[a-zA-Z]{2,}$'
```

2. 手机号匹配（中国大陆）

手机号匹配模式识别以 1 开头的 11 位合法手机号，常用于注册登录场景。

```
pattern = r'^1[3-9]\d{9}$'
```

3. 日期提取（YYYY-MM-DD）

日期提取常用于文档、日志中的日期识别。加上 \b 可确保是完整词边界，避免误匹配。

```
pattern = r'\b(\d{4})-(\d{2})-(\d{2})\b'
```

4. HTML 标签提取

可以使用反向引用 \1 来确保匹配的起始标签和结束标签名称一致，同时使用非贪婪匹配 .*? 避免跨标签内容造成的误匹配。

```
pattern = r'<(\w+)[^>]*>(.*?)</\1>'
```

5. URL 识别

此模式能识别以 http 或 https 开头的基本链接结构。适用于网页爬虫、日志过滤等任务。

```
pattern = r'https?://[^\s<>"]+'
```

> **温馨提示**
>
> 常见模式虽强大，但在特定场景下需要结合上下文处理，如邮箱验证还需要考虑域名有效性、URL 中是否包含参数等问题。

13.4.2 性能优化与调试建议

尽管正则表达式功能强大，但不当使用可能导致性能瓶颈，甚至在极端场景下引发"正则灾难"（ReDoS，即正则拒绝服务）。以下是一些推荐的优化和调试建议。

1. 避免过度贪婪

使用 .* 或 .+ 等贪婪量词时，常常会匹配过多字符。对此，推荐使用非贪婪量词 .*? 或 .+?。错误示例如下。

```
re.search(r'<div>.*</div>', text)
```

可能匹配从第一个 <div> 到最后一个 </div>，造成意外结果。改进后的代码如下。

```
re.search(r'<div>.*?</div>', text)
```

非贪婪匹配更安全可靠。

2. 尽量限定匹配范围

永远不要编写"模糊而全能"的正则表达式，比如 .*@.*，这种表达式可能过度扫描整个字符串。应尽量限制字符类和数量，缩小匹配空间。

3. 编译表达式，减少重复解析

当一个正则表达式频繁用于循环或批量处理文本时，应使用 re.compile() 预编译。

```
pattern = re.compile(r'\d{3}-\d{4}')
for line in lines:
    if pattern.search(line):
        ...
```

4. 使用 re.VERBOSE 提高可读性

可读性对长期维护至关重要。使用 re.VERBOSE 可以实现分行编写表达式并加入注释。

```
pattern = re.compile(r'''
    ^          # 开头
    \d{4}      # 年份
    -          # 连字符
    \d{2}      # 月份
    -          # 日
    $          # 结尾
''', re.VERBOSE)
```

这样的表达式即使复杂也易于理解与修改。

5. 借助调试工具辅助开发

推荐使用在线调试工具（如 regex101.com、regexr.com）实时测试表达式匹配情况。这些工具提供分组解释、高亮匹配以及性能分析，能够大幅提升正则表达式的开发效率。

正则表达式强大却不易掌握。实践中，养成良好编写习惯、合理运用非贪婪匹配、优化表达式结构，并配合工具调试，将极大提升正则的可用性与性能。在追求匹配能力的同时，更要注重可维护性和执行效率。

如需更高复杂度的文本解析，建议与字符串函数或专业的解析库（如 BeautifulSoup、lxml 等）配合使用。

13.5　习　题

习题答案

1. 以下哪个正则表达式能够匹配一个有效的电话号码（如 123-456-7890）？（　　）

A. \d{3}-\d{4}-\d{4}　　　　　　　　B. \d{3}-\d{3}-\d{4}

C. \d{4}-\d{3}-\d{4}　　　　　　　　D. \d{3}-\d{3}-\d{3}

2. 在正则表达式中，^ 和 $ 分别用于匹配什么？（　　）

A. ^ 匹配行末，$ 匹配行首　　　　　B. ^ 匹配行首，$ 匹配行末

C. ^ 和 $ 都是通配符　　　　　　　　D. ^ 和 $ 都用于匹配数字

3. 在正则表达式中，{n,m} 量词用于匹配至少 n 次、最多 m 次的内容。请补充以下正则表达式，使其匹配至少 2 次、最多 4 次数字。

```
\d{____,____}
```

4. 在 Python 中使用 re.sub() 替换字符串中的所有匹配项时，以下代码将会用 # 替换所有

数字。请补充代码中的空白部分，使其正确运行。

```
import re
text = "My phone number is 1234567890."
result = re.sub(_____, '#', text)
print(result)
```

5. 请编写一个 Python 程序，从给定的字符串中提取所有有效的邮箱地址。邮箱格式如下。

用户名@域名.com 或用户名@域名.net。程序要求：使用正则表达式匹配邮箱；输出提取到的所有合法邮箱地址。

输入示例：

```
"联系人：alice@example.com, bob[at]example.net, invalid@domain, test@domain.com"
```

输出示例：

```
提取到的合法邮箱有：
alice@example.com
bob[at]example.net
test@domain.com
```

本章将引领读者深入探索 Python 可视化的基础和高级技术。读者将学习如何使用 Matplotlib 和 Seaborn 绘制各类统计图表，并通过优化图表样式和添加交互功能提升可视化效果。通过本章的学习，读者将能够更好地展示数据，决策者和数据分析师也能够利用可视化技术提取有价值的信息。

14.1　Python 可视化基础

在数据分析与科学计算中，可视化是一项桥梁性技术，连接着数据与人类的认知。通过图形化的方式呈现数据，可以帮助读者更快速地识别模式、发现异常并传达结论。

14.1.1　可视化的概念与重要性

数据可视化是将抽象数据转换为图形图像的过程，其核心目的是帮助人们更直观地理解和分析数据。相比单纯的数字表格或文本描述，图形化的展示方式更容易被人类感知与接受，尤其在数据量庞大或数据关系复杂的情况下，图形的作用尤为重要。

常见的可视化类型包括：柱状图、折线图、散点图、饼图、热力图、箱线图等（如图 14.1 所示）。不同类型的图形适用于不同场景，选择合适的图表形式是数据可视化中的关键步骤之一。

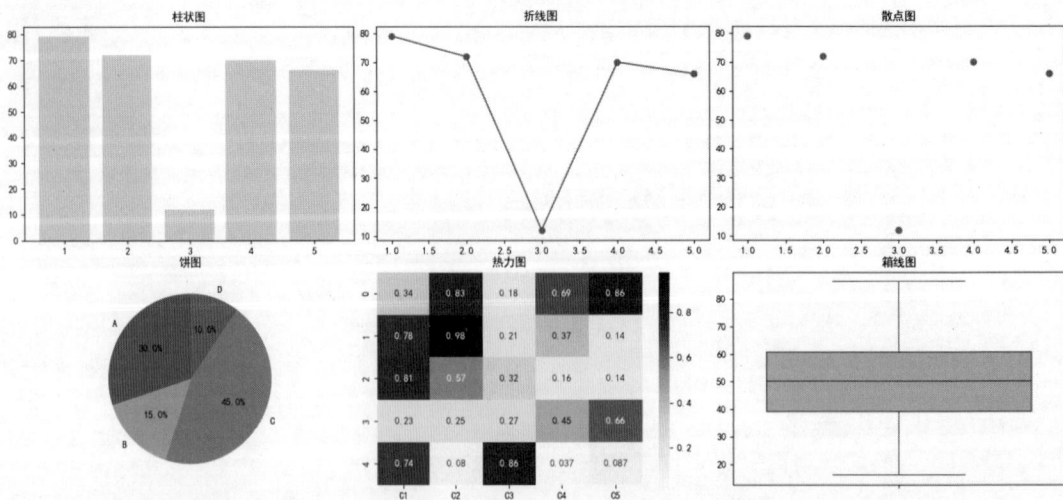

图 14.1　常见的可视化类型图

良好的可视化不仅可以揭示数据的模式、趋势和异常，还能促进数据背后故事的讲述，从而支持更为科学的决策。在数据科学、机器学习、商业分析、科研和工程等领域中，可视化已成为数据分析流程中不可或缺的一部分。

14.1.2　常用的 Python 可视化库

Python 生态系统中拥有众多功能强大的可视化库，用户可以根据实际需求选择合适的工具。以下是一些常用的 Python 可视化库简介。

（1）Matplotlib：最基础且广泛使用的可视化库，几乎支持所有 2D 图形绘制。它为其他高级库如 Seaborn、Pandas 可视化功能提供了底层支持。

（2）Seaborn：基于 Matplotlib 构建，封装了许多美观的默认主题和统计图形，适用于快速绘制统计型图表，如热力图、箱线图、类别图等。

（3）Plotly：支持交互式图表的高级库，适用于 Web 可视化应用，支持 JavaScript 渲染。非常适合用于仪表盘、动态图等场景。

（4）Altair：一个基于声明式语法的可视化库，构建在 Vega-Lite 之上，专注于简洁且易于表达数据关系的图表，非常适合数据分析初学者和研究人员。

（5）Bokeh：提供交互式、可嵌入 Web 页面的动态图表，适合构建交互式可视化应用或仪表盘。

（6）Pandas：内置绘图库，Pandas 结合 Matplotlib 提供了简便的 .plot() 方法，适合快速探索性数据分析（EDA）。

每个库都有其独特优势，开发者应根据数据类型、交互需求、性能要求和图表美观性等因素综合考虑合适的可视化工具。

14.2　使用 Matplotlib 进行基本绘图

Matplotlib 是 Python 中最常用的可视化库之一，功能强大且灵活，适用于从简单示意图到专业图表的绘制。本节将通过典型示例介绍其基本使用方法。

14.2.1　折线图

折线图适用于反映变量随时间或序列变化的趋势。下面的示例展示了如何绘制一条简单的折线图。

```
import matplotlib.pyplot as plt
plt.rcParams['font.sans-serif'] = ['SimHei'] # 指定默认字体为黑体

x = [1, 2, 3, 4, 5]
y = [2, 4, 6, 8, 10]

plt.plot(x, y, label='y = 2x', color='blue', marker='o')
plt.title("简单折线图")
plt.xlabel("X 轴")
plt.ylabel("Y 轴")
plt.legend()
plt.grid(True)
plt.show()
```

运行代码，简单折线图的结果如图 14.2 所示。

读者可尝试构建复杂折线图，复杂折线图通常用于同时展示多组数据的变化趋势，常包含多个数据序列、图例、颜色区分、样式设置等元素，适合对比不同组数据随时间的变化。

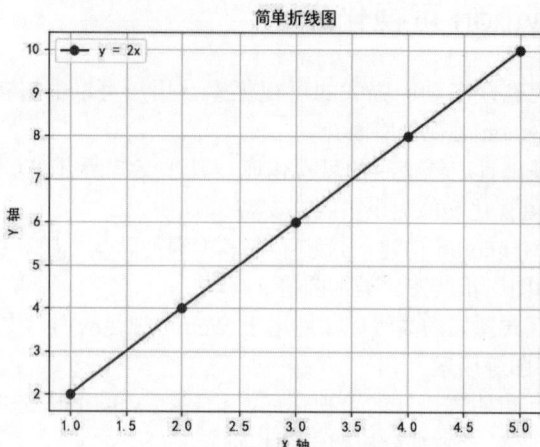

图 14.2　简单的折线图

下面的示例展示了如何绘制一个包含三条曲线的复杂折线图，支持中文标签与网格背景。

```python
import matplotlib.pyplot as plt
import numpy as np

plt.rcParams['font.sans-serif'] = ['SimHei']        # 指定默认字体为黑体
plt.rcParams['axes.unicode_minus'] = False          # 解决负号显示问题

x = np.arange(1, 13)
y1 = x * 2 + np.random.randint(-2, 2, size=12)
y2 = x * 1.5 + np.random.randint(-2, 2, size=12)
y3 = x * 3 + np.random.randint(-2, 2, size=12)

plt.figure(figsize=(10, 6))
plt.plot(x, y1, label='方案 A', color='blue', linestyle='-', marker='o')
plt.plot(x, y2, label='方案 B', color='green', linestyle='--', marker='s')
plt.plot(x, y3, label='方案 C', color='red', linestyle='-.', marker='^')

plt.title("三组方案的月度趋势比较")
plt.xlabel("月份")
plt.ylabel("指标数值")

plt.grid(True, linestyle='--', alpha=0.6)
plt.legend(loc='upper left')

plt.xticks(x, [f"{i}月" for i in x])
plt.tight_layout()
plt.show()
```

运行代码，复杂折线图的结果如图 14.3 所示。

通过本节学习，读者掌握了从简单折线图到复杂折线图的绘制方法，能够直观地展示一个或多个变量随时间的变化趋势。折线图在数据对比与趋势分析中具有重要作用，是数据可视化中常用且实用的图形工具。

14.2.2　柱状图与散点图

柱状图适用于展示分类数据的数量或数值差异，能够清晰对比不同类别的数值大小；而散点图常用于展示两个变量之间的关系或分布特征，便于观察变量之间是否存在相关性。

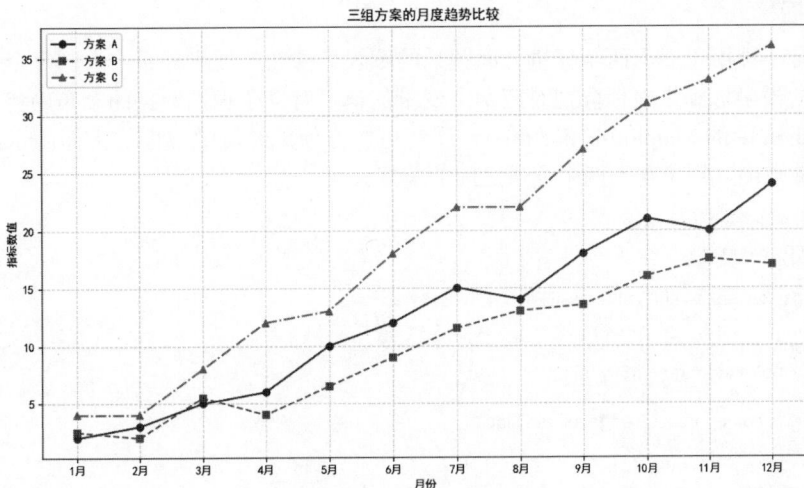

图 14.3　复杂折线图

1. 柱状图

Python 的柱状图是一种常用的数据可视化方式，用于展示分类数据的数量对比。通过高度表示数值大小，便于直观比较各类别之间的差异。例如，Matplotlib 和 Seaborn 能快速绘制美观的柱状图。下面的示例展示了如何绘制一个简单的柱状图，并展示了 5 个品类的销量对比。

```python
import matplotlib.pyplot as plt

plt.rcParams['font.sans-serif'] = ['SimHei'] # 设置字体

categories = ['A 类', 'B 类', 'C 类', 'D 类', 'E 类']
values = [23, 45, 56, 78, 33]

plt.bar(categories, values, color='skyblue')
plt.title("各类商品销量柱状图")
plt.xlabel("商品类别")
plt.ylabel("销量")
plt.grid(axis='y', linestyle='--', alpha=0.7)
plt.tight_layout()
plt.show()
```

运行代码，柱状图的结果如图 14.4 所示。

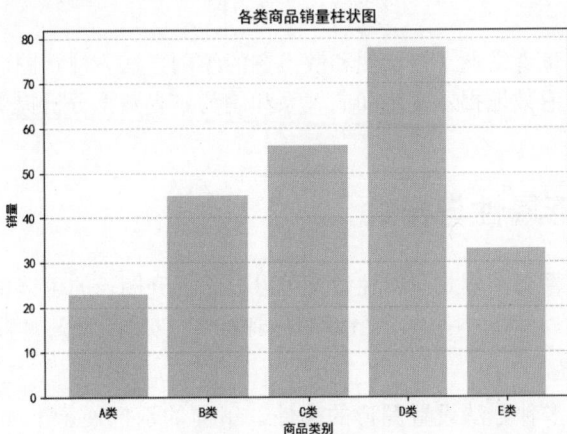

图 14.4　柱状图

2. 散点图

散点图是一种用于展示两个变量之间关系的图表，并在二维坐标系中绘制每个数据点的位置。每个点的横坐标和纵坐标分别对应两个变量的值，有助于识别数据的分布趋势、相关性和异常值。Python 中的 Matplotlib 和 Seaborn 库都可以方便地绘制散点图。下面的示例展示了如何绘制一个散点图，用于观察两个变量之间的关系。

```python
import matplotlib.pyplot as plt
import numpy as np

plt.rcParams['font.sans-serif'] = ['SimHei'] # 设置字体

x = np.random.rand(50) * 100
y = x * 0.8 + np.random.randn(50) * 5

plt.scatter(x, y, color='orange', edgecolors='black')
plt.title("变量间关系的散点图")
plt.xlabel("变量 X")
plt.ylabel("变量 Y")
plt.grid(True, linestyle='--', alpha=0.6)
plt.tight_layout()
plt.show()
```

运行代码，散点图的结果如图 14.5 所示。

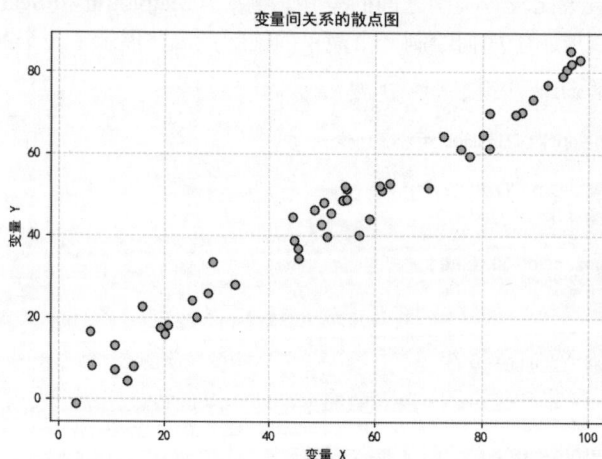

图 14.5　散点图

通过本节的学习，读者掌握了柱状图和散点图的绘制方法。柱状图适用于展示分类数据的对比，而散点图则能够有效地揭示变量间的关系和趋势，为数据分析提供了直观且有力的可视化手段。

14.2.3　设置图形属性与样式

在数据可视化中，图形的样式和属性设置可以显著提升图表的可读性和美观性。通过调整图表的颜色、线条样式、标签、字体、坐标轴等属性，可以使图表更加清晰和易于理解。

1. 图形属性的设置

Matplotlib 提供了多种方法设置图形的属性，下面的示例展示了如何调整图表的样式和属性。

```
import matplotlib.pyplot as plt
import numpy as np

plt.rcParams['font.sans-serif'] = ['SimHei'] # 指定默认字体为黑体

x = np.linspace(0, 10, 100)
y = np.sin(x)

plt.plot(x, y, label='sin(x)', color='red', linewidth=2, linestyle='-', marker='o', markersize=6)

plt.title("设置图形属性示例", fontsize=16, fontweight='bold')
plt.xlabel("X轴", fontsize=12)
plt.ylabel("Y轴", fontsize=12)

plt.xlim(0, 10)
plt.ylim(-1.5, 1.5)

plt.grid(True, linestyle='--', color='gray', alpha=0.5)

plt.legend(loc='upper right')

plt.tight_layout()
plt.show()
```

运行代码，设置图形属性后的折线图如图 14.6 所示。

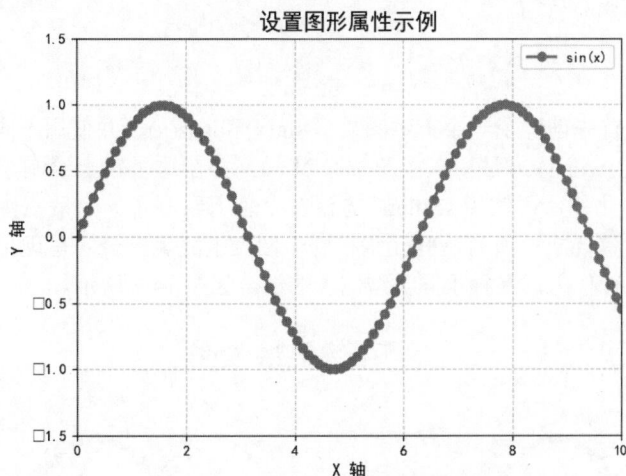

图 14.6　设置图形属性后的折线图

2. 多种不同类型图表的组合

在数据可视化中，结合多种图表类型展示数据能够提供更丰富的视觉效果与信息表达。Matplotlib 支持通过在同一图形中绘制多个图表类型，来增强图表的表现力。以下示例展示了如何组合折线图、柱状图和散点图，通过不同的颜色、样式和透明度设置，使图表更加炫目且信息丰富。

```
import matplotlib.pyplot as plt
import numpy as np

plt.rcParams['font.sans-serif'] = ['SimHei']                          # 指定默认字体为黑体

x = np.linspace(0, 10, 100)
y1 = np.sin(x)
y2 = np.cos(x)
y3 = np.random.normal(size=100)
```

```
fig, ax1 = plt.subplots(figsize=(10, 6))

# 绘制折线图
ax1.plot(x, y1, label='sin(x)', color='blue', linewidth=2, linestyle='-', marker='o', markersize=6, alpha=0.8)
ax1.plot(x, y2, label='cos(x)', color='green', linewidth=2, linestyle='--', marker='x', markersize=6, alpha=0.8)

# 设置标题和标签
ax1.set_title("多种图表类型的组合示例", fontsize=18, fontweight='bold')
ax1.set_xlabel("X轴", fontsize=12)
ax1.set_ylabel("Y轴", fontsize=12)

# 设置坐标轴范围
ax1.set_xlim(0, 10)
ax1.set_ylim(-1.5, 1.5)

# 绘制柱状图
ax2 = ax1.twinx()                                                      # 创建第二个y轴
ax2.bar(x, y3, label='Random Data', color='orange', alpha=0.5, width=0.1)

ax1.scatter(x, y3, label='Scatter Data', color='red', alpha=0.6, marker='*', s=80)    # 绘制散点图

ax1.grid(True, linestyle='--', color='gray', alpha=0.5)                # 设置网格

# 添加图例
ax1.legend(loc='upper left')
ax2.legend(loc='upper right')

# 显示图形
plt.tight_layout()
plt.show()
```

在这段代码中，首先创建了一个折线图显示 sin(x) 和 cos(x)，并使用不同的线条样式和颜色进行区分。然后通过 twinx() 方法引入了第二个 Y 轴，并在这个轴上绘制了一个柱状图，展示了随机数据的分布。此外，还使用 scatter() 方法在主轴上绘制了一个散点图，提供了更多的信息层次。通过精心设置样式，所有这些元素在同一图表中完美融合，呈现出一种炫目且复杂的数据可视化效果。运行代码，多种不同类型图表的组合如图 14.7 所示。

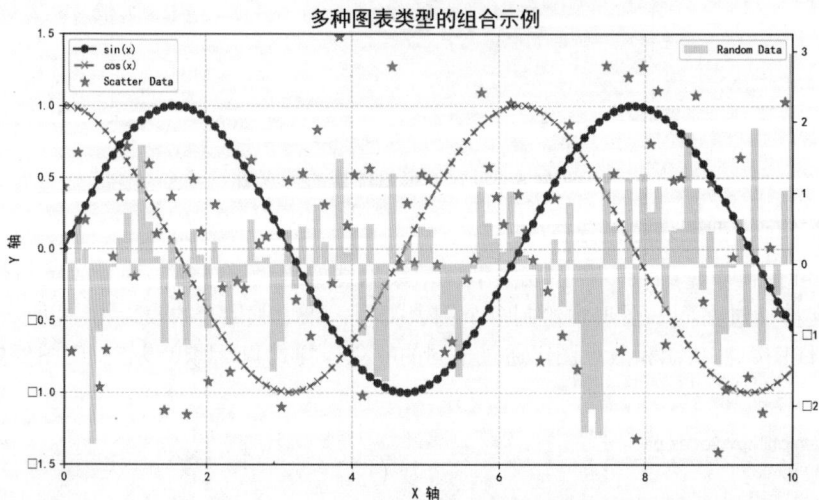

图 14.7　多种不同类型图表的组合

【例 14.1】分析三家门店一年内的销售趋势与业绩分布（实例位置：资源包\Python\S14\Examples\01）

某公司有三家门店（A 店、B 店、C 店），记录了它们在 2024 年每个月的销售额。请读者使用 Matplotlib 绘制以下三种图表：

（1）绘制三家门店的月度销售折线图，观察它们的趋势。

（2）绘制每家门店的年度总销售额柱状图，比较总体业绩。

（3）将每月销售额的均值与随机波动散点一起显示，观察波动分布。

三家门店的销售数据如下。

```
sales_A = np.array([32, 35, 38, 40, 42, 48, 50, 49, 46, 45, 43, 40])
sales_B = np.array([28, 30, 33, 35, 38, 40, 42, 41, 39, 38, 36, 34])
sales_C = np.array([25, 27, 30, 32, 34, 36, 38, 37, 35, 34, 33, 31])
```

参考实现代码如下。

```
import matplotlib.pyplot as plt
import numpy as np

plt.rcParams['font.sans-serif'] = ['SimHei']
plt.rcParams['axes.unicode_minus'] = False

months = np.arange(1, 13) # 模拟月度销售数据（单位：万元）
sales_A = np.array([32, 35, 38, 40, 42, 48, 50, 49, 46, 45, 43, 40])
sales_B = np.array([28, 30, 33, 35, 38, 40, 42, 41, 39, 38, 36, 34])
sales_C = np.array([25, 27, 30, 32, 34, 36, 38, 37, 35, 34, 33, 31])

#折线图：月度销售趋势
plt.figure(figsize=(10, 5))
plt.plot(months, sales_A, label='A店', color='blue', marker='o')
plt.plot(months, sales_B, label='B店', color='green', linestyle='--', marker='s')
plt.plot(months, sales_C, label='C店', color='red', linestyle='-.', marker='^')
plt.title("三家门店月度销售趋势")
plt.xlabel("月份")
plt.ylabel("销售额（万元）")
plt.xticks(months, [f"{m}月" for m in months])
plt.legend()
plt.grid(True, linestyle='--', alpha=0.6)
plt.tight_layout()
plt.show()

#柱状图：年度总销售额比较
total_sales = [sales_A.sum(), sales_B.sum(), sales_C.sum()]
stores = ['A店', 'B店', 'C店']
plt.figure(figsize=(6, 5))
plt.bar(stores, total_sales, color=['blue', 'green', 'red'])
plt.title("三家门店年度总销售额")
plt.ylabel("总销售额（万元）")
plt.grid(axis='y', linestyle='--', alpha=0.7)
plt.tight_layout()
plt.show()

#散点图：销售均值 + 随机波动
avg_sales = (sales_A + sales_B + sales_C) / 3
random_noise = np.random.normal(0, 3, size=12)

plt.figure(figsize=(10, 5))
plt.plot(months, avg_sales, label='销售均值', color='purple', linewidth=2)
plt.scatter(months, avg_sales + random_noise, label='波动值', color='orange', edgecolors='black', s=80, marker='*')
plt.title("销售均值与波动情况")
plt.xlabel("月份")
plt.ylabel("销售额（万元）")
plt.xticks(months, [f"{m}月" for m in months])
plt.legend()
plt.grid(True, linestyle='--', alpha=0.6)
plt.tight_layout()
plt.show()
```

执行上述代码，三家门店的月度销售趋势如图 14.8 所示。

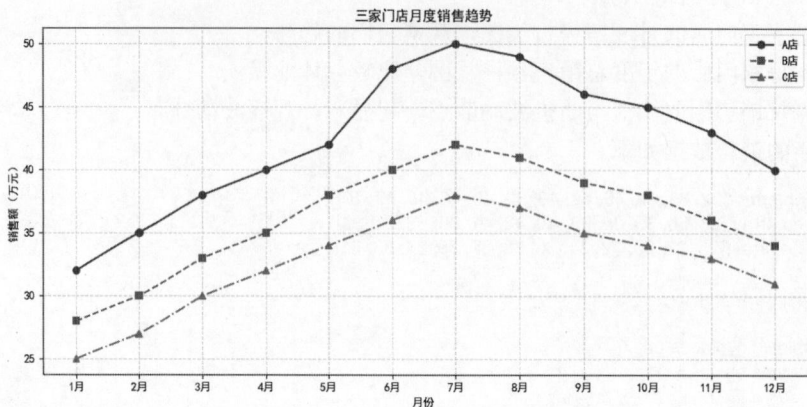

图 14.8　三家门店的月度销售趋势

图 14.8 展示了 A 店、B 店和 C 店在 2024 年各月的销售走势。可以看到，A 店整体销售较高，尤其在年中 6 月至 8 月达到峰值；B 店则保持较平稳的增长；而 C 店销售额较低，但趋势上同样呈现季节性上升。

三家门店年度总销售额如图 14.9 所示。

柱状图直观地显示了三家门店的年销售总额。A 店以约 548 万元遥遥领先，B 店次之约 474 万元，C 店相对较少约 402 万元。该图有助于评估门店整体业绩水平，辅助企业在资源分配与策略调整上的决策。

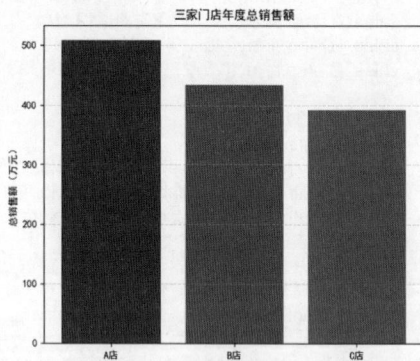

图 14.9　三家门店年度总销售额

销售均值与波动情况如图 14.10 所示。

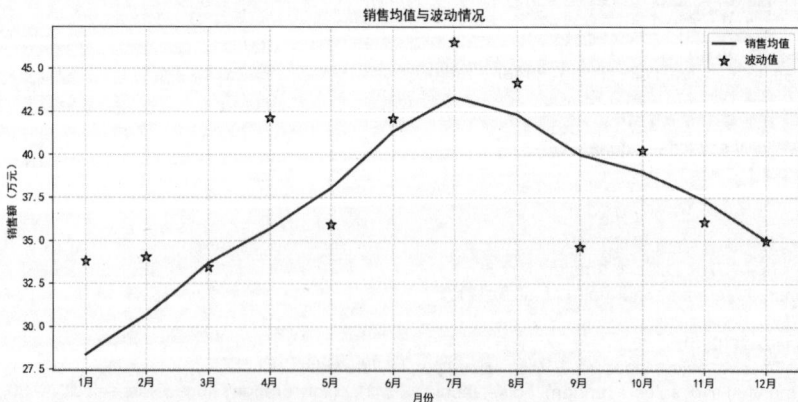

图 14.10　销售均值与波动情况

结合销售均值曲线与散点波动点，展示了整体销售趋势与波动幅度。通过散点图可以观察哪些月份销售额波动较大，以及是否存在异常波动。这对预测未来销售和制订风险管理策略具有一定参考意义。

以上三种图表全面分析了门店在月度、年度及波动层面的销售情况，有助于多维度评估销售绩效、识别问题并辅助后续业务决策。

读者可以使用通义灵码实现保存图片的功能。在 AI 程序员页面添加当前 Python 文件后输入"实现保存图像的功能。"的命令，如图 14.11 所示。

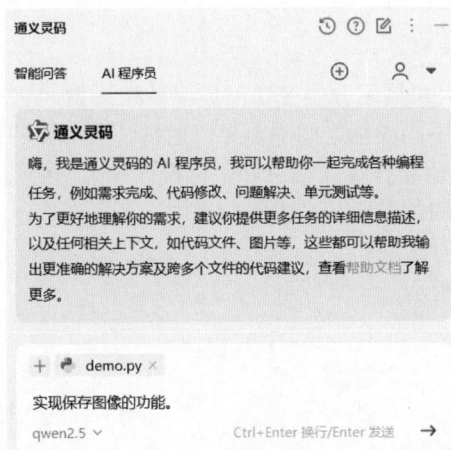

图 14.11 AI 程序员实现保存图像的功能

等待 AI 程序员修改代码后，可以发现其在 plt 区域加入了一行保存图像的代码，如下所示。

```
plt.savefig('sales_mean_and_fluctuation.png')  # 保存图像
```

重新运行代码，可以看到程序在运行完可视化后将 3 张可视化图片保存到了同等目录下，如图 14.12 所示。

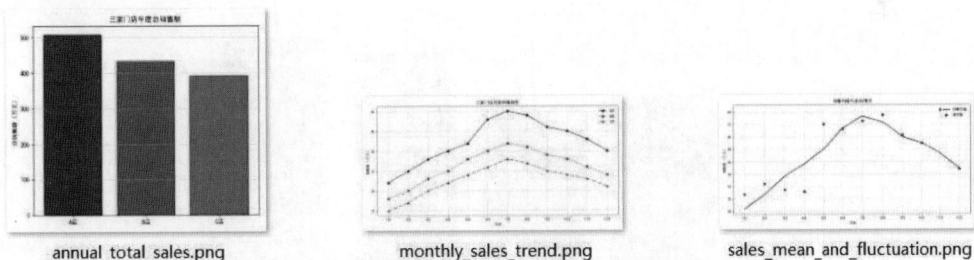

annual_total_sales.png   monthly_sales_trend.png   sales_mean_and_fluctuation.png

图 14.12 保存可视化图片

本例通过折线图、柱状图与散点图全面分析了三家门店在月度趋势、年度总额及销售波动等维度的业绩表现。可视化结果为企业制订经营策略和优化资源配置提供了直观有效的数据支持。

14.3 使用 Seaborn 进行高级可视化

Seaborn 是基于 Matplotlib 构建的一个 Python 可视化库，旨在使绘图变得更加简单，并支持更复杂的图表类型，如统计图表、热力图和关联图。它能够使数据可视化更加直观，支持丰富的颜色调色板和复杂的绘图功能。

14.3.1 绘制统计图表

统计图表有很多种类型，Seaborn 提供了非常方便的接口绘制这些图表。常见的统计图表包括条形图、箱线图、分布图等，下面将分别介绍如何使用 Seaborn 绘制几种常见的统计图表。

1. 条形图

条形图（bar chart）常用来展示分类变量的频率或统计量。它通过矩形条的长度表示各类别的数值大小，适用于对比不同类别之间的差异。通常，条形图的横轴表示类别，纵轴表示对应类别的频率、平均值或其他统计量（如总和、标准差等）。条形图可以直观地呈现数据的分布情况，帮助识别各类别之间的差距。在实际应用中，条形图广泛用于展示销售数据、人口统计、考试成绩等分类数据的对比。

条形图的示例代码如下所示。

```python
import seaborn as sns
import matplotlib.pyplot as plt

tips = sns.load_dataset('tips')

sns.barplot(x='day', y='total_bill', data=tips)   # 绘制条形图

plt.title('各天的账单总额')                         # 设置标题和标签
plt.xlabel('星期')
plt.ylabel('总账单')

plt.show()                                        # 显示图形
```

条形图代码的运行结果如图 14.13 所示。

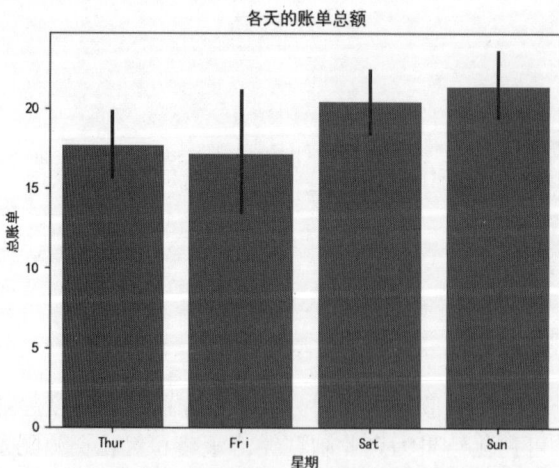

图 14.13　条形图

2. 箱线图

箱线图（box-plot）是一种常用的统计图表，用于展示数据的分布情况，特别是数据的集中趋势和离散程度。它通过箱体和线条表示数据的 5 个数值概况：最小值、下四分位数（Q1）、中位数（Q2）、上四分位数（Q3）和最大值。箱体的上下边界分别代表上四分位数和下四分位数，箱体内的线表示中位数，箱体外的"须"（或称为胡须）显示数据的最小值和最大值（排除异常值）。异常值通常通过单独的点标出。

箱线图特别适用于比较多个类别的数据分布，它能够帮助读者快速识别数据的偏斜程度、是否存在异常值，以及不同组之间的差异。通过箱线图，用户可以清晰地看到数据的对称性、集中趋势和离散程度，对于数据分析和异常值检测非常有用。

箱线图的示例代码如下所示。

```
import seaborn as sns
import matplotlib.pyplot as plt

plt.rcParams['font.sans-serif'] = ['SimHei']        # 指定默认字体为黑体
tips = sns.load_dataset('tips')
sns.boxplot(x='day', y='total_bill', data=tips)     # 绘制箱线图

# 设置标题和标签
plt.title('各天的账单总额分布')
plt.xlabel('星期')
plt.ylabel('总账单')

# 显示图形
plt.show()
```

箱线图代码的运行结果如图 14.14 所示。

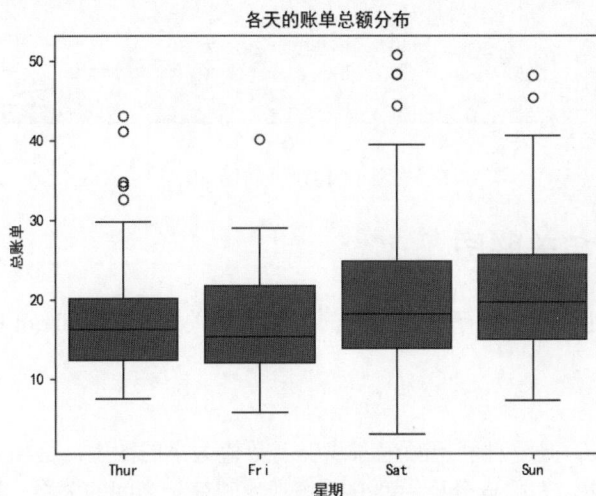

图 14.14　箱线图

3. 分布图

分布图（dist plot）是用于显示数据分布的一种图表，通常用于展示单一变量的分布情况。它将数据的频率分布可视化，可以通过直方图、核密度估计（KDE）曲线等形式展现。分布图能帮助读者了解数据的分布特征，如是否符合正态分布、数据的偏态性、集中趋势、离散程度等。

在 Seaborn 中，distplot（已被 displot 替代）可以同时绘制直方图和 KDE 曲线，便于观察数据的分布形态。通过调整参数，可以选择是否显示 KDE、直方图的条形宽度以及是否标准化数据等选项。分布图在数据探索阶段尤为重要，可帮助分析人员快速理解数据特性，为进一步的统计分析和建模提供依据。

分布图的示例代码如下所示。

```
import seaborn as sns
import matplotlib.pyplot as plt
```

```
plt.rcParams['font.sans-serif'] = ['SimHei']          # 指定默认字体为黑体
tips = sns.load_dataset('tips')
sns.displot(tips['total_bill'], kde=True)             # 绘制分布图

plt.title('账单金额的分布情况')                          # 设置标题

plt.show()                                            # 显示图形
```

分布图代码的运行结果如图 14.15 所示。

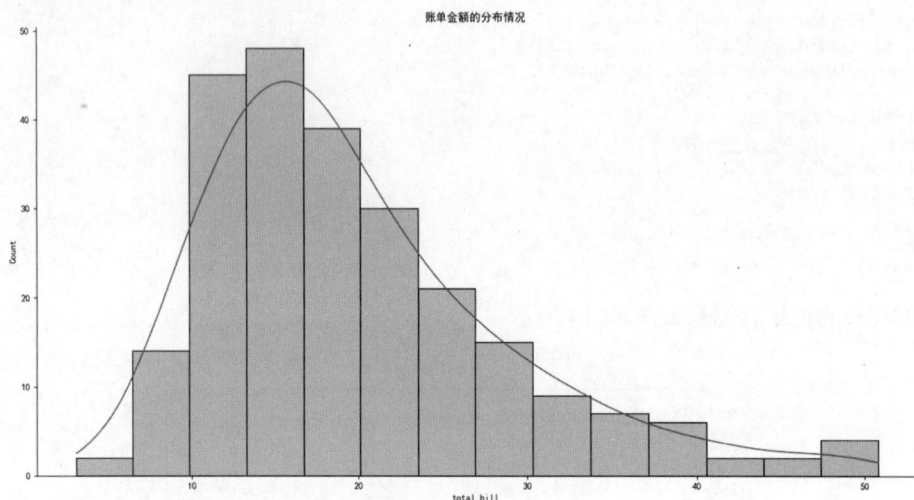

图 14.15　分布图

14.3.2　热力图与关联图

热力图和关联图主要用于展示变量之间的关系或相关性。在 Seaborn 中，热力图和关联图是常用的可视化工具。

1. 热力图

热力图（heat map）是一种利用颜色深浅表示数值大小的图表，常用于展示二维数据，如相关性矩阵或聚类结果。在数据分析中，它能直观反映变量之间的关系、数据分布和异常点，是多变量可视化的重要工具。热力图的示例代码如下所示。

```
import seaborn as sns
import matplotlib.pyplot as plt

plt.rcParams['font.sans-serif'] = ['SimHei']                          # 指定默认字体为黑体

flights = sns.load_dataset('flights')                                # 加载示例数据

pivot_flights = flights.pivot_table(index='month', columns='year', values='passengers', aggfunc='sum')
                                                                     # 将数据透视化为矩阵格式

sns.heatmap(pivot_flights, annot=True, cmap='YlGnBu')                # 绘制热力图

plt.title('每月乘客数热力图')                                          # 设置标题

plt.show()                                                           # 显示图形
```

热力图代码的运行结果如图 14.16 所示。

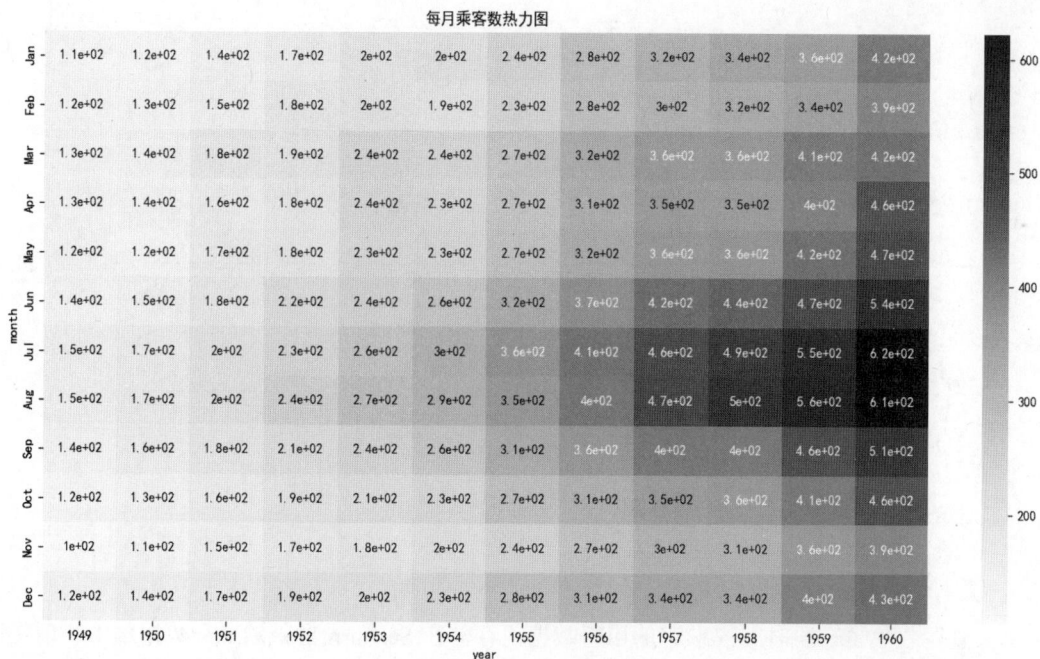

图 14.16 热力图

2. 关联图

关联图（pairplot）是一种用于可视化多维数据之间关系的图表，它通过绘制所有变量对之间的散点图，并在对角线上展示每个变量的分布情况（通常是直方图或核密度估计）。这种图表能帮助读者快速识别不同变量之间的相关性、线性关系、分布特征以及潜在的异常值。

在 Seaborn 中，pairplot() 函数能够非常方便地创建这种图表，尤其适用于探索性数据分析。它将数据集中的每一对特征（或列）组合起来，生成一个矩阵式的图表，其中每个单元格展示的是对应两个变量之间的散点图。对角线上的图则通常展示每个变量的分布情况，如直方图或 KDE 曲线。关联图非常适用于观察多维数据集之间的关系，帮助发现潜在的模式或数据中的问题。

关联图的示例代码如下所示。

```
import seaborn as sns
import matplotlib.pyplot as plt


plt.rcParams['font.sans-serif'] = ['SimHei']            # 指定默认字体为黑体

flights = sns.load_dataset('flights')                   # 加载示例数据
iris = sns.load_dataset('iris')                         # 加载示例数据集
sns.pairplot(iris, hue='species')                       # 绘制关联图

plt.suptitle('Iris 数据集的变量关系', y=1.02)            # 设置标题
plt.show()                                              # 显示图形
```

关联图代码的运行结果如图 14.17 所示。

Seaborn 提供了丰富的工具绘制统计图表和热力图，帮助读者更直观地理解数据。通过条形图、箱线图、分布图等统计图表，可以快速了解数据的分布和趋势；而通过热力图和关联图，则可以探索多个变量之间的相关性和关系，尤其适用于多变量的数据分析。

【例 14.2】分析小费数据中的消费行为模式。（实例位置：资源包\Python\S14\Examples\01）

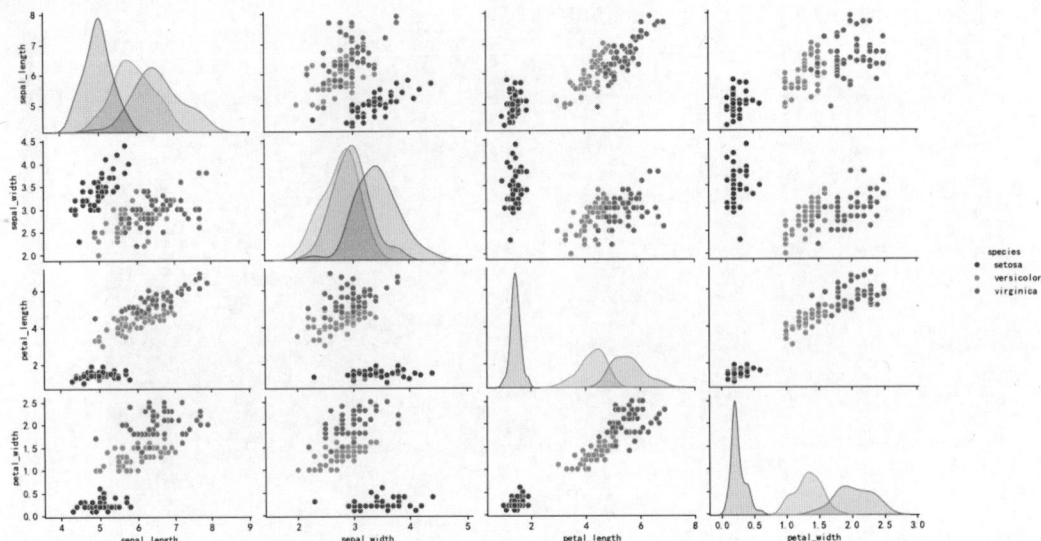

图 14.17　关联图

某餐厅收集了一段时间内顾客的用餐数据，存储在 Seaborn 自带的 tips 数据集中。请使用 Seaborn 绘制以下可视化图表，探索不同日期、性别和消费金额之间的关系，以帮助餐厅更好地理解顾客的行为模式。要求如下：

（1）绘制一个条形图，展示不同星期（day）中顾客的平均账单总额（total_bill）。

（2）绘制一个箱线图，比较男女顾客在账单总额（total_bill）上的分布情况。

（3）绘制一个分布图，显示账单总额在整个数据集中的分布特征，并添加 KDE 曲线。

（4）绘制一个热力图，展示账单总额与小费（tip）之间的皮尔逊相关性。

（5）为方便分析，尝试把 4 个可视化图表放在一起拼接成一张大图。

实现代码如下。

```
import seaborn as sns
import matplotlib.pyplot as plt
import pandas as pd

tips = sns.load_dataset("tips")                          # 加载tips数据集
sns.set(style="whitegrid")                               # 设置风格

# 创建画布和子图
fig, axes = plt.subplots(2, 2, figsize=(16, 12))         # 2行2列子图

# ① 条形图：不同星期中顾客的平均账单总额
sns.barplot(x="day", y="total_bill", data=tips, ax=axes[0, 0], ci=None, palette="pastel")
axes[0, 0].set_title("Average Total Bill by Day")

# ② 箱线图：比较男女顾客账单总额的分布情况
sns.boxplot(x="sex", y="total_bill", data=tips, ax=axes[0, 1], palette="Set2")
axes[0, 1].set_title("Total Bill Distribution by Sex")

# ③ 分布图：账单总额的分布特征并添加KDE曲线
sns.histplot(tips["total_bill"], kde=True, ax=axes[1, 0], color='skyblue')
axes[1, 0].set_title("Distribution of Total Bill with KDE")

# ④ 热力图：账单总额与小费之间的皮尔逊相关性（计算相关系数矩阵）
corr = tips[['total_bill', 'tip']].corr(method='pearson')
sns.heatmap(corr, annot=True, cmap="YlGnBu", ax=axes[1, 1])
axes[1, 1].set_title("Correlation Heatmap between Total Bill and Tip")
```

```
plt.tight_layout()# 调整布局并显示图像
plt.show()
```

上述代码的运行效果如图 14.18 所示。

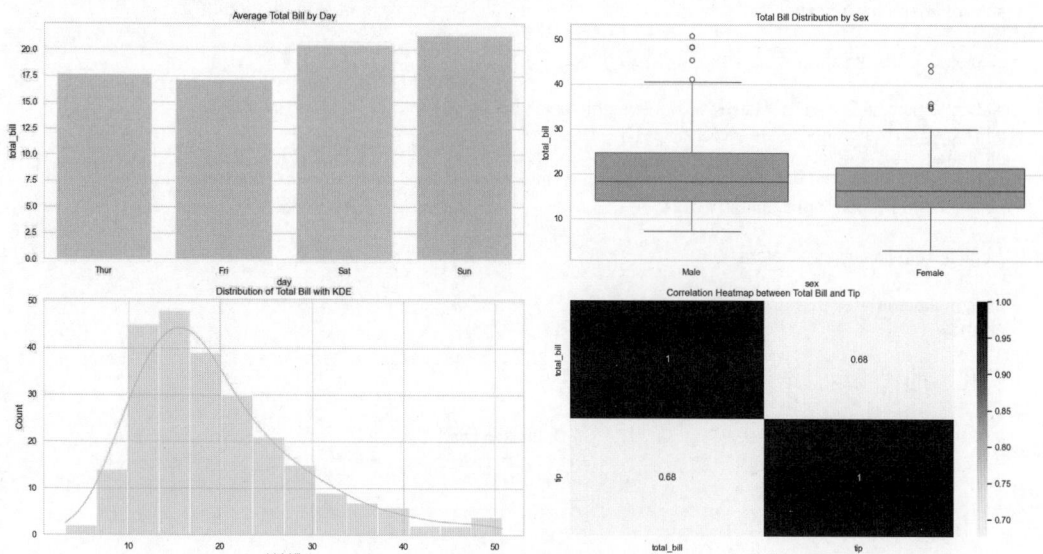

图 14.18　小费数据消费行为的模式分析

通过对小费数据的可视化分析，得出以下结论：周五和周六的顾客消费较高，而周日和周四则较低，显示出明显的消费周期性。男性顾客的账单总额普遍高于女性，且男性消费差异较大。整体消费呈现右偏分布，大多数顾客账单较低，少数顾客消费较高。账单总额与小费之间存在高度正相关，表明小费金额与消费额密切相关。此分析有助于餐厅优化定价和服务策略，提升顾客体验。

14.4　可视化优化与交互性

在数据可视化过程中，图表的优化和交互功能是提升可视化效果和用户体验的重要方面。图表的优化与美化能够使数据更具可读性，而交互功能则可以提升用户对图表的操作性，使得用户能够根据自己的需求查看数据。

14.4.1　图表优化与美化

图表的优化与美化不仅可提高可视化的美观性，还能够增强信息的传达效率。常见的优化包括字体调整、颜色选择、添加标签和图例、调整坐标轴等。

1. 调整字体和颜色

通过调整字体样式、颜色搭配、添加适当的标签和图例，以及调整坐标轴的显示方式，可以使图表更加清晰、易懂，并突出重要的信息。以下代码展示了如何通过调整字体和颜色优化图表的可视化效果。

```
import matplotlib.pyplot as plt
import seaborn as sns
```

```
import numpy as np

x = np.linspace(0, 10, 100)                                    # 数据
y = np.sin(x)

sns.set_theme(style="whitegrid")                               # 使用 Seaborn 样式

plt.plot(x, y, label='sin(x)', color='purple', linewidth=2)    # 绘制图形

plt.title("Optimized chart", fontsize=18, fontweight='bold', color='blue')  # 添加标题和标签
plt.xlabel("X-axis", fontsize=14, color='green')
plt.ylabel("Y-axis", fontsize=14, color='green')

plt.legend(loc='upper right', fontsize=12)                     # 添加图例

plt.grid(True, linestyle='--', alpha=0.5)                      # 设置网格

plt.tight_layout()                                             # 显示图形
plt.show()
```

美化后的代码运行结果如图 14.19 所示。

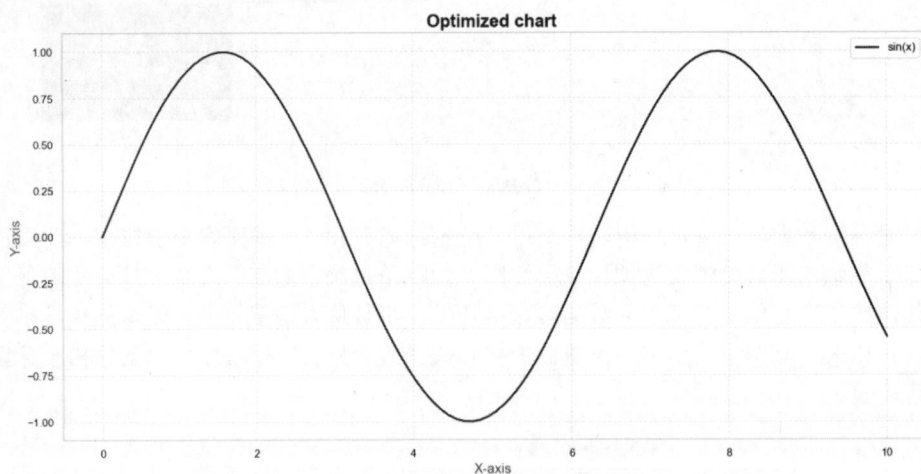

图 14.19　调整字体和颜色后的折线图

2. 调整坐标轴的范围与刻度

为了更好地展示数据，调整坐标轴的范围和刻度是图表优化中的重要步骤。通过合理设置坐标轴的显示范围，可以确保数据在图表中得到更清晰地呈现，并突出关键信息。同时，调整刻度的间隔和格式，也能提高图表的可读性和美观性。以下代码展示了如何通过调整坐标轴的范围和刻度优化图表的显示效果。

```
import matplotlib.pyplot as plt
import seaborn as sns
import numpy as np

x = np.linspace(0, 10, 100)              # 数据
y = np.sin(x)

plt.xlim(0, 10) # 设置坐标轴范围
plt.ylim(-1.5, 1.5)

plt.xticks(np.arange(0, 11, 2))          # 设置自定义刻度
plt.yticks(np.arange(-1, 2, 0.5))

plt.plot(x, y, label='sin(x)', color='orange')  # 绘制图形
```

```
# 添加标题和标签
plt.title("Customize coordinate axis range and scale", fontsize=16)
plt.xlabel("X-axis", fontsize=12)
plt.ylabel("Y-axis", fontsize=12)

# 显示图形
plt.legend(loc='best')
plt.tight_layout()
plt.show()
```

上述代码的运行结果如图 14.20 所示。

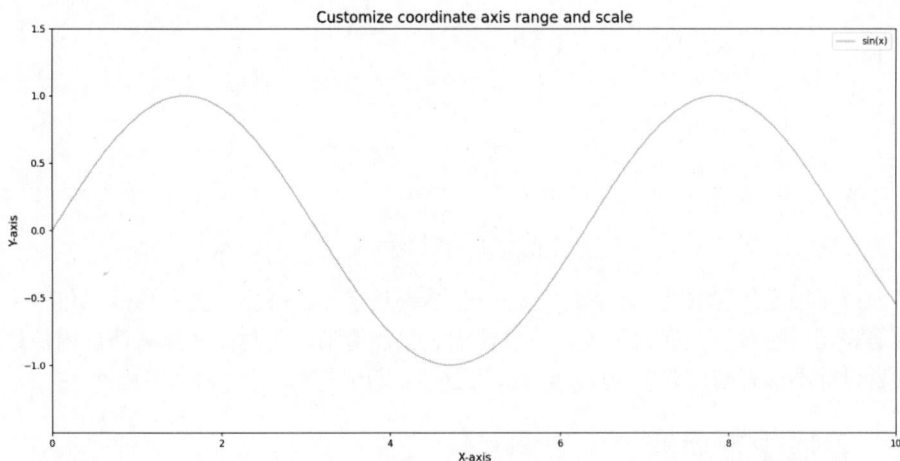

图 14.20　自定义坐标轴

3. 添加注释

在图表上添加注释是提高图表可读性和帮助解释关键数据点的重要手段。通过在特定位置添加文本、箭头或其他标记，读者可以更容易地理解图表中的重要信息或观察到的数据趋势。合理的注释不仅能增强图表的表达力，还能帮助突出分析中的关键发现。以下代码展示了如何在图表上添加注释，以便更好地解释数据的关键点。

```
import matplotlib.pyplot as plt
import seaborn as sns
import numpy as np
plt.rcParams['font.sans-serif'] = ['SimHei']          # 用来正常显示中文标签 SimHei
plt.rcParams['axes.unicode_minus'] = False            # 用来正常显示负号
# 数据
x = np.linspace(0, 10, 100)
y = np.sin(x)

plt.plot(x, y, label='sin(x)', color='red', linewidth=2)      # 绘制图形

plt.annotate('最大值', xy=(1.57, 1), xytext=(3, 1.2),
             arrowprops=dict(facecolor='black', arrowstyle="->"),
             fontsize=12)                             # 添加注释

plt.title("Charts with annotations", fontsize=16)     # 设置标题和标签
plt.xlabel("X-axis", fontsize=12)
plt.ylabel("Y-axis", fontsize=12)

# 显示图形
plt.legend(loc='upper right')
plt.tight_layout()
plt.show()
```

上述代码的运行结果如图 14.21 所示。

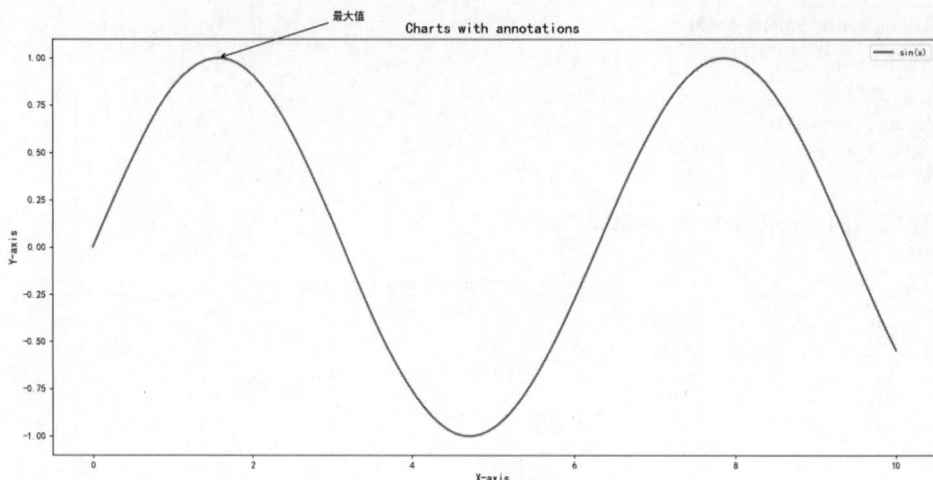

图 14.21　添加注释

本节介绍了图表优化与美化的基本方法，包括调整字体、颜色、坐标轴范围与刻度，以及添加注释等技巧。通过这些优化手段，可以使图表更加清晰、美观，并提高信息的传达效果。合理的图表设计不仅有助于数据的展示，还能更好地突出关键信息，增强可读性。

14.4.2　添加交互功能

交互性使得用户能够更方便地与数据图表进行交互，探索数据并做出更有针对性地分析。常用的交互功能包括鼠标悬停显示数据、缩放、拖曳等。

1. 使用 Matplotlib 和 mplcursors 实现简单的交互

mplcursors 是一个与 Matplotlib 配合使用的交互插件，它允许读者为图表添加交互功能，特别是悬停事件。当用户将鼠标指针悬停在数据点上时，mplcursors 会显示该数据点的具体信息，比如坐标值、标签等。这使得图表更加动态且兼具互动性，从而提升了用户体验，尤其适用于展示和分析数据，示例代码如下。

```
import matplotlib.pyplot as plt
import numpy as np
import mplcursors

plt.rcParams['font.sans-serif'] = ['SimHei']        # 用来正常显示中文标签SimHei
plt.rcParams['axes.unicode_minus'] = False          # 用来正常显示负号

# 数据
x = np.linspace(0, 10, 100)
y = np.cos(x)

# 绘制图形
fig, ax = plt.subplots()
ax.plot(x, y, label='cos(x)', color='blue')

mplcursors.cursor(ax, hover=True)                   # 添加交互功能

# 设置标题和标签
ax.set_title("Matplotlib + mplcursors 交互图表")
ax.set_xlabel("X 轴")
ax.set_ylabel("Y 轴")
```

plt.show()# 显示图形

运行结果如图 14.22 所示，鼠标指针移动到曲线上会实时显示当前位置的参数。

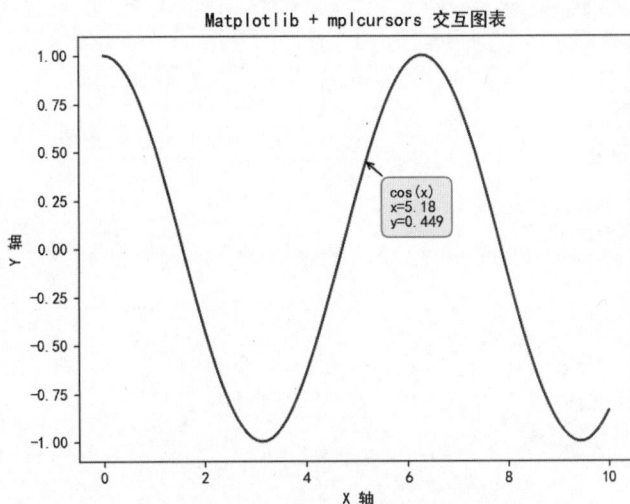

图 14.22　Matplotlib 和 mplcursors 实现交互

2. 使用 Plotly 实现交互功能

Plotly 是一个强大的图形绘图库，支持创建交互式图表。与 Matplotlib 和 mplcursors 不同，Plotly 本身内建了丰富的交互功能，包括缩放、平移、悬停显示数据等，非常适用于数据可视化分析。在 Plotly 中，用户无需额外的插件即可直接使用交互功能。以下是一个使用 Plotly 绘制交互式散点图的示例代码。

```
import plotly.graph_objects as go
import numpy as np

np.random.seed(42) # 创建数据
n = 100
x = np.random.uniform(-10, 10, n)
y = np.random.uniform(-10, 10, n)
z = np.random.uniform(-10, 10, n)
color = np.sqrt(x**2 + y**2 + z**2)         # 使用距离为点着色
size = np.abs(np.sin(x)) * 20 + 5           # 使用正弦函数控制点的大小
text = [f'点 {i}' for i in range(n)]          # 显示点的索引

fig = go.Figure(data=[go.Scatter3d(         # 创建3D散点图
    x=x, y=y, z=z,
    mode='markers',
    marker=dict(
        size=size,
        color=color,
        colorscale='Viridis',               # 使用颜色渐变
        opacity=0.8,
        line=dict(width=2, color='black')
    ),
    text=text,
    hoverinfo='text',                       # 设置悬停显示的内容
)])

# 更新布局以增加炫目效果
fig.update_layout(
    title='炫酷的3D散点图',
```

```
    scene=dict(
        xaxis_title='X 轴',
        yaxis_title='Y 轴',
        zaxis_title='Z 轴',
        camera=dict(
            eye=dict(x=1.25, y=1.25, z=1.25)        # 设置视角
        ),
    ),
    showlegend=False,                               # 隐藏图例
    updatemenus=[dict(
        type='buttons',
        showactive=False,
        buttons=[dict(
            label='旋转视角',
            method='relayout',
            args=[{'scene.camera': {'eye': {'x': 2, 'y': 2, 'z': 2}}}]
        )]
    )],
)

# 动画效果
fig.update_traces(marker=dict(
    size=12, opacity=0.9, color='gold'
), selector=dict(mode='markers'))

fig.show()                                          # 显示图形
```

运行结果如图 14.23 所示，在这个示例中，Plotly 自动提供了交互功能，如缩放、平移以及悬停时显示数据点的标签。用户可以通过鼠标与图表互动，查看各个数据点的详细信息，从而提高了数据可视化的灵活性和易用性。

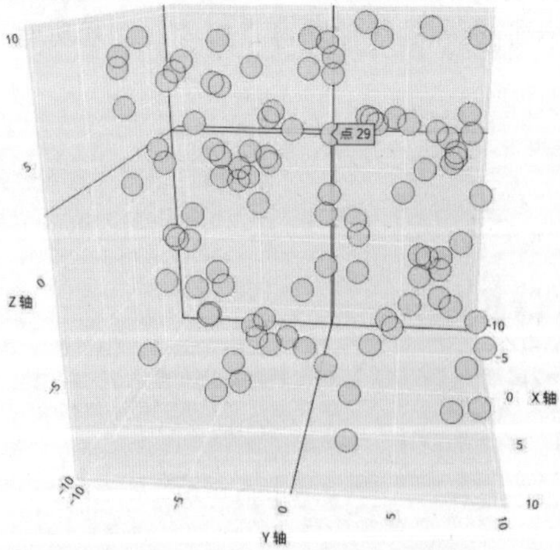

图 14.23　Plotly 实现数据可视化

综上所述，本节介绍了如何为图表添加交互功能，以提升数据可视化的互动性与用户体验。通过使用 Matplotlib 和 mplcursors 插件，可以实现鼠标悬停显示数据点信息的交互功能。使用 Plotly 库则可以轻松创建内建交互功能的图表，支持缩放、平移以及悬停显示数据等。

14.5　习　　题

1. 在 Python 中，使用哪个库可以快速绘制统计图表（如条形图、箱线图和分布图）？（　　）

A. Matplotlib   B. Seaborn

C. Plotly   D. Pandas

2. 在 Seaborn 中，哪个函数用来绘制热力图？（ ）

A. sns.heatmap()   B. sns.barplot()

C. sns.lineplot()   D. sns.scatterplot()

3. 使用 Seaborn 绘制分布图时，我们可以通过设置 kde=True 显示_____。 习题答案

4. 在 Matplotlib 中，要设置图形标题，可以使用_____函数添加标题。

5. 使用 Matplotlib 绘制一个包含三条折线的图，横坐标为从 0 到 10 的数据，纵坐标分别为 sin(x)、cos(x)和 tan(x)，并为每条线添加标签"sin(x)""cos(x)"和"tan(x)"。设置图形的标题为"正弦、余弦与正切函数"，并显示图例。

第15章　数据库技术

在当今信息系统的开发中，数据库技术扮演着至关重要的角色，能够高效地存储、管理与查询大量数据。本章将围绕流行的 MySQL 数据库，系统讲解其基本概念及操作方法，并结合 Python 的 pymysql 模块，逐步演示数据库的创建、数据的增删查改、事务控制与异常处理等核心内容。通过本章学习，读者将掌握使用 Python 操作数据库的完整流程，为开发数据驱动型应用程序打下坚实基础。

15.1　MySQL 数据库概述

MySQL 是一个流行的开源关系型数据库管理系统（RDBMS），广泛用于构建数据驱动的应用程序。它采用了结构化查询语言（SQL）管理和查询数据，支持高效的数据存储和检索。

MySQL 是目前世界上最流行的开源关系型数据库管理系统之一，广泛应用于网站后台、企业系统、数据仓库等多种场景。它基于结构化查询语言进行数据的定义、查询、更新和管理，遵循关系模型，支持标准的表、行、列、主键和外键等概念。MySQL 由瑞典 MySQL AB 公司开发，后被 Sun Microsystems 公司收购，现由 Oracle 公司维护和继续开发。

MySQL 拥有体积小、速度快、可靠性高和功能强等优点，支持多用户并发操作、事务处理、视图、存储过程和触发器等高级功能，能够满足从小型应用到大型系统的各种需求。此外，MySQL 具有良好的跨平台能力，可运行在 Windows、Linux、macOS 等多个操作系统上，且与多种编程语言（如 Python、Java、PHP 等）兼容良好，适合进行多层架构的应用开发。

在实际应用中，MySQL 常与 Web 应用框架（如 Django、Flask、Laravel 等）结合使用，以构建高性能、可扩展的数据库系统。得益于其开源特性和庞大的用户社区，MySQL 不断发展和完善，是学习数据库和从事后台开发不可或缺的重要工具。

15.2　Python 连接 MySQL 数据库

在 Python 中，PyMySQL 是一种常用且轻量级的方式，用于连接和操作 MySQL 数据库。它是用纯 Python 实现的 MySQL 客户端，具有跨平台、安装简单、易于使用等特点。安装 PyMySQL 库的方法十分简单，具体如下。

（1）通过 pip 命令安装 PyMySQL。

```
pip install pymysql
```

（2）导入库并建立数据库连接。使用 PyMySQL 连接 MySQL 数据库时，需要提供主机名、用户名、密码、数据库名称等参数。

```
import pymysql

connection = pymysql.connect(
    host='localhost',
    user='root',
    password='123456',
    database='test_db',
```

```
      charset='utf8mb4'
)
```

（3）执行 SQL 语句。使用 cursor()方法创建游标对象后，即可执行标准 SQL 查询语句。

```
cursor = connection.cursor()
cursor.execute("SELECT * FROM users")
result = cursor.fetchall()

for row in result:
    print(row)
```

（4）关闭连接。数据处理完成后，建议及时关闭游标和数据库连接。

```
cursor.close()
connection.close()
```

通过本节学习，读者掌握了使用 PyMySQL 在 Python 中连接和操作 MySQL 数据库的基本方法，这将为后续的数据处理和开发工作打下坚实基础。

15.3 MySQL 数据库基本操作

通过 Python 使用 PyMySQL 模块，可以实现对 MySQL 数据库的基本操作，包括创建数据库与数据表、插入数据、查询数据、更新与删除数据等。

15.3.1 创建数据库与数据表

在本节中，将使用 Python 的 pymysql 模块连接 MySQL 数据库，并完成数据库及表的创建。以下是具体操作步骤。

```
import pymysql

# 建立连接
conn = pymysql.connect(host='localhost', user='root', password='123456', charset='utf8mb4')
cursor = conn.cursor()

cursor.execute("CREATE DATABASE IF NOT EXISTS school_db CHARACTER SET utf8mb4")# 创建数据库

cursor.execute("USE school_db")                                              # 使用数据库

create_table_sql = """
CREATE TABLE IF NOT EXISTS students (
    id INT AUTO_INCREMENT PRIMARY KEY,
    name VARCHAR(50) NOT NULL,
    age INT,
    grade VARCHAR(10)
)                                                                            # 创建表
"""
cursor.execute(create_table_sql)

cursor.close()# 关闭连接
conn.close()
```

代码说明

（1）CREATE DATABASE IF NOT EXISTS：避免重复创建已存在的数据库。

（2）字符集设置为 utf8mb4：以支持中文、特殊符号和表情等多字节字符。

（3）表结构设计：students 表包含 4 个字段，其中 id 为主键并自动增长，name 为必填项。

通过以上代码，我们成功建立了一个名为 school_db 的数据库，并在其中创建了一个用于存储学生信息的表 students，如图 15.1 所示。

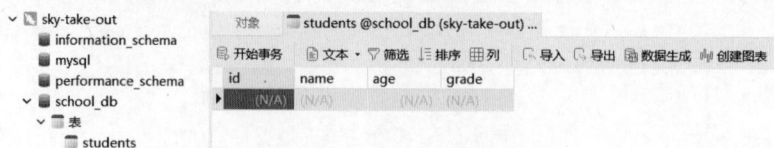

图 15.1　school_db 数据库

本节通过使用 Python 的 pymysql 模块，成功创建了名为 school_db 的数据库及其学生信息表 students。该操作为后续的数据管理与操作打下了基础。

15.3.2　插入数据

创建好数据表之后，下一步是向表中插入数据。此处使用 pymysql 插入单条和多条学生记录，实现代码如下。

```python
import pymysql

conn = pymysql.connect(host='localhost', user='root', password='123456',
                        database='school_db', charset='utf8mb4')
cursor = conn.cursor()

insert_sql = "INSERT INTO students (name, age, grade) VALUES (%s, %s, %s)"
cursor.execute(insert_sql, ("Alice", 20, "A"))  # 插入单条数据

students = [
    ("Bob", 21, "B"),
    ("Charlie", 22, "A"),
    ("Diana", 20, "C")
]                                 # 插入多条数据
cursor.executemany(insert_sql, students)

conn.commit()
cursor.close()
conn.close()
```

代码说明

（1）INSERT INTO：用于将数据插入指定的表中。

（2）%s 占位符：防止 SQL 注入的安全写法，是 pymysql 中推荐的参数传递方式。

（3）execute()与 executemany()方法：execute()方法用于插入单条记录；executemany()方法则适用于批量插入，效率更高。

（4）conn.commit()方法：提交事务，使插入操作永久生效。

通过上面的代码，我们成功地向 students 表中添加了 4 条学生数据，如图 15.2 所示。这些数据将作为后续查询、更新和删除操作的基础。

本节演示了如何使用 pymysql 向 students 表插入单条和多条学生数据。通过参数化语句和事务提交，确保了数据操作的安全性与有效性。

id	name	age	grade
1	Alice	20	A
2	Bob	21	B
3	Charlie	22	A
4	Diana	20	C

图 15.2　插入学生信息数据

15.3.3　查询数据

在完成数据插入后，读者可以通过 SQL 语句从表中查询数据。本节将介绍如何使用 pymysql 执行查询操作，包括查询全部记录和带条件的查询，实现代码如下。

```python
import pymysql

conn = pymysql.connect(host='localhost', user='root', password='123456',
                       database='school_db', charset='utf8mb4')
cursor = conn.cursor()

cursor.execute("SELECT * FROM students")# 查询所有数据
rows = cursor.fetchall()
for row in rows:
    print(row)

# 查询带条件的数据
cursor.execute("SELECT * FROM students WHERE grade = 'A'")
rows = cursor.fetchall()
for row in rows:
    print("优秀学生:", row)

cursor.close()
conn.close()
```

代码说明

（1）SELECT * FROM students：表示查询 students 表中的所有字段与记录。

（2）fetchall()：一次性获取所有查询结果，返回的是一个包含多个元组的列表。

（3）条件查询：WHERE grade = 'A'仅筛选出成绩为 A 的学生。

（4）打印结果：循环输出每条记录，方便查看数据内容。

通过上述代码，读者可以灵活地从数据库中获取所有学生信息，如图 15.3 所示，或仅查询满足特定条件的记录，例如成绩优秀的学生，为后续的数据分析和处理提供基础支持。

本节讲解了如何使用 pymysql 查询数据库中的全部或特定条件的记录。通过灵活运用 SQL 语句，用户可以高效地获取和分析学生的信息数据。

```
(1, 'Alice', 20, 'A')
(2, 'Bob', 21, 'B')
(3, 'Charlie', 22, 'A')
(4, 'Diana', 20, 'C')
优秀学生: (1, 'Alice', 20, 'A')
优秀学生: (3, 'Charlie', 22, 'A')
```

图 15.3　查询数据

15.3.4　更新与删除数据

除了查询数据，实际开发中还经常需要对已有数据进行修改或删除。本节将介绍如何通过 pymysql 执行数据的更新和删除操作。

```python
import pymysql

conn = pymysql.connect(host='localhost', user='root', password='123456',
                       database='school_db', charset='utf8mb4')
cursor = conn.cursor()

# 更新数据
update_sql = "UPDATE students SET grade = %s WHERE name = %s"
cursor.execute(update_sql, ("A+", "Bob"))
```

```
delete_sql = "DELETE FROM students WHERE name = %s"# 删除数据
cursor.execute(delete_sql, ("Diana",))

conn.commit()
cursor.close()
conn.close()
```

代码说明

（1）更新数据（UPDATE）。 SQL 语句：UPDATE students SET grade = 'A+' WHERE name = 'Bob'。使用参数化语句可以避免 SQL 注入风险。

（2）删除数据（DELETE）： SQL 语句：DELETE FROM students WHERE name = 'Diana'。删除操作同样使用参数化占位符，以提高安全性。

（3）conn.commit()：所有数据更新和删除操作必须提交事务，才能永久保存更改。

通过上述操作，我们成功地将 Bob 的成绩修改为 A+，并删除了名为 Diana 的学生记录，如图 15.4 所示。这些操作展示了数据库常见的写操作，在数据维护与更新场景中比较常用。

id	name	age	grade
1	Alice	20	A
2	Bob	21	B
3	Charlie	22	A
4	Diana	20	C

id	name	age	grade
1	Alice	20	A
2	Bob	21	A+
3	Charlie	22	A

图 15.4　更新与删除数据

本节介绍了如何使用 pymysql 对数据库中的数据进行更新与删除操作。通过参数化语句配合事务提交，实现了数据修改的安全性与稳定性。

【例 15.1】图书管理系统。（实例位置：资源包\Python\S15\Examples\01）

小红正在开发一个图书管理系统，任务是对图书信息进行管理，请完成以下操作。

（1）创建一个数据库 library_system，并在其中创建一个名为 books 的表，表中包含以下字段：

```
book_id（主键，自增）
title（书名，非空）
author（作者，非空）
genre（类别）
published_year（出版年份）
```

（2）向 books 表中插入至少 4 条图书记录，分别包含不同的书名、作者、类别和出版年份。

（3）查询所有类别为 "Science Fiction" 的书籍，并打印它们的基本信息。

（4）将某本书（如 title 为 "The Great Adventure"）的 genre 修改为 "Fantasy"。

（5）删除一本出版年份为 2010 的书籍记录（任选）。

要求如下：

（1）使用 Python 的 PyMySQL 库实现上述功能。

（2）采用参数化语句以避免 SQL 注入。

（3）提交事务并确保在结束后关闭连接。

实现例题的参考代码如下。该示例展示了使用 pymysql 实现一个简单的图书馆管理系统，包括数据库和表的创建、数据插入、查询、更新以及删除操作。

```
import pymysql

conn = pymysql.connect(host='localhost', user='root', password='123456', charset='utf8mb4') # 连接到 MySQL 数据库
cursor = conn.cursor()
```

```
# 1. 创建数据库和表
cursor.execute("CREATE DATABASE IF NOT EXISTS library_system CHARACTER SET utf8mb4")
cursor.execute("USE library_system")

create_table_sql = """
CREATE TABLE IF NOT EXISTS books (
    book_id INT AUTO_INCREMENT PRIMARY KEY,
    title VARCHAR(100) NOT NULL,
    author VARCHAR(100) NOT NULL,
    genre VARCHAR(50),
    published_year INT
)
"""
cursor.execute(create_table_sql)

# 2. 插入图书数据
insert_sql = "INSERT INTO books (title, author, genre, published_year) VALUES (%s, %s, %s, %s)"
books = [
    ("The Great Adventure", "John Smith", "Adventure", 2005),
    ("The Future World", "Alice Johnson", "Science Fiction", 2010),
    ("Mystery Night", "Robert Brown", "Mystery", 2015),
    ("Galactic Odyssey", "Emily Davis", "Science Fiction", 2020)
]
cursor.executemany(insert_sql, books)

conn.commit()# 提交插入操作

# 3. 查询类别为 "Science Fiction" 的书籍
cursor.execute("SELECT * FROM books WHERE genre = 'Science Fiction'")
rows = cursor.fetchall()
print("类别为 Science Fiction 的书籍:")
for row in rows:
    print(row)

# 4. 更新书籍 "The Great Adventure" 的类别为 "Fantasy"
update_sql = "UPDATE books SET genre = %s WHERE title = %s"
cursor.execute(update_sql, ("Fantasy", "The Great Adventure"))

# 5. 删除出版年份为 2010 的书籍记录
delete_sql = "DELETE FROM books WHERE published_year = %s"
cursor.execute(delete_sql, (2010,))

conn.commit()      # 提交更新和删除操作

cursor.close()     # 关闭连接
conn.close()
```

📋 代码解释

（1）创建数据库和表。使用 CREATE DATABASE IF NOT EXISTS 创建数据库 library_system。切换到该数据库并创建名为 books 的表，包含 book_id（自增主键）、title（书名）、author（作者）、genre（类别）、published_year（出版年份）等字段。

（2）插入数据。通过 INSERT INTO 插入几本书的记录，包括书名、作者、类别和出版年份。这里使用了 executemany() 方法批量插入数据。

（3）查询操作。查询类别为 "Science Fiction" 的书籍，并打印输出查询结果。

（4）更新操作。将书籍 "The Great Adventure" 的类别更新为 "Fantasy"。

（5）删除操作。删除出版年份为 2010 的书籍记录。

（6）提交与关闭连接。使用 conn.commit() 语句提交所有的操作，确保数据被保存到数据库中。最后关闭数据库连接，释放资源。

运行上述代码，控制台输出如图 15.5 所示。

```
类别为 Science Fiction 的书籍:
(2, 'The Future World', 'Alice Johnson', 'Science Fiction', 2010)
(4, 'Galactic Odyssey', 'Emily Davis', 'Science Fiction', 2020)
```

图 15.5 图书馆管理系统的控制台输出

目前数据库的存储数据如图 15.6 所示。

book_id	title	author	genre	published_year
1	The Great Adventure	John Smith	Fantasy	2005
3	Mystery Night	Robert Brown	Mystery	2015
4	Galactic Odyssey	Emily Davis	Science Fiction	2020

图 15.6 数据库的存储数据

通过该示例，可以理解如何通过 pymysql 执行常见的数据库操作，包括创建数据库、表、插入数据、查询、更新和删除操作。

效率提升

通义灵码十分擅长编写 SQL 语句，读者可以充分挖掘使用。当读者需要更新语句时，只需在注释中写清楚需求，如下所示。

```
#  更新书籍 "The Great Adventure" 的类别为 "Fantasy"
```

通义灵码就会自动编写实现需求的 SQL 语句，如图 15.7 所示。

```
Accept:Tab Prev/Next:Alt+[/Alt+] Cancel:Esc Trigger:Alt+P 🗘
     #  更新书籍 "The Great Adventure" 的类别为 "Fantasy"
update_sql = "UPDATE books SET genre = 'Fantasy' WHERE title = 'The Great Adventure'"
```

图 15.7 使用通义灵码编写的 SQL 语句

15.4 数据库事务与错误处理

在数据库操作过程中，事务（transaction）和错误处理是保障数据安全性与程序健壮性的关键环节。事务确保操作的原子性，错误处理则保障程序在遇到问题时能优雅应对。

15.4.1 事务的概念与控制

事务是数据库操作中一个不可分割的最小执行单位，它是一组全部成功或全部失败的操作集合。在事务执行过程中，如果某个环节出错，可以通过回滚（rollback）将数据恢复到事务开始前的状态，以确保数据一致性。

事务通常需要满足以下 4 个基本特性，统称为 ACID：

（1）原子性（atomicity）：事务中的所有操作要么全部执行，要么全部不执行。

（2）一致性（consistency）：事务执行前后，数据库都处于一致状态。

（3）隔离性（isolation）：并发事务之间相互隔离，互不影响。

（4）持久性（durability）：一旦事务提交，数据的修改将永久保存。

在 Python 中，可以通过 PyMySQL 显式地开启、提交和回滚事务。以下示例演示了如何在一个事务中完成插入和更新操作，并进行异常处理。

```python
import pymysql

try:
    conn = pymysql.connect(host='localhost', user='root', password='123456', database='school_db', charset = 'utf8mb4')
    cursor = conn.cursor()

    conn.begin()                                        # 显式开启事务（可省略，默认自动开启）

    cursor.execute("INSERT INTO students (name, age, grade) VALUES (%s, %s, %s)", ("Evan", 23, "B"))
                                                        # 插入一条数据

    cursor.execute("UPDATE students SET grade = %s WHERE name = %s", ("B+", "Charlie"))
                                                        # 更新另一条数据

    conn.commit()                                       # 提交事务
    print("事务提交成功")

except Exception as e:
    conn.rollback()  # 发生异常时回滚
    print("事务回滚，发生异常：", e)

finally:
    cursor.close()
    conn.close()
```

代码说明

（1）conn.begin()：显式开启事务（可选，PyMySQL 默认即开启）。

（2）conn.commit()：提交事务，保存所有更改。

（3）conn.rollback()：若发生异常，回滚所有操作，保持数据一致性。

（4）try-except-finally：用于异常捕获和资源释放，是操作数据库的推荐模式。

执行上述代码，运行成功后控制台的输出结果如下。

```
事务提交成功
```

数据库数据变化如图 15.8 所示。

在本例中，如果插入或更新操作中的任一环节出现异常，整个事务将被回滚，以确保数据完整性和一致性。

id	name	age	grade
1	Alice	20	A
2	Bob	21	A+
3	Charlie	22	B+
5	Evan	23	B

图 15.8　数据库数据变化

15.4.2　错误处理与异常捕获

在与数据库交互的过程中，程序可能会遇到多种异常情况，比如连接失败、SQL 语法错误、主键冲突、查询结果为空等。如果不对这些异常进行妥善处理，轻则程序崩溃，重则数据丢失或污染。常见的数据库错误类型有如下 4 种。

（1）数据库连接失败：如密码错误、数据库未启动等。

（2）SQL 语法错误：如拼写错误、字段名错误等。

（3）插入重复主键：违反唯一性约束。

（4）查询空表或空结果：数据不存在时的查询操作。

下面是一个通过 try-except 结构进行异常捕获的示例，展示了如何应对常见的数据库错误，代码如下。

```python
import pymysql

try:
    # 故意设置错误密码模拟连接失败
    conn = pymysql.connect(
        host='localhost',
        user='root',
        password='wrong_password',          # 故意输错密码
        database='school_db',
        charset='utf8mb4'
    )
    cursor = conn.cursor()

    cursor.execute("SELECT * FROM students")    # 尝试执行查询语句

    for row in cursor.fetchall():
        print(row)

except pymysql.err.OperationalError as e:       # 数据库连接失败
    print("连接错误: ", e)

except pymysql.err.ProgrammingError as e:       # SQL 语法错误
    print("SQL 语法错误: ", e)

except Exception as e:                          # 其他未知错误
    print("其他错误: ", e)

# 无论是否发生异常，最后都要关闭连接
finally:
    try:
        cursor.close()
        conn.close()
    except:
        pass                                    # 连接可能未成功创建，避免再次抛错
```

运行上述代码，报错信息如下。

```
连接错误:  (1045, "Access denied for user 'root'@'localhost' (using password: YES)")
```

实践建议

（1）所有数据库操作封装于 try-except-finally 结构中，保证即使出错也能优雅地退出。

（2）复杂逻辑应配合事务控制，如同时插入与更新，确保数据一致性。

（3）使用日志模块（如 logging）记录异常信息，方便排查问题。例如：

```python
import logging
logging.error("数据库连接失败", exc_info=True)
```

采用合理的错误处理机制，可以大大提升程序的稳定性与可维护性，是编写数据库相关程序时不可或缺的步骤。

15.5　习　　题

习题答案

1. 在使用 PyMySQL 操作数据库时，以下哪一项操作可以用来提交事务？（　　　）

A. conn.open()   B. cursor.execute()

C. conn.commit()   D. conn.savepoint()

2. 以下关于 Python 数据库异常处理的说法中，错误的是（ ）。

A. 可以使用 try-except 结构捕获数据库错误

B. pymysql.err.OperationalError 通常用于捕获连接错误

C. 数据库操作成功后不需要关闭连接

D. 可以使用 rollback() 方法撤销未提交的事务

3. 使用 PyMySQL 连接 MySQL 数据库的函数是_____，该函数返回一个连接对象。

4. 若在执行多条 SQL 操作时发生异常，可以使用_____()方法将操作回滚至事务开始前的状态。

5. 编程任务：请使用 PyMySQL 实现以下功能：

（1）连接本地名为 school_db 的数据库。

（2）创建一个名为 courses 的表，包含字段：id（主键，自增）、name（课程名）、credit（学分）。

（3）插入两条课程记录。

（4）查询并打印所有课程信息。

（5）关闭连接。

示例输出如下。

```
(1, 'Database Systems', 3)
(2, 'Python Programming', 4)
```

提示

数据库连接语句需要使用 pymysql.connect()，建表语句使用 CREATE TABLE IF NOT EXISTS，数据插入语句使用 INSERT INTO，查询语句使用 SELECT * FROM。

第 16 章　爬虫技术

本章将深入讲解爬虫技术的基本概念与实战应用，帮助读者掌握数据抓取的核心方法。内容包括网络请求、HTML 与 JSON 解析，以及如何提取和存储数据。通过本章的学习，读者将能够独立编写爬虫程序，并应用于实际项目中。

16.1　爬虫基础概念

爬虫技术是一种模拟用户浏览网页的程序，自动抓取网页上的信息并进行存储。爬虫技术的核心目标是通过程序化方式从互联网上大量抓取数据，以实现信息收集与分析。

16.1.1　爬虫的定义与应用

爬虫（Web spider 或 Web crawler）是指能够自动化地访问互联网上的网页，提取出网页中有用信息并进行存储的程序。爬虫的工作流程包括：请求网页、下载网页内容、解析内容、提取有效数据、存储数据等过程。爬虫技术在各个领域都有广泛应用，具体内容如图 16.1 所示。

图 16.1　爬虫的应用领域

1. 数据挖掘与分析

爬虫技术为数据挖掘与分析提供了强大的数据来源。通过抓取互联网上的公开数据，可以为市场研究、消费者行为分析、舆情监控等领域提供宝贵的数据资源。这些数据可帮助企业洞察市场需求、消费者偏好以及潜在的商业机会。同时，爬虫抓取的实时数据还能够为金融分析师、投资者等提供实时的市场动态和趋势预测，帮助其做出更加精准的决策。数据挖掘工具可以在这些海量数据中提取有价值的信息，进行预测分析、模式识别等。

2. 搜索引擎

搜索引擎，如 Google 和 Bing，广泛依赖爬虫技术抓取互联网上的网页信息。爬虫通过遍历网络上的大量网页并将其内容索引，构建起一个庞大的数据仓库。借助先进的排序和排名算法，搜索引擎能够根据用户输入的关键词，快速而准确地返回相关的搜索结果。这一过程不仅需要强大的数据抓取能力，还涉及深度的语义理解和信息检索技术，确保实现精确与高效的体验过程。

3. 社交媒体分析

在社交媒体日益盛行的今天，爬虫技术成为分析社交平台用户行为和情感趋势的重要工具。通过抓取 Twitter、Facebook、Instagram 等平台上的帖子、评论、点赞、分享等数据，爬虫可以对社交动态进行分析，揭示用户的情感变化和热门话题。这为品牌商和市场营销人员提供了深入了解受众群体的机会，帮助他们制订更加个性化的推广策略。此外，社交媒体数据还可用于预测舆情发展、发现潜在危机，以及评估广告效果和用户反馈。

4. 价格监控

在电商行业，爬虫技术被广泛应用于价格监控，帮助电商平台和商家实时跟踪竞争对手的定价策略和商品变动。通过定期抓取竞争对手网站的数据，电商平台可以对价格变化、促销活动以及产品库存进行全面监控。这些信息为商家提供了制订价格策略、进行市场定位以及动态调整价格的依据，从而提升竞争力和市场占有率。同时，爬虫还可用于分析市场需求和趋势，进一步优化库存管理和产品推广。

5. 新闻采集与实时更新

爬虫技术在新闻行业的应用非常广泛，尤其是在实时新闻采集和更新方面。新闻网站利用爬虫技术能够持续抓取互联网上的新闻报道、博客、论坛和社交媒体中的即时信息，确保资讯平台能够在第一时间提供最新的新闻内容。这些数据不仅帮助媒体平台保持内容更新的速度，还能通过自然语言处理（NLP）技术对新闻进行分类、摘要、主题分析等，从而生成个性化的新闻推送，满足用户的不同兴趣和需求。此外，爬虫还可以帮助新闻平台进行舆论分析、热点追踪，以及竞争对手的新闻动向监控，进一步提升新闻传播的时效性和精准度。

6. 学术资源采集

爬虫技术在学术研究中也扮演着至关重要的角色。研究人员可以通过爬虫抓取各大数据库、学术期刊、会议论文等在线资源，以便获取大量的文献数据。这些数据不仅可以用于构建学术知识库，还能进行文献计量分析，评估学术领域的热点问题、研究趋势和领域发展动态。例如，爬虫可以帮助分析某一领域的研究热度、引用量以及学术交流的频率，为学术研究提供有力的支持。

16.1.2 爬虫工作流程

爬虫的工作流程从初始 URL 队列开始（如图 16.2 所示）。首先爬虫会设定一个初始的 URL 列表，这些 URL 通常是种子页面，爬虫将从这些页面开始抓取数据，将这些初始 URL 放入一个队列中，并按照队列的顺序逐个处理。

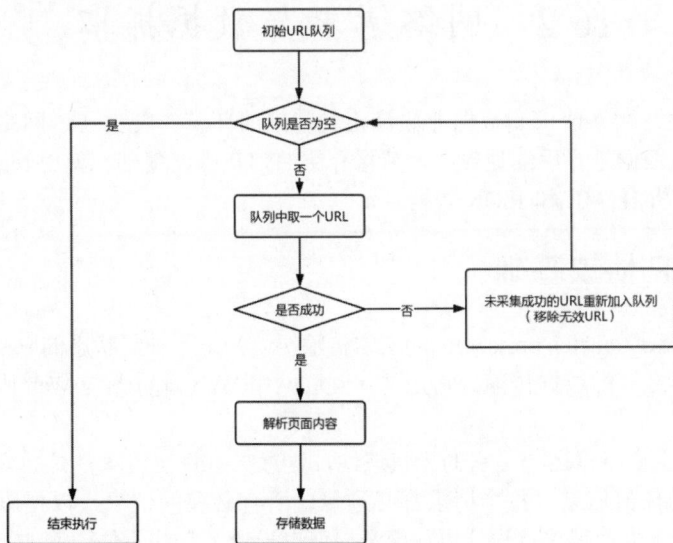

图 16.2 爬虫工作流程

在处理过程中，爬虫会从队列中取出一个 URL 进行抓取，并对该 URL 进行有效性检查。如果 URL 有效，爬虫会继续进行后续操作；如果无效，爬虫会跳过该 URL 并取出下一个 URL 进行处理。有效的 URL 经过处理后，爬虫会从网页中提取出新的 URL，并将这些新 URL 加入待抓取的 URL 列表中，形成新的抓取任务。

爬虫还会对每个页面进行解析，提取其中需要的数据，如文本、图片和链接等。这些数据通常会被存储在数据库或文件中，便于后续的使用和分析。最后，爬虫会继续执行以上步骤，直到所有的 URL 都被抓取完毕，整个过程结束。

这个流程中的每一个步骤都是爬虫执行任务的核心部分，确保了数据能够从多个页面有效地被抓取并存储起来。

16.1.3　法律与道德问题

爬虫在网络数据采集和信息获取中扮演着重要角色，但在其应用过程中，也涉及诸多法律与道德问题。首先，从法律角度来看，爬虫的使用可能会触及版权法、隐私法等相关法律法规。根据各国法律，未经授权抓取和使用网站内容可能侵犯他人的知识产权，特别是当抓取的数据涉及版权保护的内容时，爬虫的行为可能被视为非法。因此，使用爬虫时需要特别注意避免侵犯网站内容的版权，确保数据抓取符合当地的法律法规。

其次，爬虫的使用还可能涉及隐私问题。在抓取社交平台或其他个人信息敏感的网站时，爬虫可能会不经意地收集个人隐私数据。根据各国的隐私保护法，如《通用数据保护条例》（GDPR）等，收集个人信息需要获得明确的授权并保障信息的安全。因此，爬虫在抓取数据时，应避免收集未经授权的个人隐私信息，并严格遵守相关隐私保护法规。

在道德层面，爬虫的使用也应遵循一定的伦理规范。尽管网络上的信息大多数是公开的，但爬虫抓取导致的过于频繁的请求可能会对网站服务器造成压力，影响网站的正常运行，甚至可能导致网站崩溃。因此，爬虫的设计应该考虑请求的频率和时长，避免过度抓取给网站带来负面影响。此外，爬虫应该尊重网站的 robots.txt 文件，这是网站对爬虫行为的规范，爬虫在抓取数据时应遵循这些规则，避免侵犯网站运营者的意愿。

16.2　网络请求与数据抓取

在爬虫开发时，网络请求和数据抓取是相对基础的环节。爬虫通过网络请求获取网页数据，然后解析这些数据进行后续处理。本节将介绍 HTTP 协议基础、使用 requests 库进行数据抓取，以及如何解析 HTML 和 JSON 数据。

16.2.1　HTTP 协议基础

HTTP（hypertext transfer protocol，超文本传输协议）是一种无状态的应用层协议，广泛用于客户端与服务器之间的数据传输。它是现代互联网中 Web 浏览器与 Web 服务器之间通信的基础。

HTTP 协议的主要特点之一是它的无状态性，这意味着每次请求都是独立的，服务器不会记住前一次请求的任何信息。每个请求都必须包含所有必要的信息，以便服务器能够处理请求。尽管这种无状态性使得协议设计更加简洁，但也导致了某些不便，例如，无法在多个请求之间保存会话状态。这一问题通常通过使用 Cookies、会话 ID 等机制解决。

　　HTTP 协议是基于请求和响应的模式工作的。当客户端向服务器发起请求时，它会发送一个 HTTP 请求消息。请求消息中包含了请求方法、请求头、可选的请求体等内容。服务器接收到请求后，会根据请求的内容生成响应消息，响应消息通常包含状态码、响应头、可选的响应体等。通过这种方式，客户端和服务器可以完成信息的交换。

　　在 HTTP 协议中，常见的请求方法包括 GET、POST、PUT、DELETE 等。GET 方法用于从服务器获取资源，POST 方法用于提交数据到服务器，PUT 方法用于更新已有资源，DELETE 方法则用于删除资源。这些请求方法为开发人员提供了灵活的手段，以实现不同的功能和操作。

16.2.2　数据抓取

　　在 Python 中，requests 库是一个非常流行且简单易用的 HTTP 库，用于发送 HTTP 请求并获取响应。它支持多种 HTTP 方法，如 GET、POST、PUT、DELETE 等，同时还支持处理 Cookies、Session、文件上传等功能。安装 requests 库的参考代码如下。

```
pip install requests
```

　　发送 GET 请求。GET 请求用于从服务器获取资源。例如，读者可以抓取一个网页的 HTML 内容。

```
import requests

# 发送 GET 请求
response = requests.get("https://XXXX.XXX")      # 此处替换为自己的网址

# 获取响应内容
print(response.text)                              # 输出网页的 HTML 内容
```

　　POST 请求通常用于向服务器提交数据，例如提交表单、登录、上传文件等。在 requests 库中，读者可以使用 requests.post() 方法发送 POST 请求。

```
import requests

# 发送 POST 请求
url = 'https://XXXX.XXXX.XXXX/login'              # 此处替换为自己的网址

data = {
    'username': 'myuser',
    'password': 'mypassword'
}
response = requests.post(url, data=data)

# 获取响应内容
print(response.text)                              # 输出服务器的响应内容
```

　　在这个例子中，data 参数中包含了读者需要提交的表单数据。当读者向服务器发送数据时，requests 库会自动将其编码为适当的格式（如 application/x-www-form-urlencoded）。

　　有时读者需要发送带有自定义 HTTP 头（headers）的请求，例如模拟浏览器行为或者设置自定义的 User-Agent。对此，可以通过 headers 参数设置请求头。

```
import requests

url = requests.get("https://XXXX.XXX")            # 此处替换为自己的网址
headers = {
    'User-Agent': 'Mozilla/5.0 (Windows NT 10.0; Win64; x64) AppleWebKit/537.36 (KHTML, like Gecko) Chrome/
```

```
91.0.4472.124 Safari/537.36'
}

response = requests.get(url, headers=headers)

# 输出响应的状态码和网页内容
print(response.status_code)
print(response.text)
```

这里设置了 User-Agent 头，模拟浏览器的请求，避免被网站的反爬虫机制识别为爬虫请求。

为了防止请求长时间等待服务器响应导致程序阻塞，可以设置请求的超时时间。如果请求超时，requests 会抛出 Timeout 异常。

```
import requests

try:
    response = requests.get('https://XXXX.XXX', timeout=5)#设置超时时间为 5 秒
    print(response.text)
except requests.exceptions.Timeout:
    print("请求超时，请稍后再试。")
```

在此例中，timeout=5 设置了请求的最大等待时间为 5 秒。如果服务器响应时间超过 5 秒，程序会抛出超时异常。

通过 requests 库，读者可以非常方便地发送各种 HTTP 请求并处理响应数据。无论是简单的 GET 请求、提交 POST 数据，还是处理 JSON 响应、管理会话状态，requests 库都为读者提供了易于使用的接口。在实际开发中，用户经常需要与 Web 服务进行交互，requests 库是一个必不可少的工具。

16.2.3 解析数据

在数据分析和 Web 开发中，处理 HTML 和 JSON 数据是常见的任务。HTML 通常用于网页的结构和内容展示，而 JSON 则是数据交换的格式，广泛应用于 Web API 和其他通信协议中。

1. 解析 HTML 数据

解析 HTML 数据一般使用 BeautifulSoup 库。它能够将复杂的 HTML 文档转换成易于操作的结构，帮助读者提取、修改 HTML 元素。首先读者需要安装 BeautifulSoup 库。

```
pip install beautifulsoup4
```

解析 HTML 的示例代码如下。

```
from bs4 import BeautifulSoup

# 假设你有一个 HTML 字符串
html_data = """
<html>
    <head><title>My Web Page</title></head>
    <body>
        <h1>Welcome to My Website</h1>
        <p>This is a paragraph of text.</p>
        <a href="https://example.com">Click here</a>
    </body>
</html>
"""

# 使用 BeautifulSoup 解析 HTML 数据
soup = BeautifulSoup(html_data, 'html.parser')
```

```
title = soup.title.string                # 获取标题
print("页面标题:", title)

header = soup.h1.string                  # 获取h1标签内容
print("页面头部:", header)

link = soup.a['href']                    # 获取链接
print("链接地址:", link)
```

运行上述代码，输出如下。

```
页面标题: My Web Page
页面头部: Welcome to My Website
链接地址: https://example.com
```

在这个示例中，BeautifulSoup 将 HTML 字符串解析成一个树状结构，便于读者通过标签名称、属性等提取数据。

2. 解析 JSON 数据

JSON（javascript object notation）是一种轻量级的数据交换格式。Python 提供了 json 模块来方便地解析和生成 JSON 数据。json 模块是 Python 的内建模块，无须安装。

```
import json

# 假设你有一个JSON字符串
json_data = '{"name": "Alice", "age": 25, "city": "New York"}'

data = json.loads(json_data)             # 解析 JSON 数据

name = data['name']                      # 访问 JSON 数据
age = data['age']
city = data['city']

print(f"Name: {name}, Age: {age}, City: {city}")
```

运行上述代码，输出如下。

```
Name: Alice, Age: 25, City: New York
```

在这个例子中，json.loads() 将 JSON 字符串解析成 Python 字典。读者可以通过字典的键访问具体的值。

通过 BeautifulSoup 解析 HTML 和使用 json 模块解析 JSON 数据，读者可以从不同的数据源中提取、处理所需的信息。这些操作在 Web Scraping、API 数据解析等场景中非常常见。

16.3 爬虫实战

在本节中，我们将爬取某电影 Top 榜单的数据，来实践使用 Python 进行爬虫操作。具体步骤包括选择目标网站、发送请求、解析网页内容、提取有用数据以及数据存储与输出展示。

16.3.1 解析网页结构

在爬虫开发中，选择目标网站并分析其网页结构是非常重要的。豆瓣电影的 Top250 榜单网址如下，读者的目标是获取电影的名称、评分、导演等信息。

```
https://movie.douban.com/top250
```

访问该页面后，右键单击页面并选择"查看页面源代码"命令或使用浏览器开发者工具查看网页的 HTML 结构，如图 16.3 所示。通过观察 HTML 结构，可以发现电影信息通常包含在 `<ol class="grid_view">`标签内，每一部电影则以`<li>`标签作为容器，每个`<li>`标签中包含电影名称、评分、导演等信息，读者需要提取这些信息。

图 16.3　HTML 结构

从上面的 HTML 代码中可以看到，读者需要提取的信息包括：

（1）电影名称：位于`<span class="title">`标签中。

（2）评分：位于`<span class="rating_num">`标签中。

（3）导演：位于`<div class="directors">`标签中。

在分析完网页结构后，读者可以使用一些工具（如浏览器的开发者工具）验证选择的标签路径是否准确。开发者工具中通常会提供一个"元素选择器"功能，帮助读者定位具体的标签和属性，从而确保能够正确地抓取到需要的信息，如图 16.4 所示。

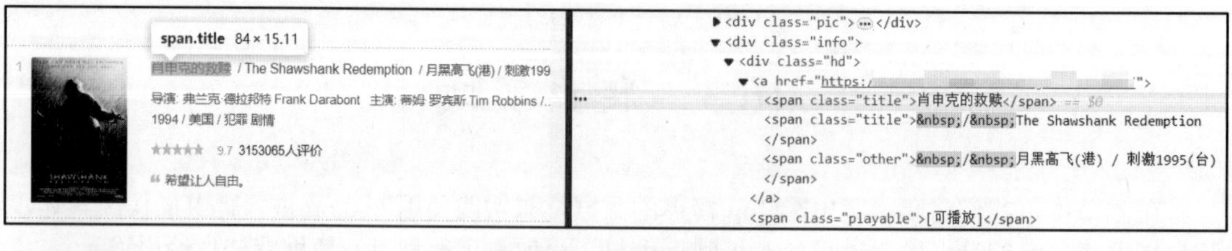

图 16.4　元素选择器

16.3.2　获取网页内容

对页面完成分析后，可尝试使用 requests 库向豆瓣电影页面发送 HTTP 请求，获取网页内容。这里读者需要设置一些请求头，模拟浏览器的访问，避免被目标网站识别为爬虫。

```
import requests
```

```
headers = {
    "User-Agent": "Mozilla/5.0 (Windows NT 10.0; Win64; x64) AppleWebKit/537.36 (KHTML, like Gecko) Chrome/
91.0.4472.124 Safari/537.36"
}   # 设置请求头，模拟浏览器访问

url = https://movie.douban.com/top250          # 目标网址

# 发送GET请求，获取页面内容
response = requests.get(url, headers=headers)

# 检查请求是否成功
if response.status_code == 200:
    print("网页获取成功！")
    html = response.text                        # 获取网页的HTML内容
else:
    print("网页获取失败！")
```

在上述代码中，通过 requests.get() 发送了一个 GET 请求，并指定了一个请求头。这个请求头模拟了浏览器访问的行为，特别是 User-Agent 字段，用来告诉服务器请求来自一个真实的浏览器，而不是一个爬虫程序。执行上述代码，输出结果如下。

```
网页获取成功！
```

通过这种方式，读者可以模拟浏览器请求，避免被网站的反爬虫机制阻止。接下来，可以基于获取到的 HTML 内容解析网页数据，提取需要的信息。

16.3.3 提取电影信息

获取网页内容后，读者需要使用 BeautifulSoup 解析 HTML 并提取感兴趣的数据。这里将提取每部电影的名称、评分和简介等信息，代码如下。

```
from bs4 import BeautifulSoup

# 使用BeautifulSoup解析网页内容
soup = BeautifulSoup(html, "html.parser")

# 获取所有电影的容器
movie_list = soup.find_all("div", class_="hd")

# 提取每部电影的名称、评分和其他信息
movies = []
for movie in movie_list:
    title = movie.find("span", class_="title").text             # 电影名称
    link = movie.find("a")["href"]                              # 电影链接
    rating = movie.find_next("span", class_="rating_num").text   # 电影评分
    movies.append({"title": title, "rating": rating, "link": link})

for movie in movies:
    print(f"电影名称：{movie['title']}，评分：{movie['rating']}，链接：{movie['link']}")   # 打印提取的电影信息
```

在这段代码中，读者首先找到所有包含电影信息的 div 标签，然后进一步提取每部电影的名称、评分以及链接。运行上述代码，实现效果如图 16.5 所示。

通过使用 BeautifulSoup，读者就能够从网页中提取每部电影的名称、评分和链接等信息，为后续的数据分析或存储打下基础。

【例 16.1】电影信息多页爬取。（实例位置：资源包\Python\S16\Examples\01）

在前述内容中，读者学习了如何使用 BeautifulSoup 从单个网页中提取电影的名称、评分和链接信息。本例将进一步拓展，思考如何通过 Python 实现多页爬取，以获取包含在多个页面中

的所有电影信息。

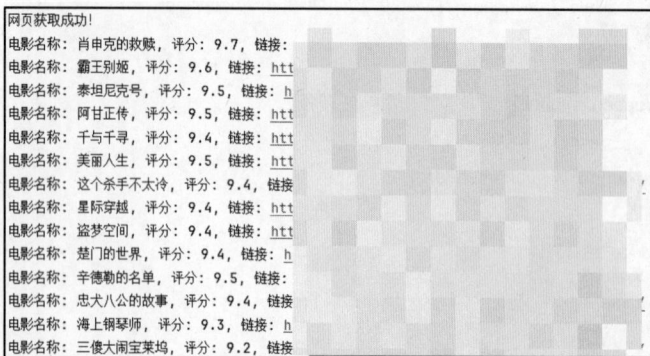

图 16.5　提取电影信息

以电影 Top250 为例，该网站将前 250 部电影分布在 10 个分页中（每页 25 部）。读者需要构建循环，动态拼接每页的 URL，依次发送请求，并提取所有电影的名称、评分和链接等信息。

具体任务如下：

（1）构造分页 URL 结构。

（2）使用 requests 库获取每一页的 HTML 内容。

（3）使用 BeautifulSoup 库提取每部电影的名称、评分和链接信息。

（4）将所有信息保存到一个列表中，最后统一输出。

实现示例的参考代码如下。

```python
import requests
from bs4 import BeautifulSoup
import time

base_url = "https://movie.douban.com/top250?start={}&filter="    # 基础 URL

all_movies = []                                                  # 用于存储所有电影信息

# 模拟多页爬取（每页 25 条，10 页共 250 条）
for page in range(10):
    start = page * 25
    url = base_url.format(start)

    headers = {
        "User-Agent": "Mozilla/5.0 (Windows NT 10.0; Win64; x64) AppleWebKit/537.36 "
                      "(KHTML, like Gecko) Chrome/121.0.0.0 Safari/537.36"
    }    # 设置请求头，防止被反爬

    response = requests.get(url, headers=headers)                # 发送请求
    if response.status_code != 200:
        print(f"第{page + 1}页请求失败，状态码：{response.status_code}")
        continue

    soup = BeautifulSoup(response.text, "html.parser")           # 解析网页

    movie_divs = soup.find_all("div", class_="item")             # 获取所有电影 div 容器

    for movie in movie_divs:
        title_tag = movie.find("span", class_="title")
        rating_tag = movie.find("span", class_="rating_num")
        link_tag = movie.find("a")
```

```
        if title_tag and rating_tag and link_tag:
            title = title_tag.text.strip()
            rating = rating_tag.text.strip()
            link = link_tag["href"]
            all_movies.append({
                "title": title,
                "rating": rating,
                "link": link
            })

    print(f"第{page + 1}页爬取完成，共提取 {len(movie_divs)} 部电影。")
    time.sleep(1)                                                    # 加入延迟，避免请求过快被封

for idx, movie in enumerate(all_movies[:10], start=1):
    print(f"{idx}. 电影名称: {movie['title']} | 评分: {movie['rating']} | 链接: {movie['link']}")  # 打印部分结果

print(f"\n总共提取了 {len(all_movies)} 部电影信息。")
```

运行上述代码，实现效果如图 16.6 所示。

```
第1页爬取完成，共提取 25 部电影。
第2页爬取完成，共提取 25 部电影。
第3页爬取完成，共提取 25 部电影。
第4页爬取完成，共提取 25 部电影。
第5页爬取完成，共提取 25 部电影。
第6页爬取完成，共提取 25 部电影。
第7页爬取完成，共提取 25 部电影。
第8页爬取完成，共提取 25 部电影。
第9页爬取完成，共提取 25 部电影。
第10页爬取完成，共提取 25 部电影。
1. 电影名称: 肖申克的救赎 | 评分: 9.7 | 链接:
2. 电影名称: 霸王别姬 | 评分: 9.6 | 链接: ht
3. 电影名称: 泰坦尼克号 | 评分: 9.5 | 链接: ht
4. 电影名称: 阿甘正传 | 评分: 9.5 | 链接: ht
5. 电影名称: 千与千寻 | 评分: 9.4 | 链接: ht
6. 电影名称: 美丽人生 | 评分: 9.5 | 链接: ht
7. 电影名称: 这个杀手不太冷 | 评分: 9.4 | 链接: ht
8. 电影名称: 星际穿越 | 评分: 9.4 | 链接: ht
9. 电影名称: 盗梦空间 | 评分: 9.4 | 链接: ht
10. 电影名称: 楚门的世界 | 评分: 9.4 | 链接: ht

总共提取了 250 部电影信息。
```

图 16.6　爬取多页信息

本例展示了如何使用 Python 的 requests 和 BeautifulSoup
库实现多页爬取，动态拼接 URL 并提取电影名称、评分和链
接。通过设置请求头和延时，可避免被反爬虫机制封禁。最
终成功获取并输出了豆瓣电影 Top 250 的数据。

16.3.4　数据存储与输出结果展示

在提取电影信息代码的基础上，读者可以尝试创建一个
数据库，将爬取的数据存储到 MySQL 数据库中。由于通义
灵码十分擅长 SQL 的操作，这里直接使用通义灵码的 AI 程
序员实现，如图 16.7 所示。

通义灵码在原项目上实现了以下操作。

（1）添加了 mysql.connector 库，用于连接和操作
MySQL 数据库。

（2）添加了数据库连接配置，包括数据库地址、用户
名、密码和数据库名称。

（3）添加了创建数据库和表的代码。

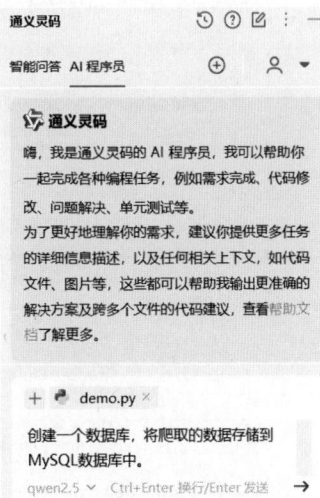

图 16.7　使用通义灵码实现 SQL
编程

（4）添加了将爬取的数据插入数据库中的代码。

实现代码如下。

```python
import requests
from bs4 import BeautifulSoup
import time
import pymysql

# 基础 URL（以豆瓣电影 Top250 为例）
base_url = "https://movie.douban.com/top250?start={}&filter="

# 用于存储所有电影信息
all_movies = []

# 数据库连接配置
db_config = {
    "host": "localhost",
    "user": "root",
    "password": "123456",
    "database": "film",
    "charset": "utf8mb4"
}

# 连接到 MySQL 数据库
connection = pymysql.connect(**db_config)
cursor = connection.cursor()

# 创建表（如果表不存在）
create_table_query = """
CREATE TABLE IF NOT EXISTS movies (
    id INT AUTO_INCREMENT PRIMARY KEY,
    title VARCHAR(255) NOT NULL,
    rating DECIMAL(3, 1) NOT NULL,
    link VARCHAR(255) NOT NULL
)
"""
cursor.execute(create_table_query)

# 模拟多页爬取（每页25条，10页共250条）
for page in range(10):
    start = page * 25
    url = base_url.format(start)

    # 设置请求头，防止被反爬
    headers = {
        "User-Agent": "Mozilla/5.0 (Windows NT 10.0; Win64; x64) AppleWebKit/537.36 "
                      "(KHTML, like Gecko) Chrome/121.0.0.0 Safari/537.36"
    }

    # 发送请求
    response = requests.get(url, headers=headers)
    if response.status_code != 200:
        print(f"第{page + 1}页请求失败，状态码：{response.status_code}")
        continue

    # 解析网页
    soup = BeautifulSoup(response.text, "html.parser")

    # 获取所有电影div容器
    movie_divs = soup.find_all("div", class_="item")

    for movie in movie_divs:
        title_tag = movie.find("span", class_="title")
        rating_tag = movie.find("span", class_="rating_num")
        link_tag = movie.find("a")
```

```
    if title_tag and rating_tag and link_tag:
        title = title_tag.text.strip()
        rating = rating_tag.text.strip()
        link = link_tag["href"]
        all_movies.append({
            "title": title,
            "rating": rating,
            "link": link
        })

    # 插入数据到数据库
    insert_query = """
    INSERT INTO movies (title, rating, link)
    VALUES (%s, %s, %s)
    """
    cursor.execute(insert_query, (title, rating, link))
    connection.commit()
```

运行上述代码，存储效果如图 16.8 所示。

尝试使用通义灵码新增一个功能，对爬取的数据进行可视化，如图 16.9 所示。

id	title	rating	link
1	肖申克的救赎	9.7	https://l
2	霸王别姬	9.6	https://l
3	泰坦尼克号	9.5	https://l
4	阿甘正传	9.5	https://l
5	千与千寻	9.4	https://l
6	美丽人生	9.5	https://l
7	这个杀手不太冷	9.4	https://l
8	星际穿越	9.4	https://l
9	盗梦空间	9.4	https://l
10	楚门的世界	9.4	https://l
11	辛德勒的名单	9.5	https://l
12	忠犬八公的故事	9.4	https://l
13	海上钢琴师	9.3	https://l
14	三傻大闹宝莱坞	9.2	https://l
15	疯狂动物城	9.2	https://l
16	放牛班的春天	9.3	https://l
17	机器人总动员	9.3	https://l
18	无间道	9.3	https://l
19	控方证人	9.6	https://l
20	大话西游之大圣娶亲	9.2	https://l
21	熔炉	9.3	https://l
22	触不可及	9.2	https://l
23	教父	9.3	https://l

图 16.8 电影信息存储情况（部分）

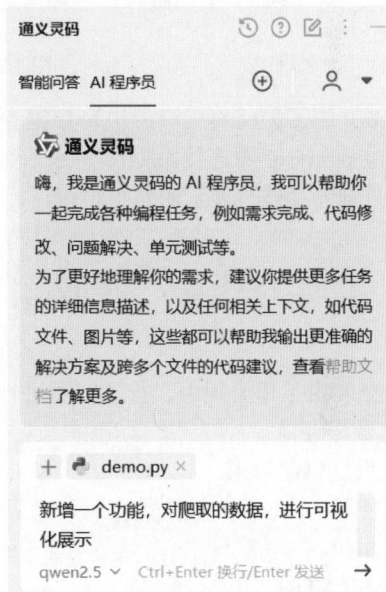

图 16.9 数据可视化

可视化代码实现效果如下。

```
plt.rcParams["font.sans-serif"] = ["SimHei"]        # 设置字体为黑体
plt.rcParams["axes.unicode_minus"] = False          # 正常显示负号
# 将数据转换为 DataFrame
df = pd.DataFrame(all_movies)

# 绘制评分直方图
plt.figure(figsize=(10, 6))
plt.hist(df['rating'].astype(float), bins=10, color='skyblue', edgecolor = 'black')
plt.title('电影评分分布')
plt.xlabel('评分')
plt.ylabel('电影数量')
plt.grid(axis='y', alpha=0.75)
plt.show()
```

运行上述代码，电影评分分布结果如图 16.10 所示。

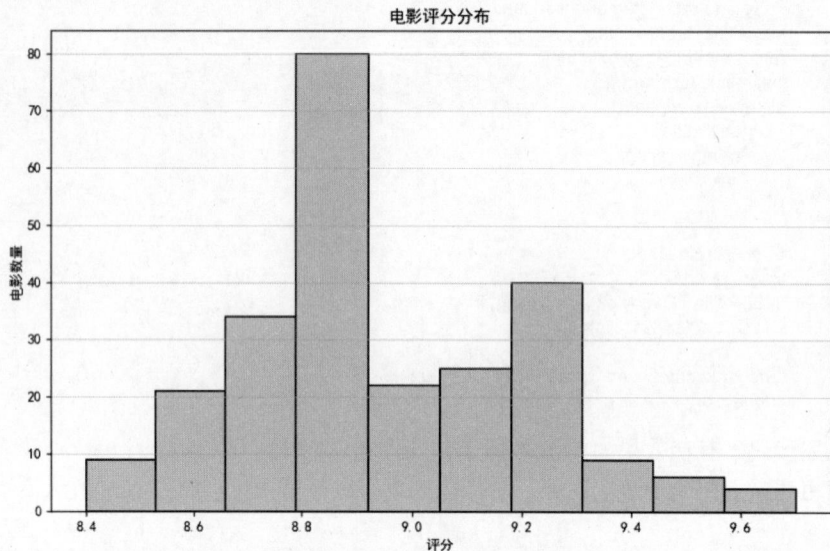

图 16.10　电影评分分布

本节介绍了如何将爬取的电影数据存储到 MySQL 数据库中，并使用 Python 进行数据可视化。通过 pymysql 库连接数据库并插入数据，再通过 matplotlib 绘制电影评分的分布直方图。实现了数据的存储与展示的完整过程。

16.4　习　　题

习题答案

1. 在爬虫工作流程中，首先需要进行的步骤是什么？（　　）

A. 数据存储　　　　　　　　　　　　B. 解析数据

C. 发送网络请求　　　　　　　　　　D. 分析网页结构

2. 使用 requests 库抓取数据时，常见的 HTTP 方法包括以下哪种？（　　）

A. GET　　　　　　　　　　　　　　B. POST

C. DELETE　　　　　　　　　　　　D. 以上三者都是

3. 爬虫中的"HTML 解析"主要是利用_____库提取网页中的数据。

4. 爬虫抓取数据时，经常会遇到的反爬虫技术包括_____和_____。

5. 使用 requests 库抓取一个网站的首页内容，并将其保存为本地的 HTML 文件。要求在抓取时，处理 HTTP 异常并输出错误信息。

第 17 章　Web 框架开发

本章将介绍 Flask 框架的基础知识和开发技巧，帮助读者掌握 Web 应用开发的核心概念。本章将从 Flask 的环境搭建开始，逐步讲解请求与响应的处理方式，并深入探讨数据库操作的实现。通过本章的学习，读者将能够创建功能完备的 Web 应用并与数据库进行交互。

17.1　Flask 概述

在 Python 中进行 Web 开发时，读者通常需要依赖一些 Web 框架，以简化开发流程并提升开发效率。Web 框架是指一组为构建 Web 应用而设计的工具库和组件，通常包括路由、模板、表单处理、数据库交互、请求和响应等功能。

在 Python 中，常见的 Web 框架有 Django、Flask、FastAPI 等。其中，Django 是一个功能丰富的大型 Web 框架，而 Flask 则是一个轻量级的 Web 框架，适用于那些需要快速开发且对灵活性和可扩展性要求较高的项目。

本节将重点讨论 Flask 框架。Flask 的设计哲学是"保持简单"，其核心特性就是简洁和灵活，让开发者能够根据实际需求选择自己喜欢的工具和库，而不会强制规定特定的开发方式。

Flask 是一个基于 Python 的 Web 框架，它由 Armin Ronacher 于 2010 年开发，并且属于微框架的范畴。所谓微框架，并不意味着功能少，而是指框架本身提供的功能非常基础和简单，开发者可以根据项目需求自由选择其他工具和库进行扩展，Flask 的主要特点如图 17.1 所示。

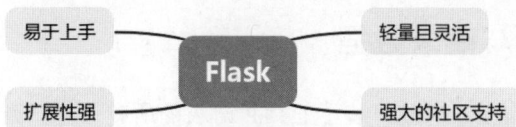

易于上手　　轻量且灵活

Flask

扩展性强　　强大的社区支持

图 17.1　Flask 的主要特点

17.2　环境搭建与项目创建

在开始使用 Flask 开发项目之前，读者需要先安装 Flask 框架。在虚拟环境中，可以使用 pip 工具安装 Flask 框架。在命令行中运行以下命令。

```
pip install Flask
```

安装完成后，可以通过以下命令检查 Flask 是否安装成功。

```
python -m flask –version
```

创建 Flask 项目十分简单，首先读者需要新建一个工程目录（Flask），在目录内新建一个 Python 文件（app.py），如图 17.2 所示。

在 app.py 文件中，编写以下代码，创建一个简单的 Flask 应用。

图 17.2　Flask 工程项目

```
from flask import Flask

app = Flask(__name__)

@app.route('/')
def hello():
    return 'Hello, World!'

if __name__ == '__main__':
    app.run(debug=True)
```

这段代码完成了以下几项操作。

（1）创建一个 Flask 实例 app。

（2）定义一个简单的路由/，当访问该路由时返回 Hello, World!。

（3）使用 app.run(debug=True)启动 Flask 开发服务器，debug=True 表示开启调试模式，方便开发过程中实时查看修改效果。

在命令行中运行 Flask 应用。

```
python app.py
```

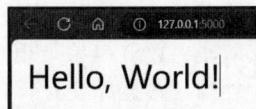

访问浏览器并输入 http://127.0.0.1:5000/，如果看到 Hello, World!，说明 Flask 项目创建成功，如图 17.3 所示。

图 17.3　Flask 项目创建成功

17.3　Flask 请求与响应

Flask 中的请求对象提供了对客户端发送的数据的访问接口。通过 request 对象，开发者可以轻松地获取表单数据、查询参数、文件上传等信息。理解请求对象及其数据处理方式是构建 Web 应用的基础。

17.3.1　请求对象与请求数据

Flask 中的请求（request）对象封装了 HTTP 请求的所有信息。开发者可以通过 request 对象访问客户端发送的请求数据，如表单数据、URL 参数、请求头等。

以下是 Flask 中常用的 request 对象属性。

（1）request.method：获取请求的方法，如 GET、POST 等。

（2）request.args：获取 URL 中的查询参数。例如，/search?query=flask，可以通过 request.args['query']获取 flask。

（3）request.form：获取通过表单提交的数据。例如，<form method="POST">提交的表单数据可以通过 request.form['name']获取。

（4）request.json：获取 JSON 格式的数据。当客户端发送 JSON 数据时，可以通过 request.json 来访问。

（5）request.headers：获取请求的 HTTP 头部信息。

实现代码如下所示。

```
from flask import Flask, request

app = Flask(__name__)

@app.route('/search', methods=['GET'])
def search():
```

```
        query = request.args.get('query', '')
        return f'Search query: {query}'

if __name__ == '__main__':
    app.run(debug=True)
```

启动 Flask 项目后，尝试访问如下地址。

```
http://127.0.0.1:5000/search?query=flask
```

在此示例中，request.args.get('query') 获取 URL 中的查询参数，访问上述地址后，会在页面中显示获取的参数，如图 17.4 所示。

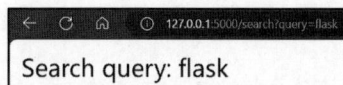

Search query: flask

图 17.4　获取 URL 中的查询参数

17.3.2　响应对象与响应数据

Flask 中的响应（response）对象表示返回给客户端的 HTTP 响应。开发者可以通过响应对象设置返回的内容、状态码和响应头。Flask 的视图函数默认返回一个字符串，该字符串会被 Flask 自动转换为响应对象。开发者也可以返回自定义的响应对象。

以下是 Flask 中常用的响应对象属性和方法。

（1）response.data：获取响应的主体内容。

（2）response.status_code：设置或获取响应的 HTTP 状态码。

（3）response.headers：设置或获取响应头。

实现代码如下所示。

```
from flask import Flask, jsonify

app = Flask(__name__)

@app.route('/json')
def json_response():
    data = {
        'message': 'Hello, Flask!',
        'name': 'John Doe',
        'age': 30,
        'city': 'New York',
        'email': 'example@example.com',
        'is_active': True,
        'is_admin': False,
        'country': 'USA',
        'language': 'English',
        'favorite_color': 'Blue',
        'hobbies': ['Reading', 'Traveling', 'Coding'],
        'friends_count': 150,
        'followers': 1200,
        'following': 300,
        'account_creation_date': '2021-05-12',
        'last_login': '2025-04-07',
        'membership_status': 'Gold',
        'subscription_expiration': '2025-12-31',
        'is_verified': True,
        'preferred_contact_method': 'Email'
    }

    return jsonify(data)

if __name__ == '__main__':
    app.run(debug=True)
```

启动 Flask 项目后，尝试访问如下地址。

```
http://127.0.0.1:5000/json
```

在此示例中，jsonify(data)创建了一个 JSON 响应，并自动将 data 转换为 JSON 格式。访问上述地址后，响应的数据如图 17.5 所示。

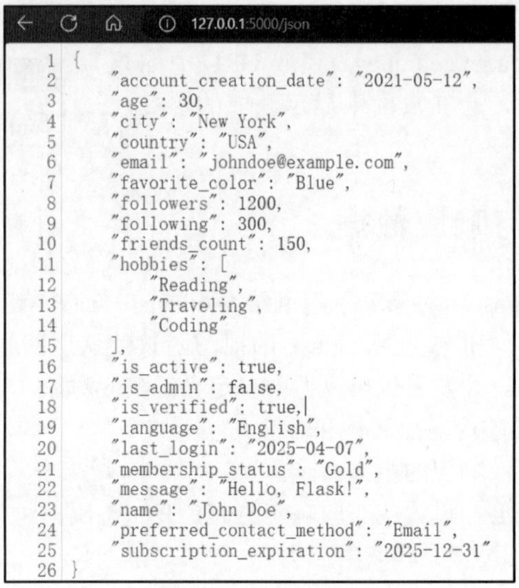

图 17.5　响应数据

17.4　Flask 数据库操作

在 Flask 中，进行数据库操作通常需要使用数据库连接库和 ORM（对象关系映射）库。Flask 本身并不内置数据库功能，但读者可以通过扩展实现数据库连接与操作。对于 MySQL 数据库，常用的数据库连接方式有 PyMySQL 和 MySQL Connector，而常用的 ORM 库是 SQLAlchemy，它与 Flask 结合使用非常方便。

17.4.1　Flask 连接数据库

Flask 提供了多种方式连接 MySQL 数据库。在本节中，我们将介绍如何使用 Flask-MySQL 扩展连接 MySQL 数据库，同时使用 SQLAlchemy 进行 ORM 操作。

1. 安装依赖

在开始之前，需要安装相关的数据库驱动和扩展库。打开命令行，执行以下命令。

```
pip install flask-mysql flask-sqlalchemy pymysql
```

作用说明

（1）flask-mysql：Flask 的 MySQL 扩展，提供了与 MySQL 数据库连接的功能。

（2）flask-sqlalchemy：Flask 的 SQLAlchemy 扩展，提供了 ORM 支持。

（3）pymysql：MySQL 数据库驱动程序，用于 Flask 与 MySQL 的连接。

2. 配置数据库连接

在 Flask 应用程序中，需要在配置文件中设置 MySQL 数据库的连接参数。

```
from flask import Flask
from flask_sqlalchemy import SQLAlchemy

app = Flask(__name__)

# 配置数据库URI
app.config['SQLALCHEMY_DATABASE_URI'] = 'mysql + pymysql:// root: 123456@localhost:3306/mydatabase'
app.config['SQLALCHEMY_TRACK_MODIFICATIONS'] = False   # 禁用对象修改追踪

# 初始化 SQLAlchemy 对象
db = SQLAlchemy(app)
```

在上述配置中，具体的参数解释如下。

（1）SQLALCHEMY_DATABASE_URI：数据库连接 URI，格式为 mysql+pymysql://用户名:密码@主机地址:端口/数据库名。

（2）SQLALCHEMY_TRACK_MODIFICATIONS：禁用对象修改追踪，以减少资源消耗。

通过上述配置，Flask 应用程序已经可以连接到 MySQL 数据库。

17.4.2 增、删、改、查操作

本节将构建一个简单的用户管理系统，展示如何在 Web 页面中实现对用户数据的增、删、改、查操作。相关的源码见资源包\Python\S17\Examples\CURD。

1. 数据库结构设计

首先，读者需要设计数据库结构存储用户信息，基本字段包括 id、name 和 email。读者可以直接使用 Python 代码创建这个数据库，示例 mySql.py 代码如下。

```
from flask import Flask
from flask_sqlalchemy import SQLAlchemy

# 配置 Flask 应用
app = Flask(__name__)

# 配置 MySQL 数据库连接（请根据实际情况修改用户名、密码和数据库名）
app.config['SQLALCHEMY_DATABASE_URI'] = 'mysql+pymysql://root:123456@localhost:3306/mydatabase'
app.config['SQLALCHEMY_TRACK_MODIFICATIONS'] = False        # 禁用对象修改追踪

db = SQLAlchemy(app) # 初始化 SQLAlchemy

# 创建数据库模型
class User(db.Model):
    __tablename__ = 'user'
    id = db.Column(db.Integer, primary_key=True)
    name = db.Column(db.String(50), nullable=False)
    email = db.Column(db.String(100), nullable=False)

    def __repr__(self):
        return f'<User {self.name}>'

# 创建表结构
def create_tables():
    with app.app_context():
        # 创建所有表
        db.create_all()
        print("数据库和表已创建！")

if __name__ == '__main__':
```

```
create_tables()
```

运行此代码后，会创建一个名为 user 的数据表，如图 17.6 所示。

2. 前端页面提供

由于本书主要面向 Python 讲解，前端部分由作者直接提供。所有 HTML 文件均存放在 templates 文件夹中，包括 3 个用于增删改查操作的基本页面。图 17.7 展示了这些 HTML 文件的结构。

id	name	email
(N/A)	(N/A)	(N/A)

图 17.6　user 表

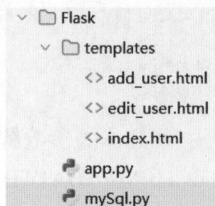

图 17.7　HTML 前端文件

3. Flask 服务搭建

在开发之前，首先需要搭建一个 Flask 服务，并配置好数据库连接。以下是一个简单的 Flask 应用示例代码，用于设置数据库连接并渲染主页。

```python
from flask import Flask
from flask_sqlalchemy import SQLAlchemy
from flask import render_template
app = Flask(__name__)

# 配置数据库 URI
app.config['SQLALCHEMY_DATABASE_URI'] = 'mysql + pymysql:// root: 123456@localhost:3306/mydatabase'
app.config['SQLALCHEMY_TRACK_MODIFICATIONS'] = False   # 禁用对象修改追踪

db = SQLAlchemy(app) # 初始化 SQLAlchemy 对象

@app.route('/')
def index():
    return render_template('index.html')

if __name__ == '__main__':
    app.run(debug=True)
```

4. 创建数据模型

在 Flask 应用中，读者需要创建一个 User 模型存储用户信息，字段包括 id、name 和 email。以下是定义该模型的代码。

```python
class User(db.Model):
    __tablename__ = 'user'
    id = db.Column(db.Integer, primary_key=True)
    name = db.Column(db.String(50), nullable=False)
    email = db.Column(db.String(100), nullable=False)

    def __repr__(self):
        return f'<User {self.name}>'
```

上述代码定义了一个 User 类，它继承自 db.Model，并且通过 __tablename__ 属性指定了数据库中的表名为 user。该模型包含三个字段：id、name 和 email，其中 id 是主键，name 和 email 为非空字段。__repr__() 方法用于在调试时返回用户的字符串表示。

接下来将创建一个简单的 Web 界面控制用户的增、删、改、查操作。

5. 主页（展示所有用户）

为了展示所有的用户信息，我们将创建一个主页。主页路由/将从数据库中查询所有用户并将它们传递给前端模板。以下是对应的 Flask 代码。

```
from flask import render_template

@app.route('/')
def index():
    users = User.query.all()  # 查询所有用户
    return render_template('index.html', users=users)
```

在上面的代码中，User.query.all() 用于查询数据库中所有的用户记录，然后通过 render_template 渲染 index.html 页面，将查询到的用户信息传递给该页面。

启动 Flask 项目后，访问 http://127.0.0.1:5000/，页面效果如图 17.8 所示。

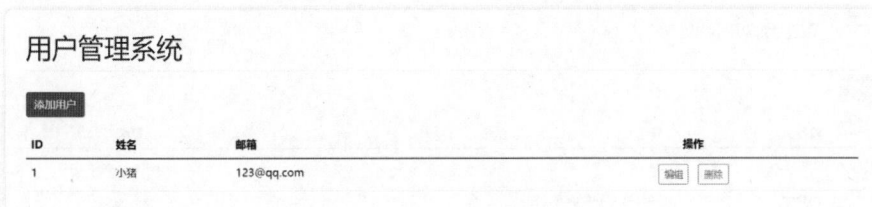

图 17.8　用户管理系统首页

6. 添加用户

为了允许用户通过 Web 界面添加新的用户，读者需要创建一个新的路由/add_user，该路由支持 GET 和 POST 请求。当用户提交表单时，系统将会将新的用户信息保存到数据库中。以下是实现这一功能的 Flask 代码。

```
from flask import request, redirect, url_for

@app.route('/add_user', methods=['GET', 'POST'])
def add_user():
    if request.method == 'POST':
        name = request.form['name']
        email = request.form['email']
        new_user = User(name=name, email=email)
        db.session.add(new_user)
        db.session.commit()
        return redirect(url_for('index'))
    return render_template('add_user.html')
```

在上面的代码中，add_user 路由支持两种请求方式。

POST 请求：当用户提交表单时，系统会获取表单中的 name 和 email 字段的值，并创建一个新的 User 实例。然后，通过 db.session.add() 将新用户添加到数据库会话中，最后使用 db.session.commit() 提交事务，将用户数据保存到数据库中。操作完成后，用户将被重定向到首页，并看到最新的用户列表。

GET 请求：当用户访问该页面时（如单击"添加用户"按钮），系统将渲染一个表单页面（add_user.html），让用户输入新用户的相关信息。

启动服务后，在首页单击"添加用户"按钮即可跳转到"添加用户"页面，如图 17.9 所示。

在该页面中，读者可以尝试输入用户信息（如"python 3453453#14@qe.bn"），并单击"提交"按钮。提交后，系统将成功地将新用户添加到数据库，并自动返回到主页。此时，首页会刷新，展示最新添加的用户数据，效果如图 17.10 所示。

添加用户

姓名

邮箱

提交　返回主页

图 17.9　"添加用户"页面

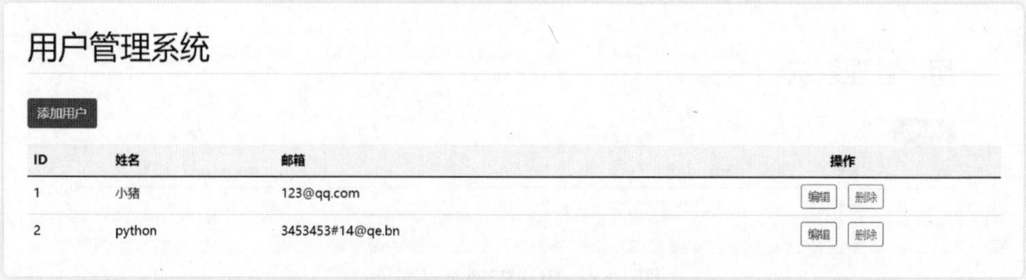

用户管理系统

添加用户

ID	姓名	邮箱	操作
1	小猪	123@qq.com	编辑　删除
2	python	3453453#14@qe.bn	编辑　删除

图 17.10　用户管理系统

通过这段代码，读者可以实现一个简单的用户添加功能，用户可以通过表单提交数据，成功添加新用户后，页面会自动返回并刷新显示所有用户信息。

7. 编辑用户

为了让用户能够编辑已有的用户信息，读者需要创建一个新的路由/edit_user/<int:id>，该路由支持 GET 和 POST 请求。id 是用户的唯一标识，用于查找需要编辑的用户。在用户提交表单后，系统会更新该用户的名字和邮箱，并保存到数据库中。以下是实现这一功能的 Flask 代码。

```
@app.route('/edit_user/<int:id>', methods=['GET', 'POST'])
def edit_user(id):
    user = User.query.get_or_404(id)
    if request.method == 'POST':
        user.name = request.form['name']
        user.email = request.form['email']
        db.session.commit()
        return redirect(url_for('index'))
    return render_template('edit_user.html', user=user)
```

在上面的代码中分别使用了 GET 请求和 POST 请求，具体如下。

（1）GET 请求：当用户访问/edit_user/<id>页面时，Flask 会根据 id 从数据库中查询出对应的用户信息。如果该用户存在，页面将显示一个表单，用户可以修改他的名字和邮箱。

（2）POST 请求：当用户提交表单后，Flask 会从表单中获取新的 name 和 email 值，并更新相应的 User 实例。随后，通过 db.session.commit()提交更改，确保数据保存到数据库中。操作完成后，用户将被重定向到首页，以查看最新的用户信息。

启动服务后，用户单击用户名为"小猪"的员工编辑按钮，即可跳转到对应员工的信息修改页面，如图 17.11 所示。

图 17.11　"编辑用户"页面

修改用户名为小花，邮箱修改为 12345@qq.com，单击"提交"按钮，修改成功后的结果如图 17.12 所示。

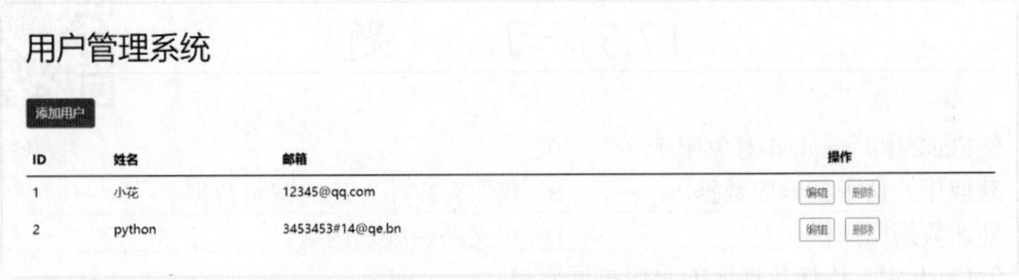

图 17.12　用户信息页面

8. 删除用户

删除用户功能可以通过一个新的路由/delete_user/<int:id>实现。该路由支持 GET 请求，用户单击"删除"按钮后，系统会从数据库中删除对应的用户记录。以下是删除用户功能的 Flask 代码。

```
@app.route('/delete_user/<int:id>', methods=['GET'])
def delete_user(id):
    user = User.query.get_or_404(id)
    db.session.delete(user)
    db.session.commit()
    return redirect(url_for('index'))
```

在上述代码中，当用户访问 /delete_user/<id> 页面时，Flask 会根据 id 查找用户记录。如果该用户存在，则调用 db.session.delete(user) 删除用户记录，并通过 db.session.commit() 提交删除操作。操作完成后，用户会被重定向到首页，以看到最新的用户列表。启动应用后，用户可单击小花用户的"删除"按钮，如图 17.13 所示。

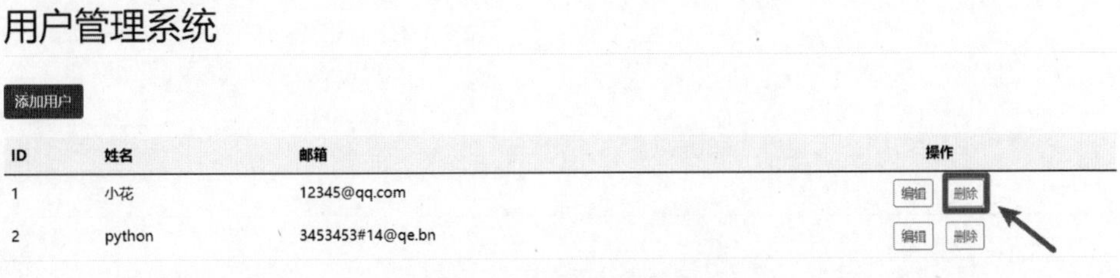

图 17.13　删除用户操作

快速删除之后的页面如图 17.14 所示。通过此功能，用户能够方便地删除不再需要的记录，使得用户管理更加灵活。

用户管理系统

ID	姓名	邮箱	操作
2	python	3453453#14@qe.bn	编辑 删除

图 17.14　成功地删除用户

本节展示了如何通过 Flask 实现一个简单的用户管理系统，包括增、删、改、查操作。通过与 MySQL 数据库的结合，用户可以通过 Web 界面轻松管理信息。

17.5　习　　题

1. 在 Flask 中，request 对象用于（　　）。

A. 获取用户请求的响应数据　　　　B. 获取客户端发出的请求数据

C. 处理数据库操作　　　　　　　　D. 定义路由处理函数

2. 在 Flask 中，连接数据库的常用扩展库是（　　）。

A. Sqlalchemy　　　　　　　　　B. pandas

C. numpy　　　　　　　　　　　D. requests

3. 在 Flask 中，处理数据库中的数据时，可以使用＿＿＿＿＿扩展库进行 ORM（对象关系映射）操作，从而简化数据库交互。

第18章　实时聊天应用系统

本章将引领读者构建一个基于 Flask 和 SocketIO 的实时聊天系统，涵盖用户登录、注册、消息实时推送与历史记录存储等核心功能。通过本章学习，读者将掌握 WebSocket 技术在 Flask 中的应用方法，以及如何实现多用户、多房间的消息通信系统。本章内容注重实战，帮助读者全面提升现代 Web 开发与实时通信的开发能力。该项目也是对前几章知识的整合与深化。

本项目的完整源码见资源包\Python\s18\Chat。

18.1　项目介绍

本章将通过一个实时聊天应用系统的开发，展示如何使用 Flask 框架结合 WebSocket 实现实时通信、用户认证、消息存储等功能。该项目旨在帮助读者深入理解如何利用 Flask 进行 Web 开发，特别是实时聊天系统的构建，其中涉及数据库操作、会话管理以及实时消息推送等技术。

1. 项目背景

在现代 Web 应用中，实时通信已经成为许多社交、客服、在线学习等应用的核心功能。相比传统的 HTTP 请求-响应模式，实时聊天应用利用 WebSocket 协议可以在客户端和服务器之间建立持久连接，从而实现低延迟、实时的数据传输。

Flask 作为一个轻量级的 Python Web 框架，通过与其他工具（如 SQLAlchemy、Flask-SocketIO、Flask-Login 等）的结合，可以构建出功能强大且灵活的实时聊天应用。

2. 项目目标

该实时聊天应用系统的目标是为用户提供一个多房间、即时消息发送与接收的聊天平台。具体功能如下。

（1）用户管理：用户能够注册、登录、注销，并在系统中维持会话状态。

（2）实时聊天：用户能够加入多个聊天房间，与其他用户实时发送和接收消息。

（3）消息持久化：所有聊天记录都能够持久化存储在数据库中，方便后期查看。

（4）房间管理：支持动态加入、退出房间，系统能够实时广播用户的加入和离开。

通过构建这个项目，读者将能深入了解如何将 Flask 与 WebSocket 结合，实现高效且功能强大的实时聊天系统。此外，还能学会如何使用 Flask 与 SQLAlchemy 进行数据存储、使用 Flask-SocketIO 进行实时通信，以及如何实现用户认证和会话管理。这个项目是 Flask 框架在实际应用中的一个很好的展示，具备高度的可扩展性，能够适应更多复杂的实时 Web 应用开发需求。

18.2　数据库设计

在本项目中，数据库设计采用了 MySQL，并通过 SQLAlchemy 作为 ORM（对象关系映射）工具进行数据存取。系统的核心功能主要围绕用户信息和消息记录的存储展开，并设计了两个核心表：用户表（User）和消息表（Message）。

1. 数据库表结构

（1）用户表（User）：

用户表用于存储系统中每个用户的基本信息，主要包括用户的用户名、密码等，如表 18.1 所示。

表 18.1　用户表

字段名	数据类型	约束	说明
id	Integer	主键，自增	用户唯一标识
username	String(80)	唯一，非空，索引	用户名
password_hash	String(128)	非空	密码哈希值

用户表的设计说明如下。

①id 字段是主键，用于唯一标识每个用户，并且采用自增的方式生成。

②username 字段设置为唯一且索引，确保用户名唯一并加速查询。

③password_hash 字段存储加密后的用户密码，确保密码安全性。

（2）消息表（Message）：

消息表用于存储每个用户发送的聊天信息，包含消息内容、发送时间、发送者 ID 等信息，如表 18.2 所示。

表 18.2　消息表

字段名	数据类型	约束	说明
id	Integer	主键，自增	消息唯一标识
content	Text	非空	消息内容
timestamp	DateTime	非空，索引	发送时间
user_id	Integer	外键，非空，关联 User 表	发送者 ID
room	String(80)	非空，索引	聊天房间标识

消息表的设计说明如下。

①id 字段作为主键，自增，唯一标识每条消息。

②content 字段用于存储消息的文本内容，采用 Text 类型，支持较长的文本。

③timestamp 字段记录消息的发送时间，并设置索引以便按时间查询消息。

④user_id 字段是外键，指向用户表中的 id，标识消息的发送者。

⑤room 字段用于标识消息所在的聊天房间（可以是单人聊天或群聊），并设置索引，以便根据房间快速查询消息。

2. 表关系设计

在本项目中，用户表（User）和消息表（Message）之间存在一对多的关系：一个用户可以发送多条消息。通过 SQLAlchemy 的 relationship 和外键设置，建立了表之间的关系。

（1）User 和 Message 之间通过 user_id 字段建立外键关联。

（2）通过 db.relationship 配置，SQLAlchemy 会自动建立从 User 到 Message 的一对多关系，如下列代码所示。

```
class User(UserMixin, db.Model):
```

```
    __tablename__ = 'user'
    id = db.Column(db.Integer, primary_key=True)
    username = db.Column(db.String(80), unique=True, nullable=False, index=True)
    password_hash = db.Column(db.String(128))
    messages = db.relationship('Message', backref='author', lazy=True)

    def set_password(self, password):
        self.password_hash = generate_password_hash(password)

    def check_password(self, password):
        return check_password_hash(self.password_hash, password)

# 消息模型
class Message(db.Model):
    __tablename__ = 'message'
    id = db.Column(db.Integer, primary_key=True)
    content = db.Column(db.String(500), nullable=False)
    timestamp = db.Column(db.DateTime, default=datetime.utcnow, index=True)
    user_id = db.Column(db.Integer, db.ForeignKey('user.id'), nullable=False)
    room = db.Column(db.String(80), nullable=False, index=True)
```

（3）backref='author'创建了一个反向引用，允许通过 message.author 直接获取发送该消息的用户对象，从而方便地查询和展示用户信息。

18.3 用户管理

用户管理是聊天系统的核心功能之一，主要包括用户的注册和登录功能。在本系统中，用户管理模块通过 Flask-Login 扩展处理用户认证，同时利用 Werkzeug 提供的安全哈希算法保护用户密码，确保系统的安全性。

18.3.1 注册功能

注册功能允许新用户创建一个账号，注册过程中包括对用户输入信息的验证和密码的安全处理。系统通过 Flask 路由处理注册请求，关键步骤如下。

1. 数据验证

用户名和密码不能为空，系统会检查这些字段是否被填写。检查用户名是否已存在于数据库中，以避免重复注册。使用 SQLAlchemy 进行数据库查询和验证。

2. 密码安全处理

使用 Werkzeug 的 generate_password_hash()函数对密码进行哈希处理。哈希后的密码不会以明文存储，从而提高了系统的安全性。

3. 错误处理

使用 try-except 结构捕获可能的数据库操作异常，并在出现错误时进行数据库回滚。这里，可向用户提供友好的错误提示，确保用户体验良好。

以下是注册功能的核心代码实现。

```
@app.route('/register', methods=['GET', 'POST'])
def register():
    if request.method == 'POST':
        try:
            username = request.form.get('username')
            password = request.form.get('password')
```

```
        if not username or not password:
            flash('用户名和密码不能为空')
            return redirect(url_for('register'))

        if User.query.filter_by(username=username).first():
            flash('用户名已存在')
            return redirect(url_for('register'))

        user = User(username=username)
        user.set_password(password)
        db.session.add(user)
        db.session.commit()
        flash('注册成功！请登录')
        return redirect(url_for('login'))
    except Exception as e:
        db.session.rollback()
        print(f'Registration error: {str(e)}')
        flash('注册过程中出现错误，请稍后重试')
        return redirect(url_for('register'))
return render_template('register.html')
```

在该实现中，set_password()方法用于对密码进行哈希处理，确保密码存储的安全性。若注册过程中出现任何问题，系统会回滚数据库事务，并向用户显示友好的错误信息。启动项目，进入"注册新账号"页面，如图 18.1 所示。

在"注册新账号"页面输入用户名为：小张、密码为：123456。单击"注册"按钮，刷新数据库数据，如图 18.2 所示，可成功实现注册新账号功能。

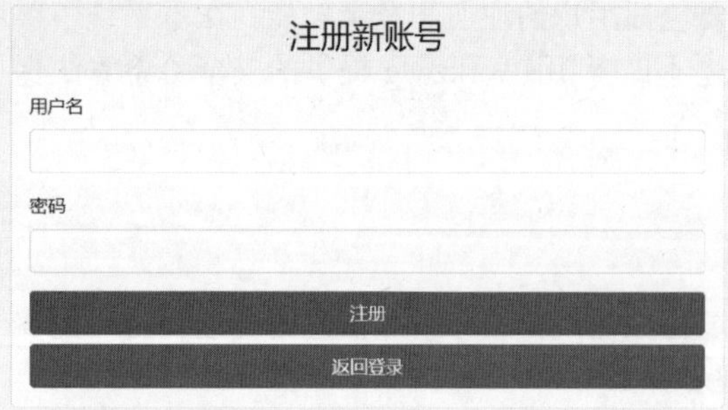

id	username	password_hash
1	2067111119	pbkdf2:sha256:600000$
2	admin	pbkdf2:sha256:600000$
3	小张	pbkdf2:sha256:600000$

图 18.1 "注册新账号"页面   图 18.2 数据库

18.3.2 登录功能

登录功能允许用户进入系统并开始使用聊天服务，主要包括以下 3 个功能。

1. 用户认证

（1）系统会根据输入的用户名查询数据库，验证该用户名是否存在。

（2）使用 Werkzeug 提供的 check_password_hash()函数对输入的密码进行验证。

（3）使用 Flask-Login 的 login_user()函数管理用户会话。

2. 会话管理

登录成功后，系统会创建用户会话，并通过 Flask-Login 提供的装饰器管理用户会话，支持记住用户功能。

3. 安全措施

（1）密码验证使用哈希值比较，确保密码传输过程中的安全性。

（2）防止暴力破解和暴力登录，限制频繁登录尝试。

以下是登录功能的核心代码实现。

```
@app.route('/login', methods=['GET', 'POST'])
def login():
    if request.method == 'POST':
        username = request.form.get('username')
        password = request.form.get('password')
        user = User.query.filter_by(username=username).first()
        if user and user.check_password(password):
            login_user(user)
            return redirect(url_for('index'))
        flash('Invalid username or password')
    return render_template('login.html')
```

Flask-Login 提供了 UserMixin 类和 login_manager.user_loader 装饰器，使得用户认证更加方便。

```
@login_manager.user_loader
def load_user(id):
    return User.query.get(int(id))
```

通过这一机制，Flask-Login 会根据 user_loader()函数加载当前登录用户的详细信息，从而确保用户会话的有效性。启动项目，进入"登录"页面，如图 18.3 所示。

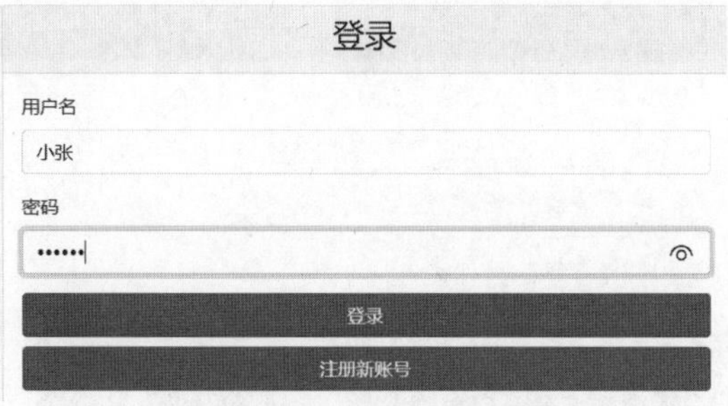

图 18.3　"登录"页面

当登录账号和密码与数据库中的数据比对一致且校验通过时，即可跳转到"实时聊天"页面，如图 18.4 所示。

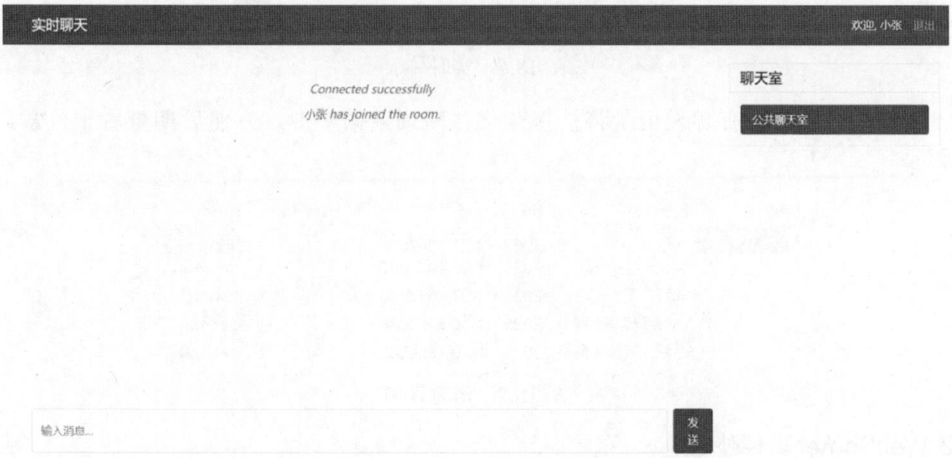

图 18.4　"实时聊天"页面

18.4　实　时　聊　天

在本节中，读者将实现系统的核心功能——实时聊天。通过 Flask 和 WebSocket 的结合，用户可以在多个聊天房间中进行实时消息交换。WebSocket 协议允许客户端和服务器之间建立持久连接，提供实时、双向的数据传输能力。这意味着在用户发送消息时，其他用户可以立即收到，而不需要持续刷新页面。

1. 实时聊天功能概述

在实时聊天系统中，每个用户可以加入多个房间，并在这些房间内发送和接收消息。消息通过 WebSocket 实时传递，确保用户可以与其他在线用户即时互动。

该系统实现的功能介绍如下。

（1）用户加入/离开房间：用户可以动态加入和离开房间，系统会实时广播用户的加入和离开状态，如图 18.5 所示。

（2）消息发送与接收：用户可以在房间内发送消息，在该房间的用户可以立即接收到该消息，如图 18.6 所示。

图 18.5　广播用户状态

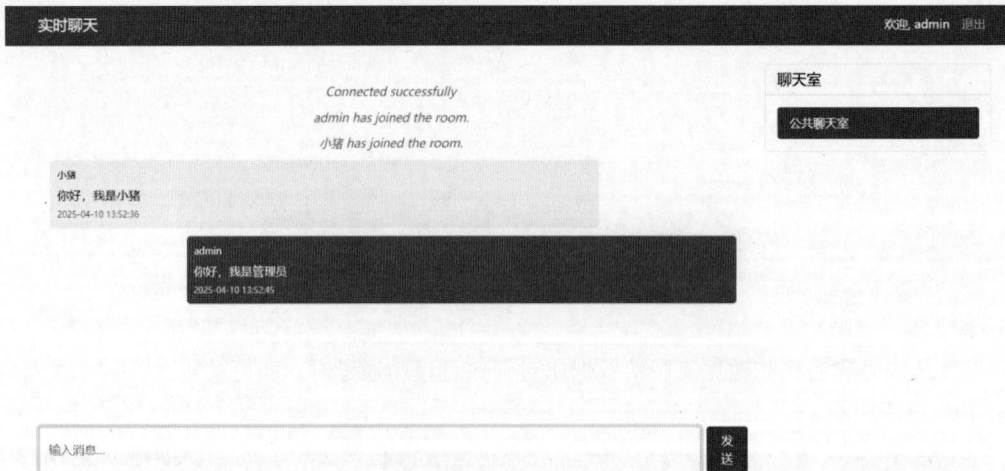

图 18.6　实时聊天

（3）消息存储：所有聊天记录将被持久化存储到数据库中，方便后期查看和检索，如图 18.7 所示。

id	content	timestamp	user_id	room
1	你好	2025-04-07 14:18:10	1	general
2	hello	2025-04-07 14:23:40	2	general
3	你好	2025-04-07 15:05:46	1	general
4	你好，我是小猪	2025-04-10 13:52:36	4	general
5	你好，我是管理员	2025-04-10 13:52:45	2	general

图 18.7　消息存储

2. WebSocket 事件处理

Flask-SocketIO 提供了对 WebSocket 协议的支持，我们将通过 SocketIO 实现实时通信。以下是实现实时聊天的关键部分。

（1）连接事件：每当一个客户端连接时，服务器会触发 connect 事件。在此事件中，我们检查用户是否已认证，如果未认证则拒绝连接。

（2）加入房间：用户可以选择加入某个聊天房间。当用户加入房间时，系统会广播一条消息，告知房间其他成员。

（3）离开房间：用户可以退出房间，系统同样会广播一条离开消息。

（4）发送消息：用户在房间中发送消息时，服务器将保存该消息并广播给房间内所有其他用户。

3. 实时聊天的核心代码实现

以下代码展示了 Flask-SocketIO 实现实时聊天的核心事件处理。

```
# SocketIO 事件处理
@socketio.on('connect')
def handle_connect():
    if not current_user.is_authenticated:
        return False
    emit('status', {'msg': 'Connected successfully'})

@socketio.on('disconnect')
def handle_disconnect():
    print('Client disconnected')

@socketio.on('join')
def on_join(data):
    try:
        room = data['room']
        join_room(room)
        emit('status', {'msg': f'{current_user.username} has joined the room.'}, room=room)
    except Exception as e:
        emit('error', {'msg': f'Error joining room: {str(e)}'})
        print(f'Error in join: {e}')

@socketio.on('leave')
def on_leave(data):
    room = data['room']
    leave_room(room)
    emit('status', {'msg': f'{current_user.username} has left the room.'}, room=room)

@socketio.on('message')
def handle_message(data):
    try:
        room = data['room']
        message = Message(content=data['msg'], author=current_user, room=room)
        db.session.add(message)
        db.session.commit()
        emit('message', {
            'msg': data['msg'],
            'username': current_user.username,
            'timestamp': message.timestamp.strftime('%Y-%m-%d %H:%M:%S')
        }, room=room)
    except Exception as e:
        db.session.rollback()
        emit('error', {'msg': f'Error sending message: {str(e)}'})
        print(f'Error in message: {e}')
```

由于核心代码较为复杂，读者可以尝试使用通义灵码生成注释，如图 18.8 所示。

4. 功能详细解释

connect 事件：每当一个客户端连接时，系统会检查当前用户是否已认证。如果用户未登录，则拒绝连接。

```
if not current_user.is_authenticated:
    return False
emit('status', {'msg': 'Connected successfully'})
```

图 18.8 通义灵码的"生成注释"功能

join 事件：用户通过此事件加入房间，系统通过 join_room(room) 将用户加入指定的房间，并向房间内的其他用户发送一条消息，告知他们有新用户加入。

```
join_room(room)
emit('status', {'msg': f'{current_user.username} has joined the room.'}, room=room)
```

leave 事件：用户可以选择退出当前房间，系统通过 leave_room(room) 移除用户并广播离开消息。

```
leave_room(room)
emit('status', {'msg': f'{current_user.username} has left the room.'}, room=room)
```

message 事件：用户在房间内发送消息时，服务器将会将该消息保存到数据库，并通过 emit()方法将消息广播到所有其他用户。消息保存的同时，系统会将消息的发送者、时间戳等信息一起发送出去。

```
message = Message(content=data['msg'], author=current_user, room=room)
db.session.add(message)
db.session.commit()
emit('message', {
    'msg': data['msg'],
    'username': current_user.username,
    'timestamp': message.timestamp.strftime('%Y-%m-%d %H:%M:%S')
}, room=room)
```

通过 Flask-SocketIO 的结合，我们成功地实现了一个实时聊天系统，支持用户加入和离开房间、实时发送和接收消息，以及消息的持久化存储。这种系统在现代 Web 应用中具有广泛的应用场景，特别是社交平台、客服系统和在线学习平台。

18.5 习 题

习题答案

1. 在使用 Flask-SocketIO 开发实时聊天系统时，哪一项技术用于实现客户端与服务端之间

的双向通信？（　　）

  A. RESTful API   B. AJAX

  C. WebSocket   D. HTTP/2

  2. 在 Flask-SocketIO 中，使用 @socketio.on('message') 装饰器可以监听来自客户端的_____事件。

  3. 实现用户私聊功能时，通常需要为每个用户分配一个唯一的_____，以便服务器能够将消息准确地发送到对应用户。

第 19 章　机器学习

本章将引领读者了解机器学习的基本概念、发展脉络与常见算法。通过典型的监督学习和无监督学习任务，逐步了解回归、分类、聚类与降维等关键技术。借助 scikit-learn 等常用库，读者可以快速上手机器学习建模与实践。本章节内容以案例驱动，注重理论与实践结合。适合初学者构建机器学习的系统认知。

19.1　机器学习概述

随着数据的爆炸式增长和计算能力的持续提升，机器学习已成为当今技术领域中最炙手可热的方向之一。它不仅是人工智能的核心支柱，更广泛应用于图像识别、自然语言处理、金融分析、智能推荐等多个领域。

19.1.1　机器学习的定义与发展

机器学习（machine learning）是一种通过数据驱动的方式让计算机自主学习规律、完成任务的技术。其核心思想是通过"训练"算法模型，使其从数据中提取模式，并据此对未知数据进行预测或判断，而无须明确编程指令。

最早的机器学习研究可以追溯到 20 世纪 50 年代。例如，1959 年，IBM 的 Arthur Samuel 在研究西洋跳棋程序时，首次提出了"机器学习"这一术语。他定义机器学习为：一种使计算机具备从经验中学习某种能力的研究领域。随着计算能力的提高和大规模数据的可用性，机器学习在近年来迎来了爆发式增长，并广泛应用于图像识别、自然语言处理、推荐系统、金融风控、自动驾驶等领域。

机器学习的发展大致经历了以下几个阶段。

符号主义阶段（20 世纪 50 年代到 20 世纪 80 年代）：主要依靠专家系统、决策树等规则推理机制。

统计学习阶段（20 世纪 90 年代到 21 世纪 10 年代）：如支持向量机（SVM）、随机森林（random forest）、朴素贝叶斯（naive bayes）等算法。

深度学习阶段（2012 年至今）：以神经网络为基础，代表模型如 CNN、RNN、Transformer 等，性能大幅超越传统方法。

如今，机器学习已成为人工智能（AI）领域的核心技术之一，甚至被视为推动第四次工业革命的关键力量。

19.1.2　机器学习算法简介

机器学习算法可以大致分为三大类：监督学习（supervised learning）、无监督学习（unsupervised learning）和强化学习（reinforcement learning）。此外，还有一些交叉类型，如半监督学习、迁移学习等。

1. 监督学习

监督学习是最常见的一类学习方式，主要用于构建预测模型。其特点是训练数据中包含明确的输入（特征）与输出（标签）。目标是学习一个映射函数，根据输入预测输出。典型的算法有如下几种。

（1）线性回归（linear regression）：用于连续数值预测，例如房价或销量预测。

（2）逻辑回归（logistic regression）：用于二分类任务，例如判断邮件是否为垃圾邮件。

（3）决策树（decision tree）与随机森林（random forest）：用于分类和回归任务；决策树结构直观，随机森林通过集成多个决策树提升模型的稳定性与准确性。

（4）支持向量机（SVM）：适用于分类问题，特别是在高维空间中表现优异，通过寻找最优超平面分隔不同类别。

（5）K 近邻算法（KNN）：一种基于距离度量的分类和回归方法，根据距离最近的 K 个邻居进行预测，简单直观但计算代价较高。

（6）神经网络（neural networks）：模拟人脑结构的非线性模型，适合处理复杂数据结构，广泛应用于图像识别、语音识别等任务中。

2. 无监督学习

无监督学习用于处理没有标签的数据，主要任务是发现数据内在的结构与模式，常用于聚类、降维和异常检测等场景，典型算法有如下几种。

（1）K 均值聚类（K-means）：一种常用的聚类算法，通过将数据划分为预设数量的 K 个簇，使簇内数据相似度最大，适用于客户分群、图像压缩等场景。

（2）主成分分析（PCA）：一种降维算法，通过提取数据中最有代表性的方向，减少特征数量，常用于数据可视化和噪声去除。

（3）层次聚类（hierarchical clustering）：通过构建聚类树（dendrogram）逐步合并或分裂样本，适合展示数据之间的层级关系。

（4）独立成分分析（ICA）：一种用于信号分离的算法，通过将混合信号拆解为彼此统计独立的成分，常见于语音信号分离或脑电信号分析等场景。

3. 强化学习

强化学习是一种智能体与环境交互、通过奖励反馈不断学习策略的算法。其核心思想是试错学习：通过采取动作获取最大化长期收益，代表算法有如下几种。

（1）Q-learning：一种基于值函数的强化学习方法，通过学习状态-动作的 Q 值指导智能体选择最优动作，无须环境模型。

（2）深度 Q 网络（deep Q network，DQN）：结合深度学习与 Q-learning 方法，利用神经网络逼近 Q 值函数，适用于高维状态空间的复杂任务（如游戏、机器人控制等）。

（3）策略梯度（policy gradient）：直接优化策略函数而非值函数的方法，适合处理连续动作空间，稳定性较好，广泛用于控制类问题。

（4）Actor-Critic：融合值函数与策略函数的强化学习方法，其中 Actor 负责动作选择，Critic 评估动作优劣，兼具策略梯度与 Q-learning 的优点。

19.2 机器学习工具与库

在机器学习项目中，强大的工具和高效的库可以极大地简化开发流程，提高模型的表现力和部署效率。

19.2.1　数据预处理

数据预处理（preprocessing）是指将原始数据转换为适合建模的数据格式的过程。常见操作包括：标准化、归一化、类别编码、数值转换等。

常用工具包括下面三种。

（1）sklearn.preprocessing.StandardScaler：标准化。

（2）sklearn.preprocessing.MinMaxScaler：归一化。

（3）sklearn.preprocessing.LabelEncoder、OneHotEncoder：编码分类特征。

在进行建模之前，原始数据往往存在量纲不一致、类别特征未编码、分布差异显著等问题，直接用机器学习模型可能导致性能不佳。为了解决这些问题，读者需要对数据进行预处理，以提升模型的训练效率和预测准确性。常见的预处理方法包括数值特征的标准化与归一化，以及分类特征的编码处理。读者可以借助 scikit-learn 中的一些工具快速完成这些操作。

```python
import pandas as pd
from sklearn.preprocessing import StandardScaler, OneHotEncoder
from sklearn.compose import ColumnTransformer

# 创建示例数据
df = pd.DataFrame({
    '年龄': [25, 32, 47, 51],
    '收入': [4000, 6000, 8000, 10000],
    '城市': ['北京', '上海', '广州', '深圳']
})

# 定义特征
numerical = ['年龄', '收入']
category = ['城市']

# 构建预处理器
preprocessor = ColumnTransformer(transformers=[
    ('num', StandardScaler(), numerical),
    ('cat', OneHotEncoder(), category)
])

X_processed = preprocessor.fit_transform(df)

print(X_processed.toarray() if hasattr(X_processed, 'toarray') else X_processed)
```

运行上述代码，输出结果如下。

```
[[-1.29241939 -1.34164079  0.          1.          0.          0.         ]
 [-0.63446043 -0.4472136   1.          0.          0.          0.         ]
 [ 0.77545163  0.4472136   0.          0.          1.          0.         ]
 [ 1.15142818  1.34164079  0.          0.          0.          1.         ]]
```

上述代码利用 StandardScaler 对数值特征进行了标准化处理，使其均值为 0，方差为 1，有利于提升模型的收敛速度。同时使用 OneHotEncoder 对类别特征"城市"进行了独热编码，避免了模型对类别之间的顺序产生误解。输出矩阵前两列为标准化后的"年龄"和"收入"，其余列为各城市的独热编码结果。

例如，第一行代表的是"北京"对应的编码：[0, 1, 0, 0]，表示"北京"被编码为[1, 0, 0, 0]的一部分。数据经过预处理后已转换为纯数值格式，适用于机器学习模型的训练。整体来看，该预处理方案简洁高效，适用于包含混合类型特征的数据集。

19.2.2　数据清洗与缺失值处理

数据清洗是数据预处理过程中必不可少的一步，目的是修复或删除数据中的错误、重复或不完整的信息。常见的数据清洗任务包括：去除重复值、处理缺失值、修正异常值等。

在实际项目中，缺失值的存在极为常见，处理不当可能会严重影响模型的表现。处理缺失值的常用方法有删除含缺失值的记录或特征、用统计量（如均值、中位数、众数）填补、使用插值或模型预测填补。

常用工具包括以下三种。

（1）pandas.DataFrame.dropna()：删除缺失值。

（2）pandas.DataFrame.fillna()：填充缺失值。

（3）sklearn.impute.SimpleImputer：提供灵活的缺失值填充策略。

数据清洗和缺失值处理的示例代码如下。

```python
import pandas as pd
import numpy as np
from sklearn.impute import SimpleImputer

# 模拟一个带缺失值的数据集
data = {
    '姓名': ['小明', '小红', '小刚', '小丽', '小强'],
    '年龄': [25, np.nan, 22, 28, np.nan],
    '身高': [175, 160, np.nan, 165, 180],
    '成绩': [85, 90, 78, np.nan, 88]
}

df = pd.DataFrame(data)
print("🔍 原始数据: \n", df)

# 方法①：删除含缺失值的记录（行）
df_dropna = df.dropna()
print("\n🗑 删除缺失值后的数据: \n", df_dropna)

# 方法②：使用统计量进行填补（均值、中位数）
# 这里只对数值型列进行填补，不处理姓名列
df_fill_mean = df.copy()
df_fill_mean[['年龄', '身高', '成绩']] = df_fill_mean[['年龄', '身高', '成绩']].fillna(df_fill_mean.mean(numeric_only=True))
print("\n📊 使用均值填补缺失值: \n", df_fill_mean)

# 方法③：使用sklearn的SimpleImputer进行填补（以中位数为例）
imputer = SimpleImputer(strategy='median')
df_imputed = df.copy()
df_imputed[['年龄', '身高', '成绩']] = imputer.fit_transform(df_imputed[['年龄', '身高', '成绩']])
print("\n🤖 使用SimpleImputer（中位数）填补缺失值: \n", df_imputed)
```

运行上述代码，输出结果如图 19.1 所示。

从结果来看，删除缺失值虽然简单，但会导致数据量骤减，不利于后续分析；使用均值填补虽保留了数据，但可能引入偏差，掩盖原始波动性；而采用中位数填补则更稳健，能较好地保持数据分布。实际应用中应根据数据特征和业务需求选择合适的方法，优先考虑填补以保留数据完整性。

19.2.3　特征选择与特征提取

特征选择是从原始特征中筛选出与目标最相关的部分，去除冗余或无关特征，常用方法包括方差选择法（variance threshold）、相关系数法（SelectKBest + f_regression/f_classif）、基于模

型的特征选择（如：Lasso、树模型）。

特征提取是将原始特征转换为另一组特征表达，包括主成分分析（PCA）和独立成分分析（ICA）。

特征选择与特征提取的示例代码如下。

```python
import numpy as np
import pandas as pd
from sklearn.datasets import load_iris
from sklearn.feature_selection import VarianceThreshold, SelectKBest, f_classif
from sklearn.linear_model import LassoCV
from sklearn.ensemble import RandomForestClassifier
from sklearn.decomposition import PCA, FastICA
from sklearn.preprocessing import StandardScaler

# 加载数据
data = load_iris()
X = pd.DataFrame(data.data, columns=data.feature_names)
y = data.target

print("原始特征维度：", X.shape)

# ========== 特征选择 ==========

# ① 方差选择法（去除方差小的特征）
selector_var = VarianceThreshold(threshold=0.2)
X_var = selector_var.fit_transform(X)
print("方差选择后维度：", X_var.shape)

# ② 相关系数法（保留最相关的两个特征）
selector_kbest = SelectKBest(score_func=f_classif, k=2)
X_kbest = selector_kbest.fit_transform(X, y)
print("相关系数法后维度：", X_kbest.shape)

# ③ 基于模型的特征选择（Lasso）
lasso = LassoCV().fit(X, y)
importance_lasso = np.abs(lasso.coef_)
X_lasso = X.loc[:, importance_lasso > 1e-2]
print("Lasso 选择后维度：", X_lasso.shape)

# ③ 基于模型的特征选择（随机森林）
rf = RandomForestClassifier(n_estimators=100).fit(X, y)
importance_rf = rf.feature_importances_
X_rf = X.loc[:, importance_rf > 0.2]
print("随机森林选择后维度：", X_rf.shape)

# ========== 特征提取 ==========

scaler = StandardScaler()
X_scaled = scaler.fit_transform(X)

# ① 主成分分析（PCA）
pca = PCA(n_components=2)
X_pca = pca.fit_transform(X_scaled)
print("PCA 提取后维度：", X_pca.shape)

# ② 独立成分分析（ICA）
ica = FastICA(n_components=2, random_state=42)
X_ica = ica.fit_transform(X_scaled)
print("ICA 提取后维度：", X_ica.shape)
```

运行上述代码，输出结果如下。

```
原始特征维度：(150, 4)
方差选择后维度：(150, 3)
相关系数法后维度：(150, 2)
```

图 19.1 数据清洗与缺失值处理结果

```
Lasso 选择后维度：(150, 4)
随机森林选择后维度：(150, 2)
PCA 提取后维度：(150, 2)
ICA 提取后维度：(150, 2)
```

从结果可以看出，原始数据有 4 个特征。方差选择法去除了方差较小的 1 个特征，保留了 3 个特征。相关系数法和随机森林方法均筛选出两个与目标最相关的特征，而 Lasso 并未剔除任何特征，说明所有特征对模型都有一定贡献。PCA 和 ICA 作为特征提取方法，将 40 征分别降至二维，以保留主要信息。整体上，特征选择更侧重筛除冗余特征，而特征提取则通过重构新特征压缩数据维度。

19.3　监　督　学　习

监督学习（supervised learning）是机器学习中最常用的一类方法，其核心思想是在已有输入与标签数据（x, y）的基础上，训练出能够进行预测的模型。常见的监督学习任务包括以下两种：回归问题预测连续型数值；分类问题预测离散型类别。

Python 的 scikit-learn 库为监督学习提供了大量算法与接口，适合快速建模与评估。

19.3.1　回归问题

回归问题是指模型预测的是连续数值，例如房价预测、温度预测、销量预测等。常用算法包括线性回归（linear regression）、岭回归与 Lasso 回归（Ridge，Lasso）、决策树回归（decision tree regressor）、随机森林回归（random forest regressor）、支持向量回归（SVR）。

本节选择线性回归作为案例，是因为它原理简单、计算高效，适用于解释模型预测过程。对于房价预测这类连续变量问题，线性回归能很好地建模特征与目标之间的线性关系，线性回归预测房价的代码如下。

```python
import pandas as pd
from sklearn.linear_model import LinearRegression
from sklearn.model_selection import train_test_split
from sklearn.metrics import mean_squared_error, r2_score
from sklearn.datasets import fetch_california_housing
import matplotlib.pyplot as plt

# 设置 Matplotlib 全局字体属性
plt.rcParams['font.sans-serif'] = ['SimHei']              # 指定默认字体为黑体

# 加载数据集
data = fetch_california_housing()
X = pd.DataFrame(data.data, columns=data.feature_names)
y = data.target

# 数据集划分
X_train, X_test, y_train, y_test = train_test_split(X, y, test_size=0.2, random_state=42)

model = LinearRegression()
model.fit(X_train, y_train)                               # 模型训练

y_pred = model.predict(X_test)                            # 模型预测

print("MSE:", mean_squared_error(y_test, y_pred))         # 模型评估
print("R² Score:", r2_score(y_test, y_pred))
```

```
# 可视化真实值 vs 预测值
plt.scatter(y_test, y_pred, alpha=0.5)
plt.xlabel("实际房价")
plt.ylabel("预测房价")
plt.title("线性回归预测效果")
plt.plot([min(y_test), max(y_test)], [min(y_test), max(y_test)], 'r--')
plt.show()
```

运行上述代码，输出结果如图 19.2 所示。

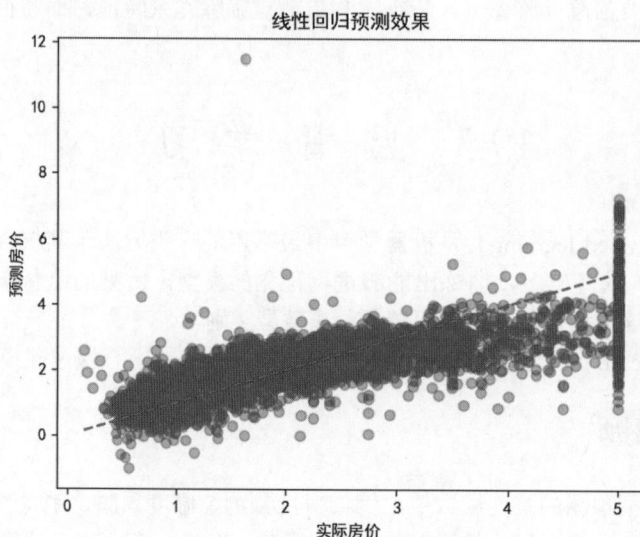

图 19.2　线性回归预测

从线性回归模型的评估结果来看，MSE 反映了预测值与真实值之间的平均平方误差，数值越小表示模型越精确。R^2 得分衡量了模型对数据的拟合程度，越接近 1 说明拟合效果越好。在散点图中，预测值与实际值大致分布在对角线上，说明模型具有一定的预测能力。图中红色虚线代表理想预测线，点越贴近该线表示预测越准确。总体而言，线性回归在加州房价数据集上表现合理，适合作为回归问题的基线模型。

【例 19.1】决策树回归预测加州房价。（实例位置：资源包\Python\S19\Examples\01）

请基于 fetch_california_housing 数据集，使用决策树回归模型对房价进行预测，并完成以下任务。

（1）加载数据并划分为训练集和测试集（比例 80% : 20%）。

（2）使用 DecisionTreeRegressor 模型进行训练。

（3）测试房价。

（4）输出模型的评估指标：均方误差（MSE）与决定系数（R^2 Score）。

（5）绘制预测值与实际值的散点图，并添加理想预测线（y = x）。

参考解题代码如下。

```
from sklearn.datasets import fetch_california_housing
from sklearn.model_selection import train_test_split
from sklearn.tree import DecisionTreeRegressor
from sklearn.metrics import mean_squared_error, r2_score
import matplotlib.pyplot as plt
import pandas as pd

plt.rcParams['font.sans-serif'] = ['SimHei']              # 设置字体（中文支持）
```

```
# 1. 加载数据
data = fetch_california_housing()
X = pd.DataFrame(data.data, columns=data.feature_names)
y = data.target

X_train, X_test, y_train, y_test = train_test_split(X, y, test_size=0.2, random_state=42)
                                                    # 2. 划分数据集


# 3. 初始化模型并训练
model = DecisionTreeRegressor(random_state=42)
model.fit(X_train, y_train)

y_pred = model.predict(X_test)                    # 4. 模型预测

# 5. 模型评估
print("MSE:", mean_squared_error(y_test, y_pred))
print("R² Score:", r2_score(y_test, y_pred))

# 6. 可视化结果
plt.scatter(y_test, y_pred, alpha=0.5)
plt.xlabel("实际房价")
plt.ylabel("预测房价")
plt.title("决策树回归预测效果")
plt.plot([min(y_test), max(y_test)], [min(y_test), max(y_test)], 'r--')
plt.show()
```

运行上述代码，输出结果如下。

```
MSE: 0.495235205629094
R² Score: 0.622075845135081
```

决策树回归预测的可视化效果如图 19.3 所示。

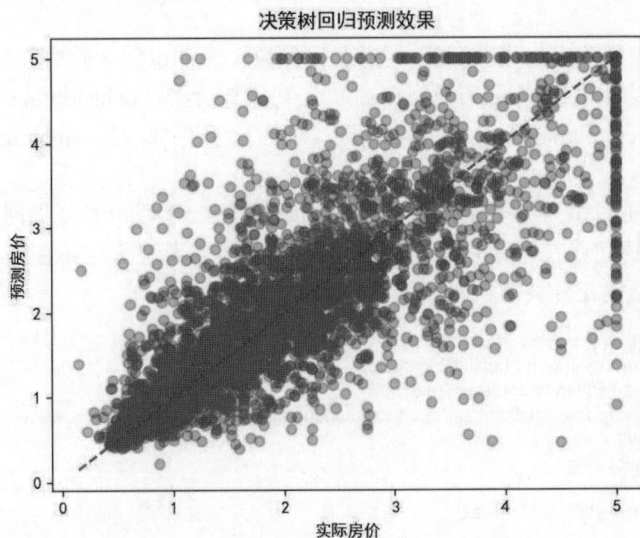

图 19.3　决策树回归的预测效果

思考延伸

读者思考一下这个问题：和线性回归模型相比，决策树回归模型的表现如何？为什么？此处可参考通义灵码的解答，如图 19.4 所示。

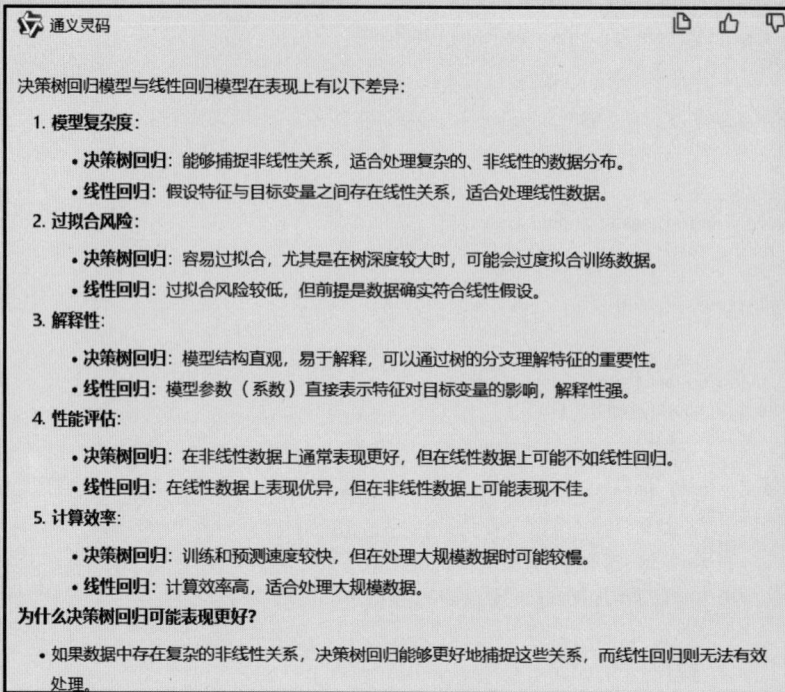

决策树回归模型与线性回归模型在表现上有以下差异：

1. 模型复杂度：
- **决策树回归**：能够捕捉非线性关系，适合处理复杂的、非线性的数据分布。
- **线性回归**：假设特征与目标变量之间存在线性关系，适合处理线性数据。

2. 过拟合风险：
- **决策树回归**：容易过拟合，尤其是在树深度较大时，可能会过度拟合训练数据。
- **线性回归**：过拟合风险较低，但前提是数据确实符合线性假设。

3. 解释性：
- **决策树回归**：模型结构直观，易于解释，可以通过树的分支理解特征的重要性。
- **线性回归**：模型参数（系数）直接表示特征对目标变量的影响，解释性强。

4. 性能评估：
- **决策树回归**：在非线性数据上通常表现更好，但在线性数据上可能不如线性回归。
- **线性回归**：在线性数据上表现优异，但在非线性数据上可能表现不佳。

5. 计算效率：
- **决策树回归**：训练和预测速度较快，但在处理大规模数据时可能较慢。
- **线性回归**：计算效率高，适合处理大规模数据。

为什么决策树回归可能表现更好？
- 如果数据中存在复杂的非线性关系，决策树回归能够更好地捕捉这些关系，而线性回归则无法有效处理。

图 19.4 通义灵码的解答

19.3.2 分类问题

分类问题是指模型输出为离散标签（类别），如垃圾邮件识别、肿瘤分类、图像识别等。

常用算法包括逻辑回归（logistic regression）、决策树分类（decision tree classifier）、随机森林分类（random forest classifier）、支持向量机（SVC）、k 近邻（k neighbors classifier）和朴素贝叶斯（gaussianNB）。

本节选择逻辑回归作为分类案例，是因为它适用于二分类和多分类问题，且模型结构简单、易于理解。逻辑回归在鸢尾花这种线性可分的数据上表现稳定，便于展示分类的基本流程。逻辑回归实现鸢尾花分类的代码如下。

```python
from sklearn.datasets import load_iris
from sklearn.linear_model import LogisticRegression
from sklearn.model_selection import train_test_split
from sklearn.metrics import classification_report, confusion_matrix
import seaborn as sns
import matplotlib.pyplot as plt

plt.rcParams['font.sans-serif'] = ['SimHei']                    # 指定默认字体为黑体

# 加载数据集
iris = load_iris()
X = iris.data
y = iris.target

# 划分训练集与测试集
X_train, X_test, y_train, y_test = train_test_split(X, y, test_size=0.3, random_state=0)

clf = LogisticRegression(max_iter=200)                          # 训练模型
```

```
clf.fit(X_train, y_train)

y_pred = clf.predict(X_test)                              # 预测与评估
print(classification_report(y_test, y_pred, target_names= iris. target_names))

cm = confusion_matrix(y_test, y_pred)                     # 混淆矩阵可视化
sns.heatmap(cm, annot=True, fmt='d', cmap='Blues',
              xticklabels=iris.target_names,
              yticklabels=iris.target_names)
plt.xlabel('预测标签')
plt.ylabel('实际标签')
plt.title('逻辑回归分类混淆矩阵')
plt.show()
```

运行上述代码，输出结果如下。

	precision	recall	f1-score	support
setosa	1.00	1.00	1.00	16
versicolor	1.00	0.94	0.97	18
virginica	0.92	1.00	0.96	11
accuracy			0.98	45
macro avg	0.97	0.98	0.98	45
weighted avg	0.98	0.98	0.98	45

逻辑回归分类混淆矩阵如图 19.5 所示。

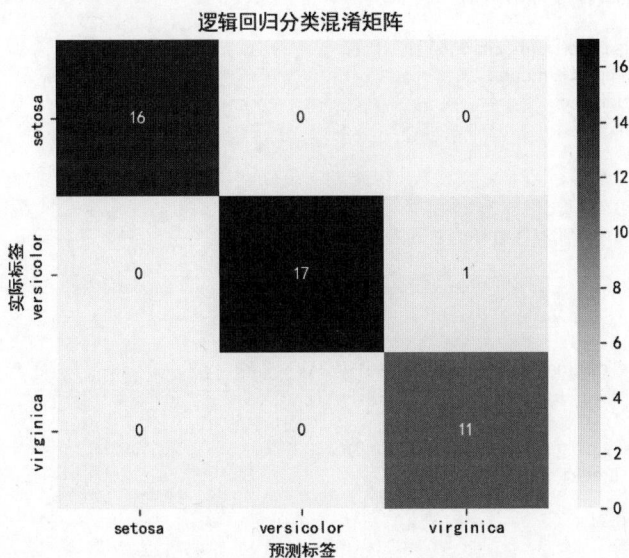

图 19.5　逻辑回归分类混淆矩阵

从分类报告来看，逻辑回归在鸢尾花分类任务中表现非常优秀，总体准确率达到了 98%。每一类的精确率（precision）、召回率（recall）和 F1 分数均接近或等于 1，尤其是对 setosa 的分类实现了完美预测。versicolor 有 1 个样本被误分类，但整体影响较小。混淆矩阵图直观展示了预测结果与真实标签的匹配情况，预测几乎无误。综上所述，逻辑回归在该数据集上具备极强的判别能力，适合作为基础分类模型。

在本节中，我们分别讲解了监督学习中的两大核心问题：回归与分类。通过典型的线性回归与逻辑回归案例，我们学习了模型的训练、预测与评估流程。掌握这些模型的基本使用方法，是深入学习更复杂算法（如集成学习、深度学习）的基础。

277

19.4　无监督学习

无监督学习（unsupervised learning）是一种不依赖标签数据的学习方法，其目标是从未标注的数据中发现潜在的结构、模式或分布。

典型的无监督学习任务包括以下两种，聚类（clustering）自动将数据划分成若干"相似"子集；降维（dimensionality reduction）将高维数据压缩为低维表示，便于可视化或建模。

在 Python 中，scikit-learn、seaborn、matplotlib 等工具为无监督学习提供了广泛支持。

19.4.1　聚类算法

聚类是将一组数据自动划分为若干个"簇"（cluster），使得同一簇中的数据彼此相似，不同簇的数据差异较大，常用聚类算法通常有 K 均值聚类（K-means）、层次聚类（agglomerative clustering）和密度聚类（DBSCAN）。

本节选择 K-means 作为聚类案例，是因为它原理清晰、计算效率高，适合作为初学者理解聚类的入门算法。同时，鸢尾花数据结构清晰，天然适合作为聚类效果的可视化展示数据集。K-means 聚类实现鸢尾花聚类的代码如下。

```python
from sklearn.datasets import load_iris
from sklearn.cluster import K-means
import matplotlib.pyplot as plt
import seaborn as sns
import pandas as pd

# 设置 Matplotlib 全局字体属性
plt.rcParams['font.sans-serif'] = ['SimHei'] # 指定默认字体为黑体

# 加载数据集
iris = load_iris()
X = iris.data
df = pd.DataFrame(X, columns=iris.feature_names)

# 聚类模型
K-means = K-means(n_clusters=3, random_state=0)
labels = K-means.fit_predict(X)

# 聚类可视化（取前两维）
df['Cluster'] = labels
sns.scatterplot(x=df.iloc[:, 0], y=df.iloc[:, 1], hue=labels, palette = 'Set1')
plt.title("K-means 聚类（前两特征）")
plt.xlabel(iris.feature_names[0])
plt.ylabel(iris.feature_names[1])
plt.show()
```

K-means 聚类代码的运行结果如图 19.6 所示。

从 K-means 聚类的结果来看，鸢尾花数据在前两维特征下被有效地划分为三个聚类，与真实的三个品种数量一致。尽管 K-means 是无监督学习方法，未使用标签信息，但聚类结果仍能大致对应真实分类。在可视化结果中，不同簇在特征空间中分布清晰，簇内数据聚集，簇间分离良好。部分边界样本存在轻微重叠，但整体聚类效果较好。说明鸢尾花数据具有较明显的自然聚类结构，K-means 适用于此类数据分组分析。

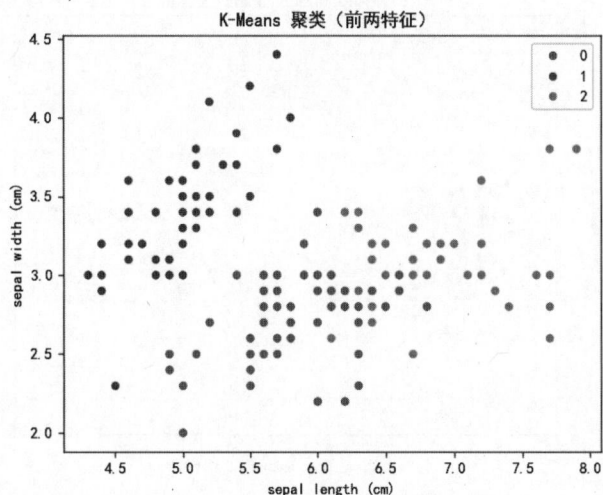

图 19.6　K-means 聚类

19.4.2　降维算法

降维是将高维数据投影到低维空间的一种方法，常用于可视化、去噪、特征压缩等问题。

常用的降维算法包括主成分分析（PCA）、t-SNE（TSNE 适用于可视化，非线性降维）、UMAP（适用于复杂非线性结构）。

读者可以用一个常见的数据集（例如鸢尾花数据集 Iris）演示 t-SNE（t-distributed stochastic neighbor embedding）算法的使用，并可视化结果。下面是完整的 Python 代码示例。

```python
import matplotlib.pyplot as plt
from sklearn import datasets
from sklearn.manifold import TSNE
from sklearn.preprocessing import StandardScaler

# 加载鸢尾花数据集
iris = datasets.load_iris()
X = iris.data
y = iris.target
target_names = iris.target_names

# 数据标准化（t-SNE 对尺度敏感）
X_scaled = StandardScaler().fit_transform(X)

# 使用t-SNE进行降维（从 4 维到二维）
tsne = TSNE(n_components=2, perplexity=30, n_iter=1000, random_state=42)
X_tsne = tsne.fit_transform(X_scaled)

# 可视化
plt.figure(figsize=(8, 6))
for i, target_name in enumerate(target_names):
    plt.scatter(X_tsne[y == i, 0], X_tsne[y == i, 1], label=target_name)
plt.legend()
plt.title('t-SNE Visualization of Iris Dataset')
plt.xlabel('t-SNE feature 1')
plt.ylabel('t-SNE feature 2')
plt.grid(True)
plt.show()
```

t-SNE 降维算法代码的运行结果如图 19.7 所示。

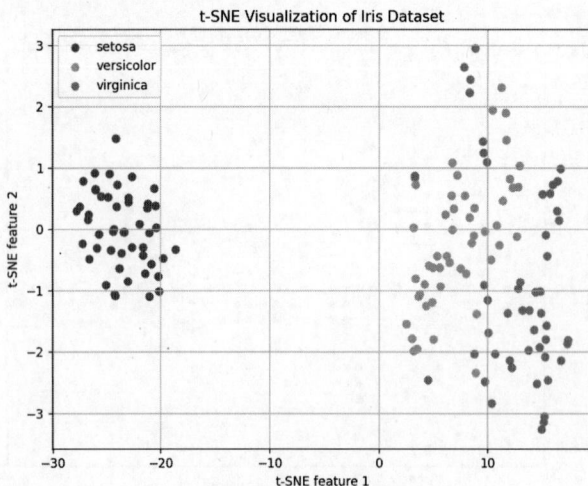

图 19.7　t-SNE 降维算法

从 t-SNE 降维结果来看，鸢尾花数据在二维空间中形成了三个较为清晰的簇，分别对应三个不同品种。t-SNE 成功保留了高维数据中的局部结构，使得同类样本在低维空间中紧密聚集。虽然 t-SNE 本身不考虑类别信息，但可视化效果显示不同类别间具有良好的区分度，特别是 setosa 类别与其他两个品种的分布差异明显。该结果表明，t-SNE 非常适用于探索和可视化高维数据的内部结构。

【例 19.2】使用无监督学习方法分析鸢尾花数据集。（实例位置：资源包\Python\S19\Examples\02）

鸢尾花数据集（Iris dataset）包含 150 个样本，每个样本有 4 个特征：萼片长度、萼片宽度、花瓣长度、花瓣宽度，目标是通过无监督学习方法分析该数据集的内部结构。

（1）使用 K-means 聚类算法对数据进行聚类（设定聚类数为 3），并将聚类结果可视化。

（2）使用 t-SNE 降维算法将原始 4 维特征降至二维空间，并使用鸢尾花的真实标签进行可视化展示。

（3）对比两个可视化结果，结合你的观察，简要分析 K-means 聚类效果与 t-SNE 可视化之间的异同。

通义灵码给出的解题思路如图 19.8 所示。

图 19.8　通义灵码解题思路

实现代码如下。

```
from sklearn.datasets import load_iris
from sklearn.cluster import K-means
from sklearn.manifold import TSNE
from sklearn.preprocessing import StandardScaler
import matplotlib.pyplot as plt
import seaborn as sns
import pandas as pd

# 设置中文显示
plt.rcParams['font.sans-serif'] = ['SimHei']
plt.rcParams['axes.unicode_minus'] = False

# 加载数据
iris = load_iris()
X = iris.data
y = iris.target
feature_names = iris.feature_names
target_names = iris.target_names

# ========== Step 1：K-means 聚类 ========== #
K-means = K-means(n_clusters=3, random_state=42)
labels = K-means.fit_predict(X)

# ========== Step 2：t-SNE 降维 ========== #
X_scaled = StandardScaler().fit_transform(X)
tsne = TSNE(n_components=2, perplexity=30, n_iter=1000, random_state=42)
X_tsne = tsne.fit_transform(X_scaled)

# ========== 子图绘制 ========== #
fig, axs = plt.subplots(1, 2, figsize=(14, 6))

# 子图1：K-means 聚类（前两特征）
df_K-means = pd.DataFrame(X, columns=feature_names)
df_K-means['Cluster'] = labels
sns.scatterplot(data=df_K-means, x=feature_names[0], y=feature_names[1], hue='Cluster',
                palette='Set1', ax=axs[0])
axs[0].set_title("K-means 聚类（前两维特征）")
axs[0].set_xlabel(feature_names[0])
axs[0].set_ylabel(feature_names[1])
axs[0].grid(True)

# 子图2：t-SNE 降维结果（真实类别）
for i, name in enumerate(target_names):
    axs[1].scatter(X_tsne[y == i, 0], X_tsne[y == i, 1], label=name)
axs[1].set_title("t-SNE 可视化（真实类别）")
axs[1].set_xlabel("t-SNE 特征 1")
axs[1].set_ylabel("t-SNE 特征 2")
axs[1].legend()
axs[1].grid(True)

plt.suptitle("无监督学习：K-means 聚类 vs t-SNE 降维对比", fontsize=16)
plt.tight_layout(rect=[0, 0, 1, 0.95])
plt.show()
```

上述代码的运行结果如图 19.9 所示。

从可视化结果来看，K-means 聚类在前两维特征上的分组与真实类别有一定的一致性，但仍存在较多重叠，特别是对 Setosa 以外的两类区分不够清晰；而 t-SNE 降维可视化则展示出更清晰的三类结构，尤其是 Setosa 类被完全分离，Versicolor 与 Virginica 也呈现出相对独立的分布。说明 t-SNE 更能揭示原始数据的内在结构。相比之下，K-means 偏向线性划分，且受限于输入维度。整体来看，t-SNE 提供了更真实和直观的类别分布图景，而 K-means 则更适合初步聚类分析。

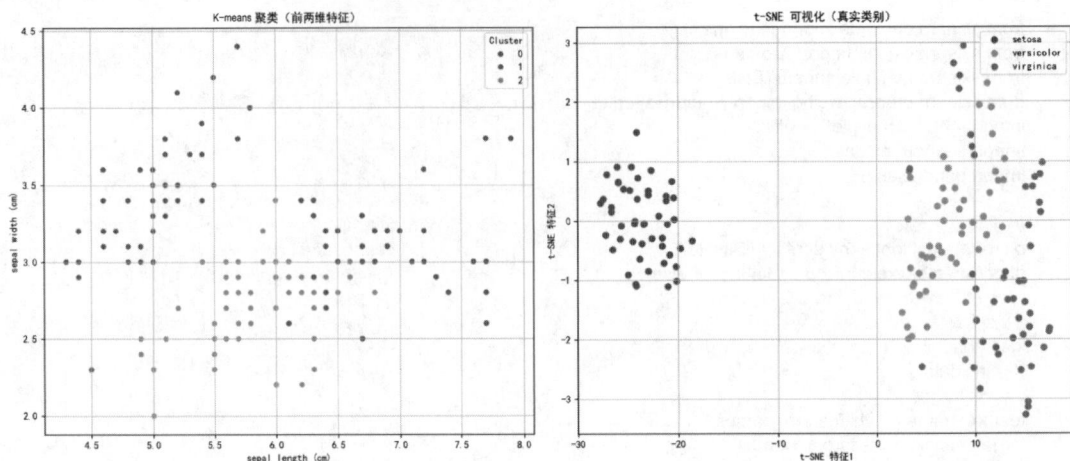

图 19.9　无监督学习：K-means 聚类与 t-SNE 降维对比

19.5　习　　题

习题答案

1. 下列哪种算法主要用于解决回归问题？（　　　）

A. 逻辑回归　　　　　　　　　　　B. 支持向量机（SVC）

C. 线性回归　　　　　　　　　　　D. K 均值聚类

2. 在无监督学习中，哪种算法是用来将数据自动划分为若干个簇的？（　　　）

A. 线性回归　　　　　　　　　　　B. K 均值聚类

C. 随机森林　　　　　　　　　　　D. 朴素贝叶斯

3. 在监督学习中，回归问题的目标是预测_____值，而分类问题的目标是预测_____标签。

4. K 均值聚类算法的主要目标是通过最小化_____实现数据点的聚类。

5. 使用 Scikit-learn 库，实现一个 K 均值聚类模型，并对鸢尾花数据集进行聚类。请输出聚类的结果及每个簇的中心点位置。

第 20 章　机器学习项目实战

本章将通过三个实际案例，帮助读者掌握机器学习的完整流程。本章将深入探讨泰坦尼克号生还率预测、MNIST 手写数字识别和天气预测系统的实现与应用。通过这些项目，读者将学会数据预处理、模型构建、训练与评估的关键步骤。

20.1　预测泰坦尼克号乘客生还率

1912 年 4 月 15 日，豪华邮轮泰坦尼克号在其首次航行中撞上冰山并沉没。船上共有 1316 名乘客和 908 名船员，共计 2224 人，其中 1514 人不幸遇难。造成如此严重伤亡的原因之一，是船上配备的救生艇数量不足，无法容纳所有人。尽管生还与一定的运气有关，但一些群体的生存概率明显高于其他人，例如女性、儿童以及上层阶级乘客。

本项目的完整源码见资源包\Python\s20\Titanic。

20.1.1　项目背景与目标

本项目以著名的泰坦尼克号沉船事故为背景，使用公开数据集构建一个分类模型，预测乘客是否能在事故中生还。该项目作为入门级机器学习实战案例，涵盖了数据预处理、特征工程、模型训练与评估等完整流程，旨在帮助读者掌握机器学习项目的标准开发步骤，项目目标如下。

（1）学习如何读取并理解现实中的数据集。

（2）掌握数据清洗与特征工程的基本方法。

（3）熟悉使用 scikit-learn 构建分类模型。

（4）提高模型预测的准确率，理解评价指标的意义。

泰坦尼克号数据集是 Kaggle 平台最经典的入门项目之一，数据内容包括乘客的年龄、性别、船舱等级、登船地点等信息，通过分析这些特征，我们将训练出一个可以预测"某位乘客是否生还"的分类模型。

20.1.2　项目环境与工具准备

在开始编码之前，读者需要配置好开发环境，下面是项目所需的工具和库。

（1）编程语言与开发环境：Python 3.8 及以上版本。

（2）推荐开发工具：PyCharm+通义灵码插件（适合长期项目开发）。

（3）第三方依赖库：使用 pip 安装以下库（建议使用虚拟环境）：

```
pip install numpy pandas matplotlib seaborn scikit-learn
```

各库功能简介如下。

● numpy：用于高效的数值计算。

● pandas：用于数据加载与处理。

● matplotlib 和 seaborn：用于数据可视化。

- scikit-learn：构建与评估机器学习模型的核心工具。

（4）数据获取：读者可以通过以下方式获取数据：注册并登录 Kaggle 官网，下载 train.csv 和 test.csv 文件并放在项目目录下，如图 20.1 所示。

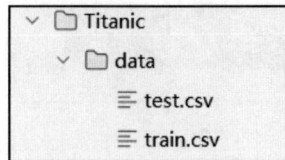

```
∨ ⬜ Titanic
  ∨ ⬜ data
      ≡ test.csv
      ≡ train.csv
```

图 20.1　项目目录

20.1.3　数据预处理

数据预处理是机器学习中至关重要的一步，它直接影响模型的训练效果。本项目将完成以下预处理任务。

1. 查看数据基本信息

使用 pandas 查看数据结构、缺失值和数据类型。

```python
import pandas as pd

# 读取数据
data = pd.read_csv('./data/train.csv')

# 查看前几行数据
print(data.head())

# 查看数据结构
print(data.info())
```

运行上述代码，输出结果如下。

```
   PassengerId  Survived  Pclass  ...     Fare Cabin  Embarked
0            1         0       3  ...   7.2500   NaN         S
1            2         1       1  ...  71.2833   C85         C
2            3         1       3  ...   7.9250   NaN         S
3            4         1       1  ...  53.1000  C123         S
4            5         0       3  ...   8.0500   NaN         S

[5 rows x 12 columns]
<class 'pandas.core.frame.DataFrame'>
RangeIndex: 891 entries, 0 to 890
Data columns (total 12 columns):
 #   Column       Non-Null Count  Dtype
---  ------       --------------  -----
 0   PassengerId  891 non-null    int64
 1   Survived     891 non-null    int64
 2   Pclass       891 non-null    int64
 3   Name         891 non-null    object
 4   Sex          891 non-null    object
 5   Age          714 non-null    float64
 6   SibSp        891 non-null    int64
 7   Parch        891 non-null    int64
 8   Ticket       891 non-null    object
 9   Fare         891 non-null    float64
 10  Cabin        204 non-null    object
 11  Embarked     889 non-null    object
dtypes: float64(2), int64(5), object(5)
memory usage: 83.7+ KB
None
```

2. 处理缺失值

从 info() 的输出结果中可以看出，Age、Cabin 和 Embarked 三列存在缺失值。其中：

Age 缺失值较多，但仍可用中位数填充；Embarked 缺失值较少，使用众数填充即可；Cabin 缺失率较高（仅 204/891），考虑删除该列。

```
# 使用中位数填补Age缺失值
data['Age'].fillna(data['Age'].median(), inplace=True)

# 使用众数填补Embarked缺失值
data['Embarked'].fillna(data['Embarked'].mode()[0], inplace=True)

# 删除Cabin列
data.drop(columns=['Cabin'], inplace=True)
```

3. 删除无关列

某些列对模型预测帮助不大，或者会引入高维干扰，例如 PassengerId、Name 和 Ticket。在本项目中将其删除。

```
data.drop(columns=['PassengerId', 'Name', 'Ticket'], inplace=True)
```

4. 编码类别数据

机器学习模型无法直接处理文本类别变量，因此需要将类别字段转换为数值。Sex 列只有两个取值：male 和 female，可使用映射方式编码为 0 和 1；Embarked 列有多个类别，建议使用独热编码（one-hot encoding）。

```
# 性别映射: male为0, female为1
data['Sex'] = data['Sex'].map({'male': 0, 'female': 1})

# 对Embarked列进行独热编码, drop_first=True表示避免虚拟变量陷阱
data = pd.get_dummies(data, columns=['Embarked'], drop_first=True)
```

20.1.4　探索性分析

完成数据预处理后，可以对数据进行简单的探索性分析，以进一步了解特征与生还情况之间的关系。这一过程可以帮助我们选择更有价值的特征用于建模。

1. 生还率分布

读者可以通过绘制生还情况的计数图观察数据中的生还率分布。以下代码使用了 Seaborn 库的 countplot()函数显示生还和死亡的数量分布。

```
# 绘制生还情况的计数图
sns.countplot(data=data, x='Survived')
plt.title('Survival Count')
plt.xlabel('Survived (0 = No, 1 = Yes)')
plt.ylabel('Count')
plt.show()
```

运行上述代码，生还率分布如图 20.2 所示。可以看到死亡人数大于生还人数，死亡率较高。

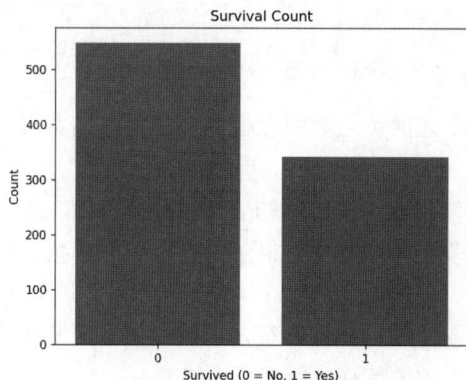

图 20.2　生还率分布图

2. 性别与生还的关系

通过绘制性别与生还情况的计数图，读者可以直观地看到不同性别在生还和死亡中的分布。以下代码使用 Seaborn 库的 countplot()函数，其中 hue='Survived'表示根据生还情况进行分色，x='Sex'表示按性别分组。

```
sns.countplot(data=data, x='Sex', hue='Survived')
plt.title('Survival by Sex')
plt.xlabel('Sex (0 = Male, 1 = Female)')
plt.ylabel('Count')
plt.show()
```

运行上述代码，性别与生还的关系如图 20.3 所示。女性生还率显著高于男性，说明性别是重要特征。

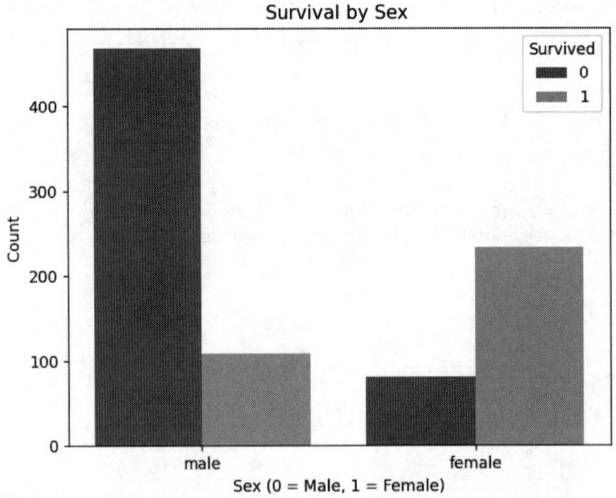

图 20.3　性别与生还的关系

3. 船舱等级与生还的关系

为了探究船舱等级与生还率之间的关系，读者可以绘制一个按船舱等级分组的生还情况计数图。以下代码使用 Seaborn 库的 countplot()函数，hue='Survived'表示按照生还情况进行分色，x='Pclass'表示按船舱等级进行分组。

```
sns.countplot(data=data, x='Pclass', hue='Survived')
plt.title('Survival by Pclass')
plt.xlabel('Pclass')
plt.ylabel('Count')
plt.show()
```

运行上述代码，性别与生还的关系如图 20.4 所示。一等舱乘客生还率更高，表明阶级也是重要特征。

通过探索性分析，我们发现泰坦尼克号的生还率分布不均，死亡人数明显高于生还人数。性别对生还率有显著影响，女性的生还率远高于男性。船舱等级也对生还率产生了影响，一等舱乘客的生还率明显更高。

这表明性别和船舱等级是重要的预测特征，可能在模型中发挥关键作用。通过这些初步的探索，读者可以更好地选择有效的特征进行模型训练。

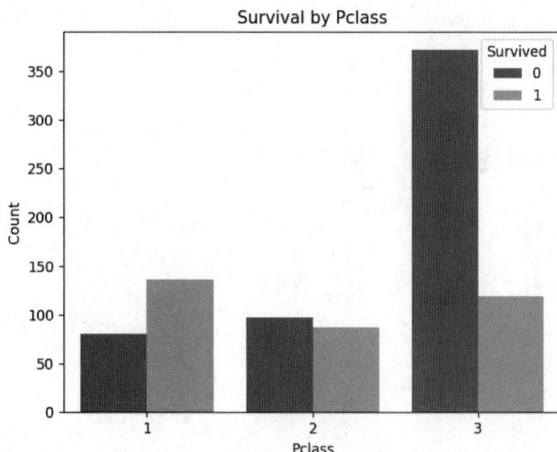

图 20.4　船舱等级与生还的关系

20.1.5　预测模型

在这一节中，将使用逻辑回归和随机森林两种模型预测泰坦尼克号乘客是否生还，并对模型进行评估。

1. 模型训练与评估（逻辑回归）

使用逻辑回归模型进行训练，并对模型的性能进行评估。首先使用训练数据集 X_train 和 y_train 训练模型，然后用测试数据集 X_test 进行预测，最后通过准确率、混淆矩阵和分类报告评估模型的效果。

```
# 训练逻辑回归模型
model = LogisticRegression(max_iter=1000)
model.fit(X_train, y_train)

# 模型预测
y_pred = model.predict(X_test)

# 模型评估
print("\n🔍 逻辑回归模型评估：")
print("准确率： ", accuracy_score(y_test, y_pred))
print("混淆矩阵： \n", confusion_matrix(y_test, y_pred))
print("分类报告： \n", classification_report(y_test, y_pred))
```

2. 随机森林模型训练与评估

使用随机森林分类器对数据进行训练，并评估模型的性能。尝试通过准确率衡量模型的预测能力，同时，还需要查看特征的重要性，了解哪些特征对模型的决策起到了重要作用。

```
# 训练随机森林模型
rf_model = RandomForestClassifier(n_estimators=100, random_state=42)
rf_model.fit(X_train, y_train)

# 随机森林预测
rf_pred = rf_model.predict(X_test)

# 随机森林模型评估
print("\n随机森林准确率： ", accuracy_score(y_test, rf_pred))

# 特征重要性（仅随机森林支持）
feat_importance = pd.Series(rf_model.feature_importances_, index = X.columns)
feat_importance.sort_values(ascending=False).plot(kind='bar', title='Feature Importance')
```

```
plt.tight_layout()
plt.show()
```

预测模型的运行结果如下。

```
数据预览：
   PassengerId   Survived   Pclass   ...      Fare    Cabin   Embarked
0            1          0        3   ...    7.2500    NaN           S
1            2          1        1   ...   71.2833    C85           C
2            3          1        3   ...    7.9250    NaN           S
3            4          1        1   ...   53.1000   C123           S
4            5          0        3   ...    8.0500    NaN           S

[5 rows x 12 columns]
 模型评估：
准确率： 0.8100558659217877
混淆矩阵：
[[90 15]
 [19 55]]
分类报告：
              precision    recall   f1-score   support

           0       0.83      0.86       0.84       105
           1       0.79      0.74       0.76        74

    accuracy                            0.81       179
   macro avg       0.81      0.80       0.80       179
weighted avg       0.81      0.81       0.81       179

随机森林准确率： 0.7988826815642458
```

根据模型评估结果，逻辑回归模型的准确率约为 81%，其混淆矩阵显示，模型在预测死亡（标签 0）和生还（标签 1）乘客时表现较为平衡。具体来说，模型对于死亡乘客的预测精准度较高（准确率为 83%），而对于生还乘客的预测相对较低（准确率为 79%）。不过，整体的 F1 分数（0.80）和加权平均值（0.81）表明，模型在处理不平衡数据时表现较好，能够在准确性与召回率之间保持平衡。

相较于逻辑回归，随机森林模型的准确率略低，约为 79.89%。尽管随机森林模型的准确率略有下降，但其在处理非线性关系和特征交互时表现更为健壮。由于随机森林没有在此处进一步展示评估细节，我们可以推测其表现略逊于逻辑回归。特征重要性如图 20.5 所示。

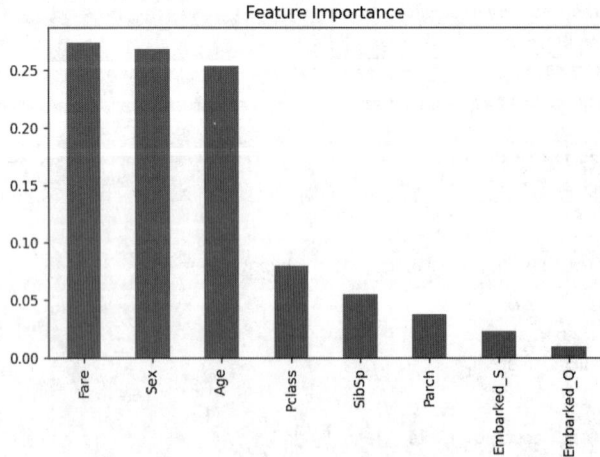

图 20.5　特征重要性

综合来看，逻辑回归模型相对更加稳定和高效，适合该任务，但随机森林模型也具有其特有的优势，特别是在特征选择和模型的可解释性上。

20.2　MNIST 手写数字识别

本节将使用 PyTorch 框架实现一个简单的神经网络模型，进行 MNIST 手写数字识别任务。MNIST 是一个经典的图像分类数据集，包含了 70000 张 28×28 像素的手写数字图像，分为训练集和测试集。

本项目的完整源码见资源包\Python\s20\MNIST。

20.2.1　项目概述

本项目的目标是通过训练一个简单的神经网络模型，识别 MNIST 数据集中手写的数字。我们将使用 PyTorch 框架构建、训练和评估神经网络模型，并可视化其预测结果。

1. 功能特点

（1）使用 PyTorch 深度学习框架构建神经网络。

（2）使用全连接层（fully connected layer）构建神经网络。

（3）包含数据加载、模型训练和测试功能。

（4）生成预测结果的可视化图像。

2. 环境要求

在运行该项目之前，确保安装了以下依赖：

```
PyTorch >= 1.9.0
torchvision >= 0.10.0
numpy >= 1.19.5
matplotlib >= 3.4.3
```

3. 安装依赖

通过以下命令安装项目所需的所有依赖包。

```
pip install -r requirements.txt
```

4. 运行方法

执行以下命令以开始训练和测试模型。

```
python mnist_classifier.py
```

5. 项目结构

项目文件结构如图 20.6 所示。

项目结构的具体解释如下。

● mnist_classifier.py：主程序文件，包含神经网络定义、训练和测试代码。

● requirements.txt：项目依赖文件。

● predictions.png：运行后生成的预测结果可视化图像。

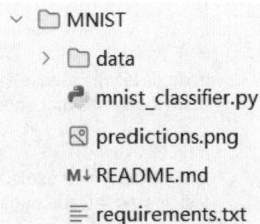

图 20.6　项目结构

20.2.2 项目实现

1. 导入必要的库

首先，导入需要的 Python 库，包括 PyTorch、torchvision、matplotlib 等。

```
import torch
import torch.nn as nn
import torch.optim as optim
from torchvision import datasets, transforms
from torch.utils.data import DataLoader
import matplotlib.pyplot as plt
```

2. 设置随机种子

为了确保实验结果可复现，此处设置了固定的随机种子。

```
torch.manual_seed(42)
```

3. 定义神经网络模型

这里使用一个简单的全连接神经网络模型，它由三个全连接层组成。模型结构如下：

（1）输入层：28×28 像素的图像展平为一个 784 维的向量。

（2）隐藏层：包含 512 个神经元，使用 ReLU 激活函数。

（3）输出层：包含 10 个神经元，对应 0 到 9 的数字类别。

```
class MNISTNet(nn.Module):
    def __init__(self):
        super(MNISTNet, self).__init__()
        self.flatten = nn.Flatten()
        self.linear_relu_stack = nn.Sequential(
            nn.Linear(28*28, 512),
            nn.ReLU(),
            nn.Linear(512, 512),
            nn.ReLU(),
            nn.Linear(512, 10)
        )

    def forward(self, x):
        x = self.flatten(x)
        logits = self.linear_relu_stack(x)
        return logits
```

4. 数据预处理与加载

读者可以使用 torchvision.datasets.MNIST 下载和加载 MNIST 数据集，并使用 DataLoader()
进行批处理。为了增强模型的泛化能力，我们对图像进行了标准化处理。

```
def get_data_loaders():
    transform = transforms.Compose([
        transforms.ToTensor(),
        transforms.Normalize((0.1307,), (0.3081,))
    ])

    # 下载并加载训练集
    train_dataset = datasets.MNIST('./data', train=True, download=True, transform=transform)
    train_loader = DataLoader(train_dataset, batch_size=64, shuffle=True)

    # 下载并加载测试集
    test_dataset = datasets.MNIST('./data', train=False, transform = transform)
    test_loader = DataLoader(test_dataset, batch_size=1000, shuffle=False)

    return train_loader, test_loader
```

5. 模型训练

在训练过程中，读者可以使用交叉熵损失函数（cross entropy loss）和 Adam 优化器（Adam）。通过多轮迭代训练模型，从而优化模型的权重。

```python
def train(model, train_loader, epochs=5):
    criterion = nn.CrossEntropyLoss()
    optimizer = optim.Adam(model.parameters())

    for epoch in range(epochs):
        model.train()
        for batch_idx, (data, target) in enumerate(train_loader):
            optimizer.zero_grad()
            output = model(data)
            loss = criterion(output, target)
            loss.backward()
            optimizer.step()

            if batch_idx % 100 == 0:
                print(f'Epoch: {epoch}, Batch: {batch_idx}, Loss: {loss.item():.4f}')
```

6. 测试模型

在测试阶段，读者可以使用训练过程中学到的模型对测试集进行评估，并计算准确率和损失。

```python
def test(model, test_loader):
    model.eval()
    test_loss = 0
    correct = 0
    criterion = nn.CrossEntropyLoss()

    with torch.no_grad():
        for data, target in test_loader:
            output = model(data)
            test_loss += criterion(output, target).item()
            pred = output.argmax(dim=1, keepdim=True)
            correct += pred.eq(target.view_as(pred)).sum().item()

    test_loss /= len(test_loader)
    accuracy = 100. * correct / len(test_loader.dataset)
    print(f'\nTest set: Average loss: {test_loss:.4f}, Accuracy: {correct}/{len(test_loader.dataset)} ({accuracy:.2f}%)\n')
```

7. 可视化预测结果

为了更直观地展示模型的预测效果，我们从测试集中提取部分数据，进行预测并将结果可视化。

```python
def visualize_predictions(model, test_loader):
    model.eval()
    with torch.no_grad():
        data, target = next(iter(test_loader))
        output = model(data)
        pred = output.argmax(dim=1, keepdim=True)

        fig = plt.figure(figsize=(15, 5))
        for i in range(10):
            plt.subplot(2, 5, i+1)
            plt.imshow(data[i][0], cmap='gray')
            plt.title(f'Pred: {pred[i].item()}, True: {target[i].item()}')
            plt.axis('off')
        plt.savefig('predictions.png')
        plt.close()
```

8. 主程序

将所有步骤整合到一个主程序中，首先加载数据集、创建模型、训练模型、测试模型，并生成预测结果的可视化图像。

```
def main():
    train_loader, test_loader = get_data_loaders()          # 获取数据加载器

    model = MNISTNet()                                       # 创建模型

    print("开始训练模型...")                                  # 训练模型
    train(model, train_loader)

    print("\n 开始测试模型...")                               # 测试模型
    test(model, test_loader)

    print("\n 生成预测结果可视化...")                          # 可视化一些预测结果
    visualize_predictions(model, test_loader)
    print("预测结果已保存到 predictions.png")
if __name__ == '__main__':
    main()
```

20.2.3 运行模型

在完成上述流程后，读者可以在终端中运行以下命令启动模型的训练和测试。

```
python mnist_classifier.py
```

执行上述命令后，程序将按照以下步骤运行。

（1）加载数据集：程序会自动下载 MNIST 数据集并进行预处理，标准化图像数据并准备训练集和测试集。数据加载通过 DataLoader() 进行批处理，每次加载 64 张训练图像。

（2）训练模型：程序将训练一个简单的神经网络模型。默认情况下，模型将训练 5 个 epoch，每个 epoch 中会显示当前批次的损失值，如图 20.7 所示。

①测试模型：在训练完成后，程序会自动对测试集进行评估，并输出测试集上的平均损失和准确率，如图 20.8 所示。

```
开始训练模型...
Epoch: 0, Batch: 0, Loss: 2.2947
Epoch: 0, Batch: 100, Loss: 0.3519
Epoch: 0, Batch: 200, Loss: 0.1171
Epoch: 0, Batch: 300, Loss: 0.2150
Epoch: 0, Batch: 400, Loss: 0.1947
Epoch: 0, Batch: 500, Loss: 0.1255
Epoch: 0, Batch: 600, Loss: 0.1133
Epoch: 0, Batch: 700, Loss: 0.1286
Epoch: 0, Batch: 800, Loss: 0.2453
Epoch: 0, Batch: 900, Loss: 0.1202
Epoch: 1, Batch: 0, Loss: 0.0358
```

图 20.7 训练轮次

```
开始测试模型...

Test set: Average loss: 0.0773, Accuracy: 9783/10000 (97.83%)
```

图 20.8 平均损失和准确率

②可视化预测结果：程序会随机选择 10 张测试图像，生成它们的预测结果，并将结果保存为 predictions.png 文件。每张图像会显示预测结果和真实标签。运行结束后，读者可以在项目目录中找到 predictions.png 文件，并查看图像，如图 20.9 所示。

20.2.4 结果说明

1. 训练过程

在训练过程中，模型通过逐步优化其参数，以最小化交叉熵损失函数。随着训练的进行，

损失会逐渐下降，从而提高模型的准确性。

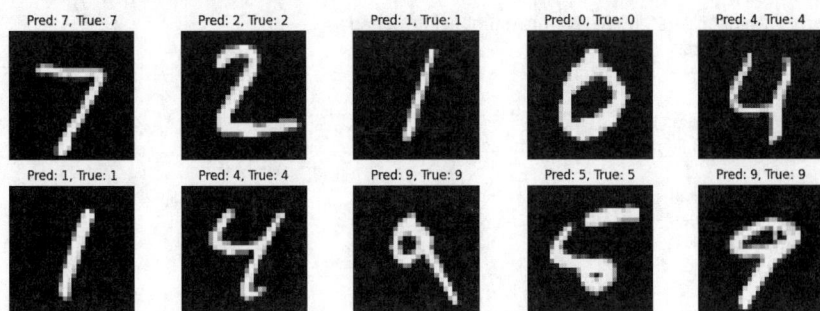

图 20.9　可视化预测结果

2. 测试结果

测试阶段的输出包含模型在测试集上的性能评估，主要通过测试损失和准确率来衡量。通常，经过几轮训练后，准确率可以达到 95% 以上。

3. 预测可视化

predictions.png 文件包含了模型对测试集中部分图像的预测结果。这可帮助读者直观地查看模型的预测效果，并评估其在实际应用中的表现。

通过执行上述步骤，我们已经成功运行了 MNIST 手写数字识别模型。在此过程中，我们完成了数据加载、模型训练、测试和结果可视化的整个流程。如果需要对模型进行进一步改进或进行不同的数据集训练，可以根据需要调整模型结构或训练超参数。

下一步，我们可以尝试其他改进方法，比如增加神经网络的层数、使用不同的优化算法或改进数据预处理等，进一步提升模型的性能（可以尝试使用通义灵码辅助改进）。

20.3　天气预测系统

本节介绍如何使用深度学习技术预测天气，具体以气温预测为例。我们使用 PyTorch 框架构建了一个基于 LSTM（长短期记忆网络）的天气预测系统，模型利用过去几天的气象数据预测未来某一天的气温。

本项目的完整源码见资源包\Python\s20\Weather。

20.3.1　数据准备

天气数据通常包含多个特征，例如温度、湿度、气压和风速等。在本项目中，我们使用一个包含这些特征的 CSV 文件，其中每一行代表一天的气象数据。读者的目标是基于过去连续几天的气象数据预测未来一天的温度。

1. 数据加载与预处理

首先使用 Pandas 读取天气数据，并进行数据标准化处理。标准化的目的是将数据压缩到一个相对较小的范围（通常是 0 到 1），这有助于提高模型训练的效率。

```
def prepare_data(data_path, seq_length=7):
    # 读取 CSV 数据
    df = pd.read_csv(data_path)
```

```
# 选择特征和目标
features = ['temperature', 'humidity', 'pressure', 'wind_speed']
target = 'temperature'

# 数据标准化
scaler = MinMaxScaler()
df[features] = scaler.fit_transform(df[features])

# 准备特征和目标数据
X = df[features].values
y = df[target].values

# 创建数据集
dataset = WeatherDataset(X, y, seq_length)
return dataset, scaler
```

2. 数据集类

此处定义了一个 WeatherDataset 类处理天气数据，它继承自 PyTorch 的 Dataset 类。这个类将数据按时间序列切分，以便模型可以使用过去几天的数据预测未来的温度。

```
class WeatherDataset(Dataset):
    def __init__(self, features, targets, seq_length):
        self.features = features
        self.targets = targets
        self.seq_length = seq_length

    def __len__(self):
        return len(self.features) - self.seq_length

    def __getitem__(self, idx):
        x = self.features[idx:idx + self.seq_length]
        y = self.targets[idx + self.seq_length]
        return torch.FloatTensor(x), torch.FloatTensor([y])
```

20.3.2 模型构建

1. 定义 LSTM 网络

为了能够处理时间序列数据，我们将使用 LSTM 网络。LSTM 网络是一种特殊类型的循环神经网络（RNN），它特别适用于处理长时间序列数据，并且能够捕捉数据中的长期依赖关系。

此处定义了一个简单的 LSTM 网络，其中包括 LSTM 层和一个全连接层（用来输出预测的气温）。

```
class WeatherLSTM(nn.Module):
    def __init__(self, input_size, hidden_size, num_layers, output_size):
        super(WeatherLSTM, self).__init__()
        self.hidden_size = hidden_size
        self.num_layers = num_layers

        self.lstm = nn.LSTM(input_size, hidden_size, num_layers, batch_first=True)    # LSTM 层

        self.fc = nn.Linear(hidden_size, output_size)                                 # 全连接层

    def forward(self, x):
        # 初始化隐藏状态
        h0 = torch.zeros(self.num_layers, x.size(0), self.hidden_size).to(x.device)
        c0 = torch.zeros(self.num_layers, x.size(0), self.hidden_size).to(x.device)

        out, _ = self.lstm(x, (h0, c0))                                               # LSTM 前向传播

        out = self.fc(out[:, -1, :])                                                  # 取最后一个时间步的输出
        return out
```

2. 模型训练

接下来定义了一个 WeatherPredictor 类，它封装了模型的训练和预测功能。这里使用均方误差（MSE）作为损失函数，优化器则选择 Adam 优化器。

```python
class WeatherPredictor:
    def __init__(self, input_size=4, hidden_size=32, num_layers=2, output_size=1, device='cpu'):
        self.device = device
        self.model = WeatherLSTM(input_size, hidden_size, num_layers, output_size).to(device)
        self.criterion = nn.MSELoss()
        self.optimizer = torch.optim.Adam(self.model.parameters())

    def train_step(self, inputs, targets):
        self.model.train()
        self.optimizer.zero_grad()

        outputs = self.model(inputs)          # 前向传播
        loss = self.criterion(outputs, targets)

        loss.backward()                       # 反向传播
        self.optimizer.step()

        return loss.item()

    def predict(self, inputs):
        self.model.eval()
        with torch.no_grad():
            outputs = self.model(inputs)
        return outputs
```

20.3.3 训练和预测

1. 训练模型

我们将数据分成训练集和验证集，并训练模型。训练过程中，每个 epoch 都会输出当前的损失值。训练完成后，会保存训练过程中的损失曲线，并且通过可视化函数展示训练过程。

```python
def train_model(data_loader, model, num_epochs=50):
    print('开始训练...')
    losses = []
    for epoch in range(num_epochs):
        total_loss = 0
        for batch_x, batch_y in data_loader:
            batch_x = batch_x.to(model.device)
            batch_y = batch_y.to(model.device)
            loss = model.train_step(batch_x, batch_y)
            total_loss += loss

        avg_loss = total_loss/len(data_loader)
        losses.append(avg_loss)
        if (epoch + 1) % 10 == 0:
            print(f'Epoch [{epoch+1}/{num_epochs}], Loss: {avg_loss:.4f}')

    plot_training_loss(losses)
    return losses
```

2. 预测天气

训练完成后，使用训练好的模型对未来的温度进行预测。为了使预测更准确，此处会使用最近几天的数据进行预测。

```python
def predict_weather(model, input_data, scaler):
    model.model.eval()
    with torch.no_grad():
```

```
        prediction = model.predict(input_data)
        # 反向转换得到实际温度值
        prediction_reshaped = prediction.cpu().numpy().reshape(-1, 1)
        original_scale_prediction = scaler.inverse_transform(
            np.hstack([prediction_reshaped, np.zeros((prediction_reshaped.shape[0], 3))])
        )[:, 0]
    return original_scale_prediction.item()
```

运行训练和预测代码，等待训练预测完成后，运行结果如图 20.10 所示。

```
使用设备：cpu
开始训练...
Epoch [10/50], Loss: 0.2005
Epoch [20/50], Loss: 0.0904
Epoch [30/50], Loss: 0.0954
Epoch [40/50], Loss: 0.0866
Epoch [50/50], Loss: 0.0858
训练完成！
明天的预测温度：12.20°C
```

图 20.10　预测结果

20.3.4　可视化与结果

在训练和预测完成后，生成了以下三种类型的可视化图。

（1）天气数据趋势图：显示每个特征（温度、湿度、气压、风速）随时间变化的趋势。

（2）训练损失曲线：展示模型训练过程中损失值的变化情况。

（3）预测与实际对比图：将模型的预测结果与实际的温度数据进行对比。

```
def plot_weather_data(df, features):
    plt.figure(figsize=(15, 10))
    for i, feature in enumerate(features, 1):
        plt.subplot(2, 2, i)
        plt.plot(df[feature], label=feature)
        plt.title(f'{feature} Over Time')
        plt.xlabel('Time')
        plt.ylabel(feature)
        plt.legend()
        plt.grid(True)
    plt.tight_layout()
    plt.savefig('weather_trends.png')
    plt.close()

def plot_prediction_comparison(actual, predicted):
    plt.figure(figsize=(10, 6))
    plt.plot(actual, label='Actual Temperature')
    plt.plot(predicted, label='Predicted Temperature')
    plt.title('Temperature Prediction vs Actual')
    plt.xlabel('Time')
    plt.ylabel('Temperature (°C)')
    plt.legend()
    plt.grid(True)
    plt.savefig('prediction_comparison.png')
    plt.close()
```

这段代码通过可视化技术展示了天气预测模型的效果，包括天气特征随时间变化的趋势、训练损失的变化以及预测结果与实际数据的对比。

运行上述可视化代码，温度预测与实际温度的对比结果如图 20.11。

训练损失随时间变化如图 20.12 所示。

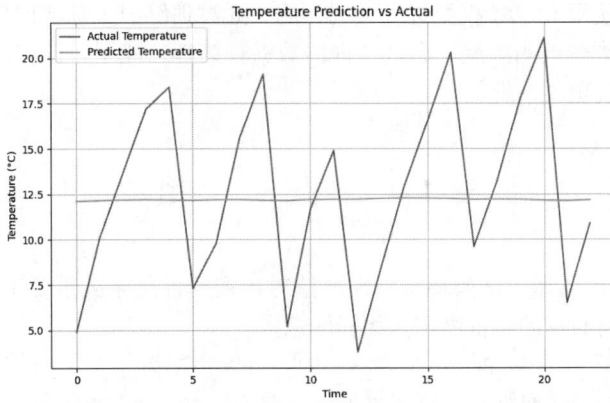

图 20.11　温度预测与实际温度对比

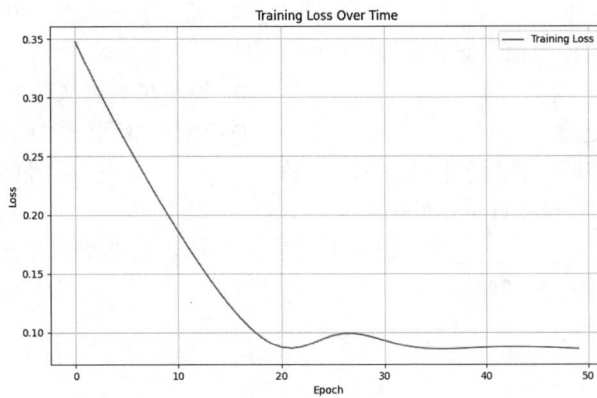

图 20.12　训练损失随时间变化

天气数据趋势如图 20.13 所示。

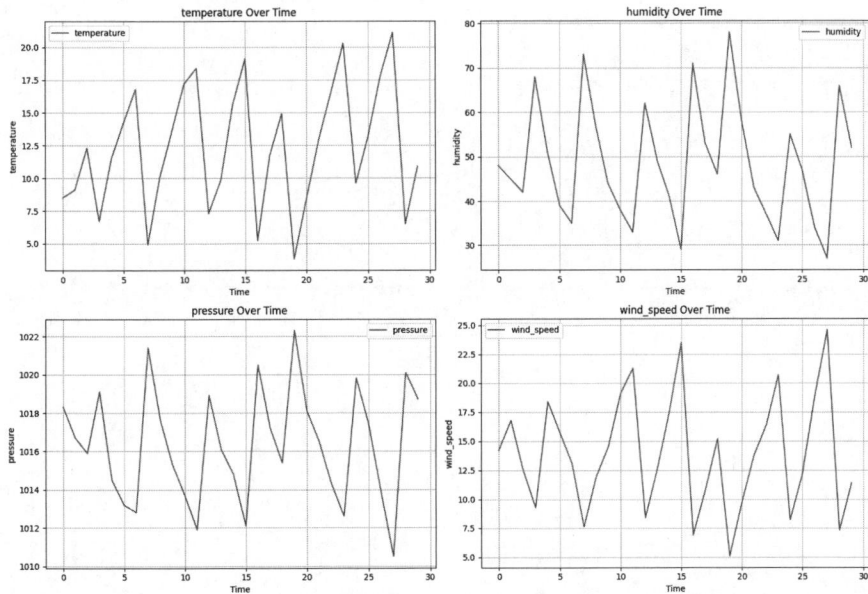

图 20.13　天气数据趋势

本节介绍了如何使用 LSTM 模型进行天气预测。通过训练一个基于过去 7 天数据的神经网络，读者能够预测未来一天的温度。通过合理的数据预处理、模型设计和训练过程，读者能够构建出一个有效的天气预测系统。

20.4 习　　题

习题答案

1. 在机器学习中，选择合适的特征处理方法对模型的性能至关重要。以下哪种方法常用于将数据的特征缩放到相同的范围？（　　）

A. 归一化　　　　　　　　B. PCA　　　　　　　　C. 决策树　　　　　　　　D. 交叉验证

2. LSTM（长短期记忆网络）主要解决了以下哪个问题？（　　）

A. 无法处理非线性数据　　　　　　　　B. 难以捕捉数据中的长距离依赖

C. 难以处理高维数据　　　　　　　　　D. 无法进行监督学习

3. 在训练机器学习模型时，交叉验证的主要作用是：（　　）。

A. 增加模型的复杂度　　　　　　　　　B. 避免模型过拟合

C. 提高数据处理速度　　　　　　　　　D. 确保训练数据的多样性

4. 在训练神经网络时，常用的损失函数之一是 _____，它用于回归问题，通过计算预测值与真实值之间的均方误差评估模型的效果。

5. 在深度学习中，_____是一种常见的优化算法，它通过自适应调整学习率加速收敛，并且较少依赖手动调整超参数。